개정판 INTERIOR DESIGN

실내디자인

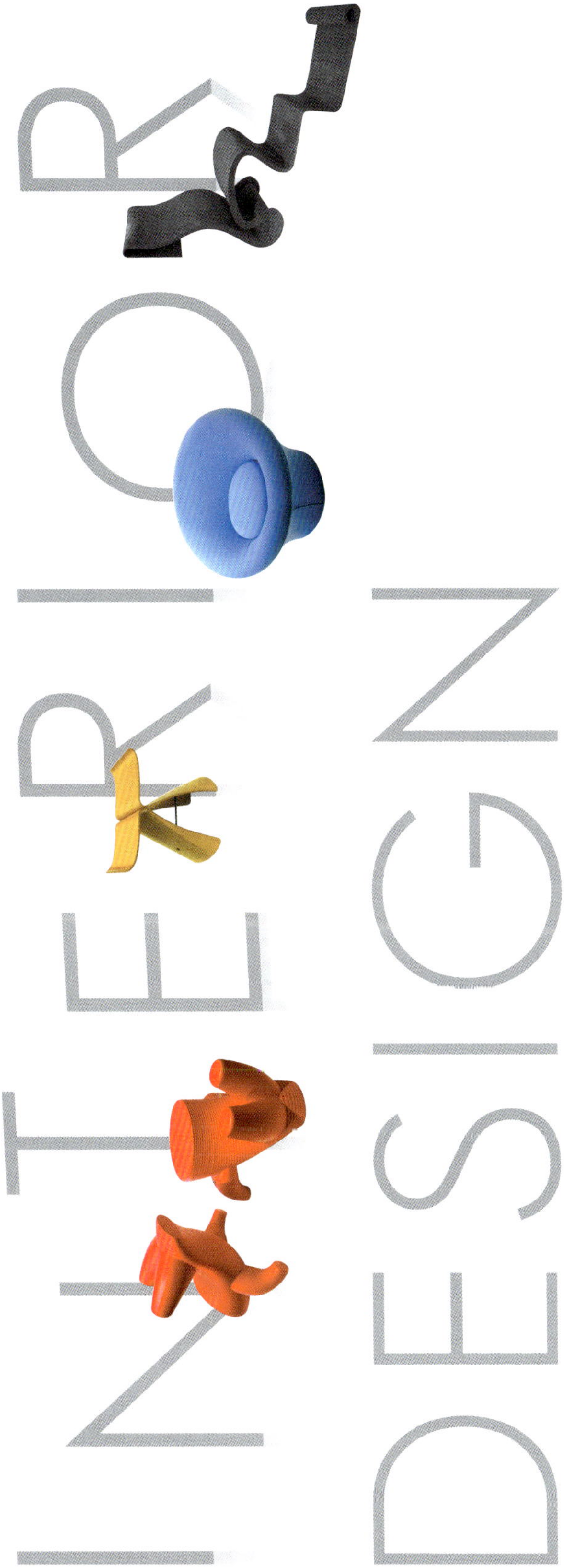

개정판

실내디자인

최정신 김대년 천진희

(주)교 문 사

머리말
P·r·e·f·a·c·e

보다 나은 생활환경에 대한 인간의 욕구는 오랜 세월을 두고 지속되고 있으나, 오늘날과 같이 실내디자인에 대한 일반인들의 관심이 높아진 역사는 그리 오래되지 않았다. 경제 수준의 향상과 더불어 건축 활동이 급속하게 증가하면서 삶의 여유를 즐기려는 현대인들을 중심으로 효율성 있고, 아름다우며, 자신의 개성이 표현된 공간에서 생활하려는 욕구가 강해졌다. 이에 따라 전문적인 실내디자이너에 대한 사회적 요구가 증대하게 되었고 이러한 사회변화에 부응하여 실내디자인 능력을 지닌 전문인을 배출하기 위해서 실내건축학과 또는 실내디자인학과가 대학에 많이 개설되었다.

실내디자이너는 자연환경, 건축물, 인체공학에 대한 과학적인 이해를 기본으로 하여 예술적인 안목으로 공간을 디자인하는 능력이 필요하다. 이 책은 전문적인 실내디자이너로서 사회에서 활동하기 위해서 요구되는 기본적이고 필수적인 내용을 체계적으로 담은 실내디자인 이론서이다. 실내디자인의 개념을 이해하고, 실내디자인 실무에 필요한 기본적인 지식을 습득하여, 실내공간을 디자인하는 능력을 연마할 수 있도록 한다는 목적하에, 책의 내용이 6장으로 구성되어 있다. 1장은 실내디자인의 입문에 앞서 이해가 필요한 내용이 수록되어 있으며, 2장은 건축역사를 통하여 실내디자인의 변천과정을 알아보는 내용이 우리나라와 서양으로 나뉘어 수록되어 있다. 3장은 실내디자인의 요소와 원리를 통해서 실내디자인 이론을 습득하는 내용으로 구성되어 있으며, 4장은 실내공간의 구성요소인 바닥/벽/천장, 문/창, 계단, 가구, 조명, 소품을 다루고 있고, 5장은 실내건축자재의 종류와 적용에 대한 내용이 수록되어 있다. 6장은 실내디자인의 과정과 표현, 주거공간/업무공간/상업공간의 실내디자인과 함께 오늘날 디자인 문화에서 화두가 되고 있는 유니버설 디자인과 친환경 디자인 공간에 대한 내용이 수록되어 있다.

이 책의 출판은 저자들이 대학에서 오랜 기간 학생들에게 실내디자인을 강의하고 실습을 지도하면서 축적한 실내디자인 관련 자료와 정보를 많은 사람들과 공유하기 위한 목적에서 시작되었다. 따라서 저자들은 실내디자인에 관련된 기본적인 내용이 될수록 많이 포함되도록 하는 데 중점을 두었으며, 가능한 한 실내디자인과 관련된 많은 사진과 삽화를 수록하여 부가적인 자료 없이도 내용을 쉽게 이해할 수 있도록 하였다. 이 책에 수록된 사진은 거의 대부분이 저자들이 직접 국·내외 현장답사를 통하여 제작한 생생한 자료들이다.

이 책은 실내디자인을 대학에서 전공하는 학생을 위한 교과서로 유용할 것이며, 실무현장에서 활동하는 전문적인 실내디자이너에게는 디자인 지침서로서 활용되어 새충전의 기회를 제공할 것이다. 또 실내건축기사와 같은 실내디자인 관련 자격시험을 준비하는 사람들에게는 수험서로서 큰 역할을 할 것이다. 더 나아가 실내디자인에 관심을 가진 일반인의 실내디자인에 대한 흥미를 유발하고 지식을 습득하게 하여 실내공간을 효율성 있고 아름다우며 개성 있는 공간으로 디자인하는 데 유용한 도서로 활용될 수 있을 것이다.

마지막으로, 실내디자인의 빠른 변화를 반영할 수 있도록, 그리고 질적으로 보다 우수한 책으로 거듭날 수 있도록 '실내디자인 개정판'의 출판에 적극적인 후원을 아끼지 않으신 교문사의 류제동 사장님, 양계성 상무님, 그리고 편집부 직원 여러분께 깊이 감사드린다.

2011년 여름

저자 최정신 김대년 천진희

차례 C·o·n·t·e·n·t·s

Chapter 1 실내디자인의 이해

Chapter 2 실내디자인의 변천

Chapter 3 실내디자인의 이론

Chapter 4 실내공간의 구성 요소

Chapter 5 실내건축자재의 종류와 적용

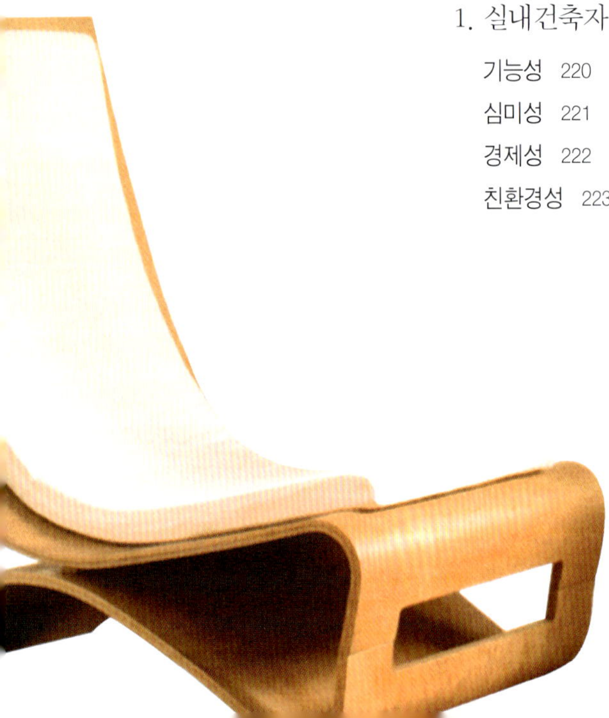

Chapter 6 실내디자인의 실제

C·h·a·p·t·e·r

1

실내디자인의 이해

인간은 많은 시간을 실내공간에서 지낸다. 이러한 실내공간은 거주자의 삶의 질은 물론 구성원 간의 상호 작용에 많은 영향을 끼친다. 따라서 생활공간은 공간사용자의 신체를 보호하고 생리 활동을 충족시킬 수 있도록 기능적이고 쾌적해야 하며, 아름다워야 할 뿐만 아니라 개성이 표현되어야 하고, 경제성을 고려하여 디자인되어야 한다. 실내디자이너는 자연환경, 건축물, 인체공학에 관한 과학적인 이해를 기본으로 하여 예술적인 안목으로 공간을 디자인하는 능력이 있어야 한다. 또 실내디자인 작업의 결과를 언어적 · 시각적으로 표현함으로써 자신의 디자인 의도를 타인에게 효과적으로 전달하는 커뮤니케이션 능력이 필요하다.

1 실내디자인의 의미와 목표

인간은 아름다운 공간에서 생활하기를 즐길 뿐만 아니라 개성 있는 아름다움을 창조하는 작업을 통해서 즐거움을 느낀다. 또 편리하고 쾌적한 생활환경을 만들기 위해서 끊임없이 노력한다. 인간에게 많은 영향을 미치는 실내공간을 디자인하기 위해서 실내디자인의 의미와 목표를 잘 이해하고 이를 달성할 수 있도록 한다.

실내디자인의 의미

실내디자인은 건축물의 실내공간을 거주자가 편리하고 쾌적하게 생활할 수 있도록 아름답고 개성적인 공간으로 디자인하는 종합적인 예술 활동이다. 다시 말하면, 건축물에서 생활하는 거주자 또는 공간사용자의 다양한 욕구를 충족시키고 각각의 공간

1 **젊은이의 선호를 반영한 경쾌한 분위기의 카페**(미국 보스턴, MIT공대 스타타센터, 프랭크 게리)

에 요구되는 기능과 목표를 달성할 수 있도록 실내공간을 창조하는 활동이 실내디자인이다.

사회가 발달할수록 사람들이 건물 외부에서 생활하는 시간보다 실내공간에서 보내는 시간이 많아지고 있다. 또 필요로 하는 공간의 종류가 다양해지면서 실내공간을 디자인하는 실내디자이너의 수요가 증가하고 그 역할이 강조되고 있다.

우리나라는 얼마 전까지만 해도 실내디자인이 전문적인 분야의 직업으로 인식되지 못한 채 주로 건축가에 의해서 이루어지고 있었다. 그 결과 대부분의 건축물들이 구조적인 측면과 외관의 수준이 우수함에도 불구하고, 실제로 공간을 사용하는 사람의 입장에서 실내공간을 이해하려는 의지와 노력이 부족하여 실내디자인의 수준은 뒤떨어진 경우가 많았다. 최근에는 건축물의 하드웨어적hardware인 측면은 건축가가 담당하고, 소프트웨어적software인 측면은 실내디자이너가 담당하여 각기 전문 영역에 대한 책임을 다함으로써 건축물의 외관과 실내공간이 서로 조화된 완벽한 생활공간을 창조하는 방향으로 바뀌고 있다.

실내디자인의 목표

실내디자인에서 추구하는 궁극적인 목표는 효율성, 경제성, 아름다움, 개성이다. 이러한 네 가지 목표의 달성 정도가 실내디자인을 평가하는 척도가 된다.

효율성

실내공간의 효율성utility 추구는 실내디자인의 중요한 목표이다. 효율성은 기능성이라고도 표현된다. 효율성 있는 실내공간이란 전체적인 공간 구성이 합리적이고, 각 공간의 기능이 최대로 발휘될 수 있는 공간을 말한다. 합리적인 공간 구성을 하려면 우선적으로 조닝zoning 계획을 잘해야 한다. 조닝이란 세부적인 공간 계획을 하기에 앞서서 공간 전체를 구역화하는 것을 말하는데, 일반적으로 활동 내용별, 사용목적별, 공간사용자별로 조닝 계획을 한다. 조닝 계획을 한 후에는 각각의 공간이 목적에 맞는 기능을 수행할 수 있도록 디자인한다.

주거공간의 조닝을 예로 들어보면, 공간의 사용목적에 따라서 크게 사회적 공간,

2 대학생의 인체치수를 고려한 테이블, 의자, 플로어램프가 있는 도서관 로비
(미국 앤아버, 미시간대)

개인적 공간, 가사작업공간으로 구역화된다. 다음으로 사회적 공간은 가족 간의 상호 작용이 잘 이루어지도록 계획하고, 개인적 공간은 가족 개개인의 프라이버시privacy가 보장되도록, 가사작업공간은 에너지 소모가 적고 동선이 단축되도록 계획한다.

실내디자인 목표의 하나인 효율성을 추구하려면 실내공간과 가구를 디자인함에 있어서 모든 치수를 인체측정자료와 인체공학ergonomics을 기초로 정해야 한다. 예를 들면, 작업대의 높이는 신장과 작업의 강도를 기준으로 정해야 하며, 수납공간은 많은 물건을 보관하고 꺼내기 쉽게 과학적으로 디자인해야 한다. 또 채광과 조명, 냉 · 난방, 환기와 통풍 등을 위한 설비를 과학적으로 디자인해야 실내공간의 효율성을 높일 수 있다.

경제성

실내디자인 작업에서 반드시 고려해야 할 요소가 경제성economy이다. 실내공간을 디자인하려면 비용이 들게 마련이지만, 최소한의 인적 자원, 물적 자원, 자연환경 자원을 투입하여 추구하는 디자인 의도를 최대한 달성하여 공간사용자가 쾌적하게 지낼 수 있도록 해야 한다.

인적 자원의 경제적 사용이란 공간 활용 측면과 유지 · 관리 측면에서 공간사용자의 에너지와 시간의 낭비를 줄이도록 계획하는 것이다. 동선 계획의 합리화를 통해서 공간사용자의 에너지 소모를 줄이는 것이 좋은 예이다.

물적 자원의 경제성을 고려하려면 기존 시설과 공간을 최대한 활용하여 실내디자인 작업에 소요되는 비용을 줄이도록 한다. 고객이 소유하고 있는 헌 가구나 실내소품을 재활용하면 경제적일 뿐 아니라 개성 있는 실내를 연출하는 데 효과적이다. 또 배관시설의 집중화core system를 시도하거나 실내디자인에 필요한 용품을 규격품이나

3 **냉·난방에 드는 에너지 소비를 최소화한 현대 건축물**(영국 런던, 런던 시청, 노만 포스터)

4 **냉·난방비 절약에 효과적인 나무와 수공간이 있는 옥상정원**(서울, 까사 에스디)

5 **형태 변형이 가능하여 공간이 절약되는 모듈라 가구**(미국 뉴욕, 현대미술관 MoMA, Malitte Lounge Chair, 마타 에카우렌)

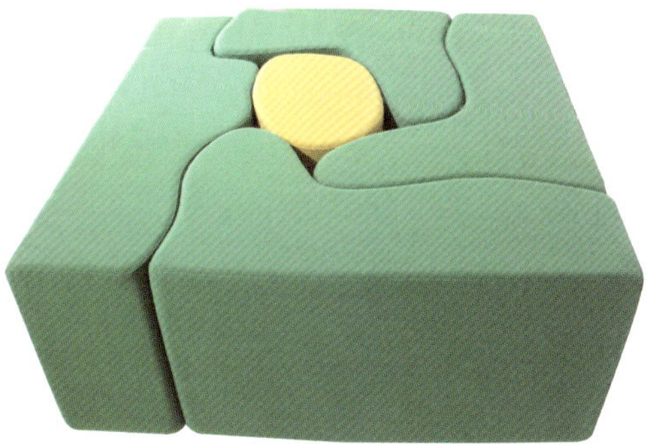

기성품으로 선택하면 비용을 절감시켜 경제적이다. 실내디자인 과정에 드는 비용 이외에도 완공된 공간에서 생활하면서 드는 냉·난방비 등의 유지관리비와 개보수비까지 감안하여 경제적인 디자인이 되도록 한다.

자연환경 자원의 경제적 사용은 자연환경의 보전이라는 측면에서 고려되어야 한다. 실내디자인의 의도를 달성하기 위하여 효과적이고 경제성 있는 재료라고 판단되더라도 천연자원의 고갈을 초래하거나 자연환경을 훼손시킬 염려가 있는 재료는 채택하지 않도록 한다.

아름다움

실내디자인은 아름다움beauty이 추구되어야 한다. 사람들은 아름다운 것을 보면 즐거워한다. 아름다움에 대한 인간의 욕구는 예나 지금이나 변함없이 지속적이다. 아름답다는 기준은 시대적·문화적 배경에 따라 다르며, 같은 시대와 같은 문화권이라도 개인의 취향, 기호에 따라 각기 다르다. 고대로부터 오늘날에 이르기까지 실내디자인 작품을 살펴보면 예술적으로 아름답게 디자인된 것들을 많이 발견할 수 있는데, 이는

6 한국 목조 건축의 아름다움이 절묘하게 표현된 정자(서울, 창덕궁 연경당 농수정)

7 비잔틴 양식의 아름다움이 완벽하게 표현된 아이아 소피아 성당(터키 이스탄불)

인간이 아름답다는 결과에도 만족하지만, 결과 이상으로 아름다움을 창조하는 과정에서 큰 즐거움을 느끼기 때문이다.

실내공간을 아름답게 창조하는 실내디자인을 하기 위해서는 예술적 감각과 재능도 중요하지만, 실내디자인의 요소와 원리를 이해하고 디자인의 제반 요소들을 디자인 원리에 맞게 적절하게 구성하는 훈련이 필요하다.

개 성

실내공간을 활기 있고 독특하게 만들어 주는 것이 개성character이다. 사회 · 경제적 수준이 높아지면서 좋은 디자인의 건축물과 실내공간을 접할 수 있는 기회가 많아졌다. 공간의 효율성이 추구되고 미적 수준이 높은 공간이라고 하더라도 개성이 두드러지지 않은 작품은 진부하며 매력적이지도 못하다. 다시 말하면, 실내공간은 효율성과 경제성이 높고 아름다워야 하지만, 어디에서도 찾아보기 힘든 독특함, 개성을 지녀야 한다. 남의 디자인을 모방하거나 유행을 따르면 좋은 평가를 받을 수가 없는데, 이는 개성이 결여되었기 때문이다. 실내디자이너의 작품성은 개성으로 평가된다고 해도 과언이 아니다.

8 **부정형의 다양한 외관으로 개성이 강조된 건축물**(미국 보스턴, MIT공대 스타타센터, 프랭크 게리)

9 **개성 있는 디자인으로 거리에 매력을 더해 주는 스트리트 퍼니처**(일본 도쿄, 롯폰기힐스 대로변)

10 **형태와 색상으로 개성을 살린 욕조**(서울, W호텔 객실)

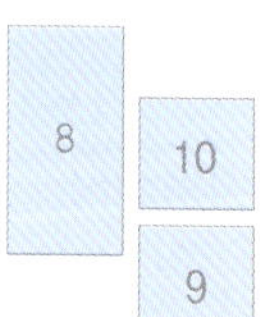

실내디자이너는 실내공간에 개성을 표현함에 있어서 공간사용자의 특성을 고려할 필요가 있다. 공간사용자를 고려한 개성 있는 실내디자인 작업을 성공하려면 공간사용자의 직업, 경제력, 생활 양식, 가치관, 기호, 취미, 욕구 등의 정보를 수집하고 이해하는 것이 기본이다.

실내디자인의 4가지 목표인 효율성, 경제성, 아름다움, 개성을 추구하는 데 있어 그 중요도는 디자인 대상에 따라 다르다. 작업 테이블이나 의자와 같이 신체접촉 부분이 많고 인체치수가 중요한 작업용 가구는 아름다움보다는 효율성이 더 중요하며, 콘솔 테이블과 같이 소품의 디스플레이와 벽 장식을 목적으로 하는 가구는 효율성보다는 아름다움이나 개성에 중점을 두고 디자인해야 한다.

2 실내디자인에서 고려해야 할 요인

실내디자인을 하려면 공간사용자, 환경, 투입 가능한 자원에 대하여 고려해야 한다. 효율성 있고, 경제적이며 아름답고 개성 있는 공간에서 거주자가 쾌적하게 생활하도록 디자인하는 것을 목표로 하는 실내디자인 작업에서 공간사용자에 대한 제반 사항을 고려하지 않고는 성공적인 결과를 기대하기 어렵다. 또 디자인 작업을 하기에 앞서서 실내공간이 처해진 자연적 · 사회적 환경에 대하여 고민하고, 실내공간을 디자인하는 데 투입할 수 있는 자원을 세밀하게 고려할 필요가 있다. 이러한 세 가지 요인들에 대한 정확한 정보를 수집하여 충분히 검토한 후 실내디자인 작업을 구체화한다.

공간사용자

실내디자인에서 가장 중요한 것은 공간사용자user에 대한 이해이다. 편리하고 안락하며 쾌적하게 생활할 수 있는, 개성적인 아름다운 공간을 만드는 실내디자인이 누구를 위한 것인지를 생각해 본다면, 주체가 되는 공간사용자에 대한 사항을 면밀히 검토하는 것은 당연하다.

11 사용자의 인체치수와 사용 목적에 따라 디자인을 변형할 수 있는 의자(미국 뉴욕, 현대미술관 MoMA, Libro Chair, 그루포 담)

주거공간의 예를 들면, 가족 유형, 가족 수, 연령, 성별, 직업, 생활 양식, 취미, 가족관계, 가족생활 주기 등에 따라 요구하는 디자인은 달라진다. 딩크DINK : Double Income No Kids족의 주거공간과 3세대 확대가족의 주거공간은 조닝 계획, 필요한 공간, 각 공간의 크기 등에 있어 차별화되는 것이 당연하다.

생활 양식도 실내디자인을 변화시키는 요소이다. 사회활동에 많은 시간을 보내는 사람인지, 손님을 자주 초대하는 사람인지, 격식을 갖추어 생활하는 사람인지, 가족생활보다 개인의 프라이버시를 중시하는 사람인지 등을 파악하여 실내디자인을 해야 한다.

상업공간의 예를 보면, 고객의 연령, 성별, 직업, 경제적 능력, 취향 등 공간사용자에 대한 정확한 정보를 수집하여 실내디자인의 방향을 잡아야 성공할 수 있다.

12 공간사용자의 취향을 살린 미니멀한 분위기의 거실(서울, 까사 에스디)

일정한 공간에서 느끼는 감각은 사람마다 다르다는 사실을 이해하고 공간을 디자인해야 한다. 개방적인 분위기의 실내공간에서 편안함을 느끼는 사람이 있는가 하면, 폐쇄된 공간에 있을 때 프라이버시가 확보된다고 느껴 편안한 사람이 있다. 따라서 공간사용자의 공간에 대한 인지, 선호하는 공간 유형, 디자인에 대한 취향 등을 파악하여 실내를 디자인하도록 한다.

환 경

외부 환경environment은 실내디자인에 많은 영향을 미치므로 환경적인 요인을 고려하여 실내공간을 계획하도록 한다. 실내공간이 위치한 지역의 기후에 따라 외벽의 구조와 재료, 창의 종류와 크기, 실내마감재의 종류와 색채 계획 등이 달라진다. 조건이 같은 공간이라도 색채 계획에 따라 따뜻한 분위기의 실내 또는 시원한 분위기의 실내가 연출되므로 위치한 지역의 제반 조건을 고려해야 한다. 대도시 아파트의 경우 목재, 벽돌 등의 재료로 실내를 마감하고 부드러운 유사색상의 조화로 색채 계획을 하면 복잡한 도시환경에서 벗어날 수 있다. 해변가나 산 속의 별장인 경우 창문의 디자인을 단순하고 크게 하면 아름다운 자연환경을 즐길 수 있을 것이다.

건물 방향, 창이나 문과 같은 개구부는 채광, 통풍, 전망 등 실내디자인에 있어서 중요한 조건들에 미치는 영향이 크므로 신중하게 고려한다. 북반구에 위치한 우리나라

13 주변의 자연환경과 잘 조화되는 한옥(서울, 창덕궁 연경당 사랑채)

14 식물을 실내디자인 소재로 이용한 대도시의 레스토랑(미국 뉴욕, 유엔본부 1층)

15 친환경적인 재료와 색채로 디자인한 데크(충북 진천, 이원 아트빌리지)

13
14
15

에서는 남향 또는 남동향에 창을 계획해야 따뜻하고 명랑한 분위기의 실내를 연출할 수 있다.

실내디자인에 있어서 주변 환경을 고려하는 방법은 다양하다. 고풍스러운 도시에 위치한 건물의 실내를 디자인하는 경우에 모던한 분위기를 연출하여 대비효과를 시도할 수도 있고, 로코코 양식의 실내공간을 계획하여 도시 분위기와 유사한 실내를 조성할 수도 있다. 실내디자이너와 고객이 어떠한 디자인 효과를 선택하기로 합의하든지 간에 실내공간이 위치한 주변 환경의 제반사항은 반드시 고려되어야 한다.

자 원

실내디자인 작업에는 많은 자원resources이 필요하다. 자원은 크게 나누어 인적 자원human resources과 물적 자원material resources으로 구분한다. 인적 자원은 디자인 감각, 실내 코디네이팅 능력, 업무추진능력 등 실내디자인 작업에 도움이 되는 능력을 말한다. 인적 자원은 실내디자인 결과에 지대한 영향을 끼칠 뿐 아니라 물적 자원을 절약하는 데 큰 도움이 된다.

물적 자원은 실내디자인을 추진함에 있어서 투입 가능한 금전적 능력과 현재 소유하고 있는 것 중에서 디자인 콘셉트가 맞아서 활용 가능한 가구, 소품 등을 말한다. 실내디자인 작업과정에 소요되는 비용cost은 정확하고 신중하게 고려해야 한다. 비용이란, 디자인 비용을 포함하여 재료비, 인건비, 완공 후의 유지관리비를 모두 일컫는다. 재료비 또는 인건비를 줄인 결과로 인해서 유지관리비가 증가하는 일이 있어서는 안 된다. 실내디자인 작업에 필요한 재료를 선택하는 경우에도 완공단계까지의 경비만을 고려해서는 안 되며, 사용가능 기간, 유지관리에 드는 노력과 비용 등을 함께 생각하여 경제적인 선택을 하도록 한다.

16 멀쩡한 헌 목재의자를 실내조형물로 활용한 의류판매점
(일본 도쿄, 무지양행 매장)

3 실내디자인과 공간에 대한 인지

실내디자인은 공간을 사용하는 거주자가 쾌적하게 생활할 수 있도록 공간을 디자인하는 것이다. 따라서 인간이 공간을 어떻게 인지하며, 공간의 유형에 따라서 어떻게 다르게 행동하는지를 이해할 필요가 있다. 공간에 대한 감각은 개인이 경험한 사회 · 문화적 배경, 성별, 경험 등 개인의 특성에 따라 다르다. 같은 공간에 있는 사람이 같은 자극을 경험하더라도 다르게 인지하는 경우가 많으며 이에 따라 서로 다르게 반응하거나 행동하게 된다.
사회심리학자인 알트만Irwin Altman은 타인과 상호 작용하는 생활공간을 사람들이 어떻게 생각하고 느끼는지를 4가지 개념인 프라이버시, 개인공간, 영역성, 과밀로 설명하였다.

프라이버시

프라이버시privacy는 개인이나 집단이 타인과의 상호 작용을 선택적으로 통제하거나 조절하고, 자신의 정보를 언제, 어떻게, 어느 정도 전달할 것인지를 스스로 결정하는 권리이다. 사람들은 타인과의 상호 작용이 지나치게 많으면 과밀하게 느끼고 반대로 부족하면 고립감을 경험하게 된다. 따라서 사람들은 사회적 접촉의 양을 적당히 조절하여, 프라이버시를 유지하려고 한다. 어린이도 일정 나이가 되면 혼자서 방을 사용하고 싶어 한다. 대학생도 동아리 모임에서 우선적으로 필요한 것이 그들만의 공간인데, 이러한 것은 프라이버시를 확보하려는 욕구가 표현된 것이다.

프라이버시는 크게 3가지 범주로 구분한다. 시각적 프라이버시, 청각적 프라이버시, 신체적 프라이버시로 구분하는데, 문화적 배경에 따라 중요시 여기는 프라이버시가 다르다. 한국인은 청각적 프라이버시보다 시각적 프라이버시를 중요하게 생각한다고 평가되는데, 이러한 예로서 한옥의 내외담이나 창호지문이 제시되곤 한다. 내외담이나 창호지문으로 나누어진 두 공간에서는 상대방이 보이지는 않으나 작은 소리도 들리기 때문에 서양인에게는 프라이버시 확보를 위한 기제로 이용되지 않는다.

주거공간의 프라이버시는 공간 구성, 벽과 천장의 구조와 재료, 창이나 문의 종류와 위치 등으로 조절된다. 독신자는 스튜디오 스타일의 원룸one room에서 생활해도 프라이버시 유지에 문제될 것이 없지만, 가족이 많아지면 곤란하다. 단독주택은 물론 집합주택의 벽과 천장의 구조 및 재료는 차음성에 큰 영향을 미치므로 잘 선택하여 원하는 수준의 프라이버시를 얻도록 한다. 창의 크기와 위치, 커튼의 유무 역시 프라이버시를 조절하는 데 많이 이용된다.

17 **프라이버시 확보에 유용한 도서관의 칸막이**(미국 앤아버, 미시간대 도서관)

개인이 원하는 프라이버시의 수준은 여러 요인에 따라 다르므로 실내디자인을 하기에 앞서서 공간사용자와 관련된 정보를 수집하여 반영할 필요가 있다. 그러나 사람들은 개방된 공간 또는 폐쇄된 공간에서 지속적으로 지내는 것을 원하지는 않으므로 두 공간이 적절히 조화되도록 디자인해야 한다.

개인공간

사람들은 개인적인 필요와 주어진 환경 조건에 따라 자기만의 공간을 확보하려고 하는데, 이를 개인공간이라고 한다. 개인공간은 인체가 움직임에 따라 이동하며, 언제나 일률적인 크기가 정해져 있는 것도 아니고 더구나 눈에 보이는 것도 아니므로 '눈에 보이지 않는 자신만의 공간invisible bubble space'이라고 한다.

인류학자인 홀Edward T. Hall의 연구에 의하면, 사람들이 어느 정도의 개인공간을 확보하였을 때 편안하게 느끼는지는 개인의 성격, 성장과정, 사회·문화적 배경, 연령 등에 따라 각기 다르다. 또 상대방과의 관계, 장소, 시간 등에 의해서도 개인공간의 크기가 달라진다.

사회적 관계에 따른 상대방과의 거리(홀Edward T.Hall)

상대방과의 관계	거리(mm)	사 례
친밀한 관계	0～450	부부, 연인과의 대화
개인적인 관계	450～1,200	개인적인 대화
사회적인 관계	1,200～ 3,600	토의, 사회적 모임에서의 대화
공적인 관계	3,600～7,500	강의, 강연, 공청회

개인공간이 큰 사람은 가구, 책 등의 기제를 이용하여 다른 사람과 차단함으로써 자기만의 공간을 확보해야 편안하게 느끼며, 그렇지 못한 경우에는 불편해 하고 심하면 스트레스를 받는다. 극장에서 표를 사려고 줄 서 있는 사람들을 관찰해 보면 앞사람과 유지하는 거리가 각양각색이라는 사실을 발견할 수 있다. 지하철이나 공공장소에서 같은 거리를 유지하는 경우에도 인종, 성별, 성격, 연령, 상대방과의 관계에 따라서 편안해 하거나 불편하게 여기는 정도가 다르다.

공원의 벤치에 앉는 경우에도 사람이 적은 한가한 아침시간인지, 번잡한 점심시간인지에 따라서 또는 연령이나 성별에 따라서 개인공간의 크기가 커졌다 작아졌다 한다.

이와 같이 편안하다고 느끼는 상대방과의 거리, 즉 개인공간은 사회적 관계에 따라 차이가 있으므로 실내디자인을 할 때 반드시 고려해야 한다. 상대방과의 사회적 관계에 따라 사람들의 상호 작용하는 거리가 달라진다는 내용은 홀의 《히든 디멘션The Hidden Demension》이라는 책에 서술되어 있다.

영역성

영역territoriality이란 물리적 또는 심리적으로 자기의 권한에 속하는 고정된 공간을 말하며, 이러한 공간에 대하여 자기의 영역임을 주장하거나 방어하는 행동을 영역행동이라 한다. 문패 달기나 담 쌓기는 자기의 영역임을 알리는 적극적인 영역행동의 사례이다.

주거공간에서도 가족 개개인의 권한에 따라 일정한 위치가 정해진다는 것을 발견할 수 있다. 소파나 식탁에 앉는 자리가 가족에 따라 다르게 정해지는 경우가 많은데,

18 거리에 면해 있지만 색채와 디자인으로 영역성을 강하게 표현한 철문(일본 도쿄, 레스토랑)

19 내부 쪽 담 깊숙이 위치하여 영역성이 강하게 느껴지는 주택 대문(경기도 파주, 헤이리 아트밸리, 금산 갤러리)

20 화분과 벤치를 놓아 영역성을 알리는 주택 현관(미국 뉴욕, 쿠퍼휴이트 뮤지엄)

18

19

20

이것은 실제로 영역성이 형성된 것이다. 2인이 함께 사용하는 기숙사 방에 자신의 영역이라고 생각되는 공간에 자기 소유물을 두는 행위, 도서실 좌석을 확보하기 위해 책가방이나 소지품을 놓아두는 행위도 영역행동이다.

사람들은 자기 영역 안에서 안전함과 편안함을 느끼고, 자기 영역임을 확인하고 싶은 욕구를 가지며, 자기의 권한을 누리고 싶어 한다. 외국여행을 갔다가 우리나라 공항에 도착하면 마음이 편안해지고 자기 동네에 다다르면 더 안심이 되고, 집에 도착하여 자기 방에 들어가면 긴장이 풀리게 되는데, 이는 점차 자기의 권한이 많은 공간으로 이동하기 때문이다. 실내디자인을 함에 있어서 영역성에 대한 이해와 함께 공간 사용자의 욕구를 충족시킬 수 있도록 계획하여야 한다.

과 밀

과밀crowding이란 일정 공간에서 일어나는 상호 관계의 빈도, 즉 사회적 밀도를 말한다. 단위면적당 인구 수의 비율을 물리적 밀도라고 하는데, 사회적 밀도와 물리적 밀도는 그 의미가 다르다. 물리적 밀도가 높으면 일반적으로 사람 간의 상호 작용이 많아져서 사회적 밀도가 높아지고, 그 결과로 과밀을 초래하게 되는 경우가 많다. 그러나 고층 또는 초고층 건물이 많은 지역은 물리적 밀도가 높다고 하더라도 사회적 밀도는 낮다.

과밀은 공간을 사용함에 있어서 1인당 면적이 개인의 욕구 수준에 미치지 못하거나, 원하는 수준보다 타인과의 상호 작용이 빈번할 경우 나타나는 심리적 경험이라고 정의할 수 있다. 주거과밀을 측정하는 객관적인 지표로 방당 거주인 수, 1인당 주거면적, 주택당 가구 수 등이 이용된다.

흥미로운 사실은 때와 장소에 따라 사람들이 인지하는 과밀에 대한 감각이 달라진다는 것이다. 똑같이 비좁은 공간이라도 자신의 능력으로 피할 수 있다고 생각하거나, 단시간에 해결될 수 있다고 기대하는 경우에는 과밀하게 느끼지 않는다. 야구장 또는 축구장에 관중이 적어 썰렁하면 흥미가 없어져 나가고 싶어 하는 경우와 좁은 엘리베이터 안에 사람이 많아도 짜증을 내지 않는 것이 좋은 예이다. 그러나 사람들은 과밀한 환경을 자기 힘으로 피할 수 없다고 생각하면 스트레스를 느끼고, 지나치

21 **물리적 밀도는 높으나 사회적 밀도가 낮은 고층 아파트**(프랑스 마르세이유, 유니테다비다시온 마르세이유, 르 코르뷔지에)

면 공포상태에 이르기도 한다.

과밀에 대한 느낌은 환경이나 생활여건에 따라 변화한다. 일반적으로 경제적인 여유가 생기고 권력이 많아지면 보다 넓은 공간을 원하는 경향이 있다. 따라서 인간이 공간에 대해서 어떻게 인지하고 어떻게 행동하는지를 이해하는 것은 성공적인 실내디자인 작업을 위해서 반드시 필요하다.

4 사회 변화와 실내디자이너의 역할

보다 나은 생활환경을 만들기 위하여 끊임없이 노력해 온 인간의 역사에서 실내디자인 또는 실내디자이너라는 용어가 사용되기 시작한 것은 그리 오래되지 않았다. 효율성, 아름다움, 개성을 살리면서 경제성을 고려한 실내공간을 창조하는 실내디자이너라는 전문적인 직업이 짧은 기간을 통해서 어떻게 고유한 영역을 확보하고 발전해 왔으며, 실내디자이너에 대한 사회적 요구는 무엇인지에 대해 알아보자.

우리나라의 실내디자인 현황

미국에서 19세기 후반에 실내장식가라는 직업이 처음으로 소개되었는데, 전문직이라기보다는 실내공간에 이용될 가구, 커튼, 카펫 등을 선택하여 배치하는 일을 도와주는 상담자 역할 수준이었다. 실내디자이너라는 직업이 전문직으로 인식되기 시작한 것은 제2차 세계대전 이후이다. 세계경제가 급속히 성장하고 인구가 증가하면서 건축 활동이 활발하게 전개되었고 미국과 유럽을 중심으로 삶의 여유를 즐기는 중산층이 늘어나면서 실내공간을 단순히 장식하는 수준을 넘어서서, 효율성 있고 아름다우며 개성 있는 공간에서 생활하고자 하는 욕구를 갖기 시작하였다. 이에 따라 실내디자이너에 대한 사회적 수요가 증가하게 되었고 추구하는 목표에 적합하게 실내공간을 디자인하는 능력을 지닌 전문인을 배출하기 위하여 대학에 실내건축학과 또는 실내디자인학과가 생기게 되었다.

1960년대까지 우리나라는 실내디자이너라는 전문직에 대한 인식이 전무한 상태였다. 어려운 상황 속에서도 1979년에 한국인테리어디자이너협회KOSID : Korean Society of Interior Designers가 창립되어 실내디자인의 의미와 전문직으로서 실내디자이너의 역할과 권리를 분명히 하고, 회원 상호간에 발전을 도모하기 시작하였다. 1998년에는 명칭을 한국실내건축가협회Korean Society of Interior Architects/Designers로 바꾸었으며, 매년 한국 인테리어 대전, 실내디자인 현장답사 등의 행사를 통해서 실내디자이너와 실내디자인 전공 학생의 자질 및 수준을 높이기 위한 다양한 활동을 지속하고 있다.

1992년에는 한국실내디자인학회KIID : Korean Institute of Interior Design가 창립되어 학문적인 발달을 추구하면서 능력 있는 실내디자이너 배출을 위한 교육체계를 정비하는 데 기여하였다. 한국실내디자인학회의 창립 목적은 실내디자인 분야가 다학제 간의 종합적인 시각을 가진 전문 학술 영역으로 성장할 수 있도록 학술, 예술, 기술연마와 정보체제를 육성하여 한국 실내디자인 분야의 발전을 도모하는 것이다. 학회의 주요 행사는 매년 개최되는 학술대회와 '한국실내디자인학회논문집' 을 발간하는 것이다.

실내디자인 관련 국가기술자격증은 '실내건축기사Engineer Interior Architecture' 이다. 실내건축기사 자격시험제도는 실내디자이너가 전문직업인으로 활동하기 위한 법적 자격증을 획득하게 하였으며, 이를 통해 확고한 사회적 기반을 가지고 일하는 데 큰 역할을 하고 있다. 실내건축기사 자격시험의 응시 자격은 실내건축 관련 대학 졸업자 또는 졸업예정자, 전문대학 졸업 후 관련 분야에서 2년 이상 실무경험이 있는 자이다. 자격시험은 필기와 실기가 있는데, 1년에 3회 실시되며 실기시험은 필기시험 합격자에 한하여 응시할 수 있다. 실내건축기사 자격획득을 위한 시험과목은 아래 표에 제시된 바와 같으며, 고용노동부 한국산업인력공단 홈페이지www.hrdkorea.or.kr를 검색하면 보다 구체적인 정보를 알 수 있다.

실내디자인 관련 자격증은 실내건축기사 이외에도 실내건축산업기사Industrial Engineer Interior Architecture, 실내건축기능사Craftsman Interior Architecture가 있다. 실내건축산업기사 시험의 응시자격은 실내건축 관련 전문대학 졸업자 또는 졸업예정자이며, 실내건축기능사 시험의 응시 자격은 실업계 고등학교 실내디자인 관련 학과 졸업자 또는 졸업예정자이다.

실내건축기사 자격시험의 종류와 시험과목

종 류	시험과목
필기시험	실내디자인론, 색채학, 인간공학, 건축재료, 건축일반, 건축환경
실기시험	건축 실내의 설계(평면도, 입면도, 투시도, 투상도) 및 시공 실무(필답형)

우리나라에서 실시되고 있는 실내디자인 관련 행사에는 한국실내건축가협회KOSID에서 주관하는 '대한민국 실내건축대전', 가인 그룹이 주관하는 '인테리어 대전', 중앙디자인이 주관하는 'JAD 실내환경디자인 공모전' 등이 있다. 또 매년 '경향하우징 페어Housing Fair', '서울 리빙 디자인 페어Seoul Living Design Fair', 인테리어 및 건축박람회가 개최되고 있다. 이들 행사는 실내디자이너와 실내디자인 전공학생의 작품전시, 실내디자인 관련 업체의 홍보, 신제품 아이디어의 발굴 기회를 제공하며, 소비자와 실내디자이너 또는 실내디자인 관련 업체 상호간의 정보 교환과 연결을 도모하고 있다.

실내디자이너의 역할

1970년대 이후 우리나라는 경제 발전의 영향으로 삶의 질을 높이려는 요구가 증가하면서 실내디자인에 대해 관심을 갖게 되었다. 이에 따라 이러한 사회적 요구를 해결해 줄 수 있는 능력 있는 실내디자이너의 배출이 필요해졌고 실내디자이너에게 기대하는 역할 또한 급속도로 변화되었다. 사회가 발전할수록 실내디자인 관련 업무는 점차 다양해져서 인간의 생활환경에 관한 모든 사항을 포함하며 앞으로는 더욱 세분화되고 전문화될 전망이다.

실내디자이너가 담당해야 하는 실내공간은 주거공간, 상업공간, 업무공간, 교육공간, 문화공간, 전시공간 등으로 분화되어 있으며, 각 공간은 목적한 바를 수행할 수 있도록 실내환경이 조성되어야 한다는 사회적 인식이 이미 확산되어 있다. 실내건축 관련 전공서적은 물론 대중적인 실내디자인 잡지들이 많이 출간된다는 사실에서 실내디자인은 특수계층만을 위한 것이 아니라 일반인이 필요로 하는 분야로 자리 잡아가고 있음을 알 수 있다. 실내디자이너로서 성공하기 위해서는 실내디자인과 관련된 기초적인 지식을 공부해야 하며, 예술적인 감각을 키우고, 이를 시각적 · 언어적으로 표현할 수 있는 능력을 길러야 한다. 또 실내디자인 정보를 신속하게 입수하고 활용하는 능력이 요구된다. 그러기 위해서는 관련 서적이나 잡지, 영화나 연극, 신문이나 TV 등의 대중매체를 관심 있게 접하고, 실내디자인 관련 전시회의 관람, 관련 업체의 견학이나 현장실습 등에 참여하도록 한다. 또 인터넷을 통해 우리나라를 포함한 세계 여러 나라의 정보를 입수하여 실내디자인 트렌드를 파악하며, 실내디자인학회, 실내건축가협회 등을 통해서 필요한 자료를 제공받는 적극적인 자세가 필요하다.

실내디자인 관련 직업과 요구되는 능력

실내디자인 관련 업무는 상당히 다양하고 그 범위가 넓다. 대상공간을 기준으로 주거공간, 상업공간, 업무공간, 교육공간, 문화공간, 전시공간 등으로 구분하는데, 이는 작업 내용에 따라 분류한 것이 아니라 실내디자이너가 관심을 갖고 디자인하는 공간이 무엇인가에 따라 구분한 것이다.

실내디자인과 관련된 직업은 실내디자이너interior designer, 실내코디네이터interior coordinater, 가구디자이너, 디스플레이어displayer, 실내소품디자이너, 홈패션디자이너, 실내디자인 상담원, 실내디자인 전문잡지 · 방송국 기자, 실내공간 전문 사진작가, 교육자, 연구원, 제품판매 담당원 등이 있다. 실내디자인을 전공한 사람의 진로를 보면, 실내디자인 회사, 실내디자인 스튜디오, 건축설계사무소, 건설회사 실내디자인 사업부, 가구 회사, 조명기구 회사, 커튼 · 카펫 전문제조업체, 각종 기업체의 디자인 사업부, 실내디자인 관련 전시장, 디스플레이 전문업체, 모델하우스 전문시공업체, 백화점, 실내디자인 전문서적 · 잡지 출판사, 방송국 등 다양하며, 경험을 쌓은 후에는 독립된 사무실이나 연구소 등을 설립할 수도 있다.

실내디자인 분야는 작업대상 공간, 작업의 종류, 직장에 따라서 일이 세분화되어 있으므로 자기의 적성과 능력에 맞는 일을 선택하여 성진하는 것이 바람직하지만, 전문인이 되기 위해서는 일단 모든 과정을 배우고 이해하며, 인턴intern과정을 통해 실제로 현장경험 기회를 갖는 것이 좋다. 예를 들면 부엌가구 회사의 디자인실에서 근무하는 실내디자이너는 인체공학을 기초로 에너지 소모가 가장 적은 부엌 작업대를 기능적이며 관리하기 쉽고 위생적이며 개성 있게 디자인하는 일을 한다. 가구전시장에서 상담을 담당한 경우에는 고객에게 자사 제품의 가구를 효율성, 경제성, 아름다움, 개성이라는 4가지 측면에서 설명하고 가구배치 및 실내디자인에 대한 이해를 증진시킴으로써 고객이 신뢰하고 가구를 구입하고 싶도록 의사소통할 수 있는 능력이 요구된다.

실내디자인과 관련된 직업의 종류와 각 직업에서 이루어지는 일의 종류 및 요구되는 능력에 대한 자료를 제시하면 다음 표와 같다.

실내디자인 관련 직업과 요구되는 능력

직 업	업 무	요구되는 능력
실내디자이너 interior designer	• 실내공간 계획 • 실내공간 표현 • 렌더링 • 고객 상담 • 재료 선택 • 경비 산출 • 가구 및 소품 선택 • 시공 실무 • 현장 감독	• 공간디자인 • 공간 지각력 • 창의력 • 작업 계획 수립 • 예술적 재능 • 실내디자인 표현 기법 • 의사소통 • 스케치 • 인사 관리 • 업무 추진 • 작업 분석
실내코디네이터 interior coordinator	• 실내 공간 계획 • 렌더링 • 고객 상담 • 재료 선택 • 경비 산출 • 코디네이팅 • 현장 감독	• 코디네이팅 • 작업 계획 수립 • 창의력 • 시각적 표현 기법 • 스케치 • 의사소통 • 예술적 재능 • 업무 추진
가구디자이너 furniture designer	• 가구디자인 • 가구 표현 • 모형 제작 • 렌더링 • 코디네이팅 • 가구 선택 • 가구재료 선택 • 경비 산출 • 고객 상담 • 현장 감독	• 가구디자인 • 가구 표현 기법 • 창의력 • 스케치 • 가구재료 선택 • 공간 지각 • 렌더링 • 작업 계획 수립
디스플레이어 displayer	• 상업공간디자인 • 디스플레이 • 스케치 • 코디네이팅 • 모형 제작 • 렌더링 • 시공 실무 • 현장 감독	• 공간디자인 능력 • 실내디자인 표현 기법 능력 • 렌더링 능력 • 연출 능력 • 업무 추진 능력 • 창의력 • 예술적 재능 • 판촉 능력

직 업	업 무	요구되는 능력
실내소품 디자이너 interior accessory designer	• 소품디자인 • 실내소품 표현 • 코디네이팅 • 렌더링 • 실내소품 개발	• 소품디자인 능력 • 실내소품 표현 능력 • 기획 능력 • 렌더링 능력 • 예술적 재능 • 소비자 분석 능력 • 창의력 • 재료특성에 대한 이해력
홈패션 디자이너 home-fashion designer	• 홈패션 디자인 • 코디네이팅 • 관련 상품 제작 • 홈패션 개발 • 홈패션 트렌드 분석 • 재료의 정보 수집	• 직물 선별 능력 • 코디네이팅 능력 • 색채조화 능력 • 작품 제작 능력 • 공간지각력 • 예술적 재능 • 창의력 • 유행경향 파악 능력 • 미래 예측
상담 및 판매원	• 제품 정보 수집 • 상품 정보 제공 • 소비자 요구 분석 • 제품 판매	• 의사소통 능력 • 판매 능력 • 사무처리 능력 • 디자인에 대한 이해력

C·h·a·p·t·e·r

2

실내디자인의 변천

원시시대의 인간생활에서는 장식적인 의미의 실내디자인이란 발달되지 않았고 생존을 위한 공간만이 존재하였다. 그러나 차츰 인지가 발달하면서 본능적으로 미美의 추구를 위한 실내디자인이 지역과 민족의 특성을 나타내면서 건축문화와 더불어 변화 · 발전되어 현대에 이르렀다. 실내공간의 발달이나 디자인은 건축문화와 불가분의 관계에 있기 때문에 실내디자인의 변천도 건축디자인의 변천과 같은 흐름에서 고찰하기로 한다.

1 우리나라의 실내디자인

우리나라의 실내디자인은 조선시대 이전의 자료는 남아 있는 것이 드물고 이후 자료에 의존할 뿐이어서 이 절에서는 현대 우리의 생활에 영향을 미친 조선시대 이후의 실내디자인에 대해서만 중점적으로 다루기로 한다.

개 요

각 지역의 건축문화는 그 지역의 자연적 · 인문적 요인의 영향을 받아 각기 고유한 형태로 발달하며, 이와 더불어 다른 문화와의 상호 교류에 의해서도 서로 영향을 주고받는다.

인류의 역사상 세계의 건축문화는 다섯 가지의 주류로 나눌 수 있다. 크게는 서양과 동양의 두 범주로 나누며, 서양에서는 유럽권을 중심으로 하는 중부와 북부 유럽의 건축문화, 이집트계와 그리스계를 포함하는 지중해 연안의 건축문화 그리고 중부 아메리카의 건축문화 세 가지로 나눌 수 있다.

한편 동양에서는 인도계와 회교계를 포함하는 중앙아시아의 건축문화, 중국계를 포함하는 동부아시아의 건축문화 두 가지로 나눌 수 있다. 이 중 우리나라의 건축문화는 중국계 건축문화권에 속한다. 중국계 건축문화의 발달 경로는 한민족漢民族에 의해 중국 본토에서 시작되어 북쪽으로 몽고, 남쪽으로 인도차이나와 태국, 동쪽으로 한국을 거쳐 일본으로 전파되었다. 따라서 중국, 한국, 일본의 세 나라는 같은 건축문화의 뿌리를 가지고 있으나 각 나라에 전파되어 나름대로 독특한 특징을 지니며 발달되었다. 중국, 일본, 우리나라 건축문화의 전반적인 특징으로 중국은 대륙성大陸性, 한국은 반도성半島性, 일본은 도서성島嶼性을 나타낸다고 표현할 수 있으며, 외관상의 특징은 중국이 장중한 데 비하여, 한국은 소박하고, 일본은 단순하다고 할 수 있다.

색채의 사용에 있어서는 중국이 화려하고, 한국은 청초하며, 일본은 화사하다.

우리나라는 아시아 대륙의 극동 지역에 위치한 반도로서, 북으로는 중국 대륙과 남으로는 일본 열도와 연결되어 있어, 예로부터 대륙과 대양문화를 연결시켜 주는 중개적 역할을 해왔다.

우리나라의 기후는 1년 중 4계절이 뚜렷하여 봄과 가을에는 온화하고, 여름에는 비가 많이 오고 무더우며, 겨울에는 한랭한 특성을 가지고 있다. 지형은 전 국토의 70% 정도가 산이고, 건축재료는 소나무를 비롯한 목재, 화강암을 비롯한 석재, 진흙, 와전瓦塼 등이 생산되어, 주로 목조가구식木造架構式 건축이 발달되었다. 이러한 자연적인 요인에 우리 고유의 생활습관과 가치관이 반영되어 우리나라 고유의 건축문화와 실내디자인이 발달되었다. 우리나라의 건축문화는 소박하고 청초하며 자연적인 아름다움으로 특징지을 수 있는데, 이는 화려하고 장중한 중국의 것이나, 인위적이고 세밀한 일본의 것과는 크게 구별된다고 할 수 있다.

조선시대

배 경

조선은 숭유배불崇儒排佛정책을 기본으로 삼았으므로 정치, 사회, 예술 면에서 불교를 국교로 삼았던 고려와는 차이가 많았다.

조선시대에는 5계급의 사회적 신분제도가 엄격히 구분되어 있어서 양반, 중인, 이교, 양인, 천인이 있었고, 이 신분제도에 의해 모든 일상생활이 규제되었다.

고려 말에 도입된 유교는 조상숭배祖上崇拜, 가부장제, 남녀유별, 장유유서를 국민정신의 이상으로 삼게 하였으며, 전반적인 일상생활뿐 아니라 주택건물의 평면 구성에도 많은 영향을 미쳤다. 조상숭배가 민간신앙의 핵심이 되면서 가부장적 가족을 기반으로 하는 대가족제도가 주택 건축에 영향을 미쳐, 여러 세대世代가 한 집에 거주할 수 있도록 넓은 공간이 필요하게 되었다.

조선시대의 남존여비와 남녀유별사상은 여인들을 주택 내에서 가장 깊은 규방에 유폐시키고 가족 이외의 모든 남성들과 격리시켰다. 주택 건축에서도 안채와 사랑채를 별개의 건물로 배치하여 부부들은 취침뿐만 아니라 식사, 기기 등의 모든 일상생활을 따로 하여, 주택공간이 성性에 의해 구분되는 특성을 나타내게 되었다. 상류주택에서는 남성과 여성의 공간이 사랑채와 안채의 동棟 단위로 구분되는 데 비해, 서민주택에서는 사랑방과 안방의 방房 단위로 구분되는 것이 다를 뿐 그 원리는 동일하였다.

주 택

조선의 주택 건축은 크게 행랑채, 사랑채, 안채의 세 공간으로 구분되었고, 각 공간의 사용자나 기능이 모두 달랐다. 행랑채는 주택의 가장 바깥쪽에 위치하고 대문간, 행랑마당, 행랑방, 부엌, 마굿간, 창고로 구성되었으며 하인들의 거처로 사용되었다. 사랑채는 행랑채의 안쪽에 위치하고 사랑마당, 사랑방, 대청으로 구성되었으며 남자 주인의 거처, 서재, 남자 손님의 응접공간으로 쓰였다.

안채는 사랑채의 안쪽, 즉 주택의 가장 깊은 곳에 위치하고 안마당, 안방, 건넌방, 부엌, 대청으로 구성되었으며 모든 가정 살림의 중추적인 역할을 하였다. 그러므로 사랑채의 식사준비와 의복, 침구의 손질도 모두 안채에서 하였다. 안채는 안주인과 미성년 자녀의 거처, 여자 손님의 응접공간으로 쓰였고, 가장 폐쇄적인 곳이었다. 그 밖에도 별당, 사당과 같은 부속 건물이 있었다.

조선 시대에는 신분별로 주택과 대지垈地에도 차별을 두는 건축규제가 있었다. 태조는 대지의 넓이에 대한 법령을 발표하여 살림집의 터전으로 서인庶人에게는 대지

1 **조선 시대 상류주택의 전경**(강원도 강릉, 선교장)

2 **상류주택의 사랑채**(강원도 강릉, 선교장)

3 **상류주택의 안채**(경북 성주, 한개마을 하회댁)

약 260㎡(78평)를, 대군이나 공주에게는 대지 약 3,360㎡(1,170평)를 분배하였고, 세종 때에는 주택의 크기나 집의 구성, 치장에도 신분별로 차등을 두는 법령을 발표하여 살림집의 크기, 건축재의 크기나 재료들을 제한하였다.

조선 시대 주택의 수준은 크게 상류주택, 중류주택, 서민주택으로 분류할 수 있다. 상류주택은 양반이나 경제적으로 우위에 있는 사람들의 주택으로, 규모가 크고 주택 수준도 높았으며 지방별로 평면형에 큰 차이가 없는 것이 특징이다.

중류주택은 중인中人 계급, 군교, 이서들의 주택으로, 서민들보다는 한 계급 위에 있고 경제적으로도 비교적 부유한 사람들의 주택이었다.

서민주택은 농·공·상에 종사하는 사람들의 주택으로, 경제적으로 빈곤하고 주택의 수준도 낮았으며, 지방별로 평면형에 차이가 있는 것이 특징이다. 이는 제한된 대지를 가지고, 한반도의 다양한 기후에 적응하기 위한 결과로 보인다. 이들 서민주택의 지방별 평면 유형은 부엌, 방, 대청의 공간을 기본으로 하고, 이들이 상호간에 어떻게 결합되는지에 따라 분류된다.

함경도 지방형은 기후적으로 혹독한 추위에 대비하기 위한 방한구조防寒構造로, 온돌방을 한 군데 모아서 밭 전자田字로 배치하고 대청은 없으며, 주로 함경도와 강원도 지방에 분포되어 있다. 평안도 지방형은 남부 지방형과 같은 일자형一字形이나 대청이 없으며, 평안도와 황해도 북부의 일부 지방에서 볼 수 있다.

중부 지방형은 ㄱ자형으로, 한가운데에 마당을 두게 되므로 중정형中庭形이라고도 한다. 개성을 중심으로 황해도와 경기도, 충청도 일부의 중부 지방에 분포되어 있다.

서울 지방형은 중부 지방형과 같으나 부엌의 위치만 다르다. 남부 지방형은 평안도 지방형과 같이 일자형이나 대청이 첨가된 것이 다르다. 이는 더운 날씨에 적합한 개방형 평면으로 전라도와 경상도에 분포되어 있다. 제주도 지방형은 따뜻한 기후에 맞게 발달된 형으로, 중앙에 대청인 상방을 두고 좌우에 큰 구들과 작은 구들을 두며, 큰 구들의 북쪽에 고팡庫房을 두어 물품을 보관한다. 상방과 큰 구들 앞에는 낭간이라는 툇마루를 두고, 기후적인 영향으로 취사용 아궁이와 방은 연결되지 않는다. 그리고 제주도형에서는 한 울타리 안에 부모의 주택인 '안거리'와, 결혼한 자녀의 주택인 '밖거리'를 함께 두는 것이 특징이다.

이상에서 알아 본 조선시대 주택의 기본적 공간인 안방, 사랑방, 대청, 부엌을 중심으로 중류층 이상 주택에서 각 공간별 실내디자인과 사용된 가구 및 기물을 살펴보면 다음과 같다.

공간별 실내디자인

안 방

안방은 가정살림을 맡아 해결하던 중추적인 공간으로, 취침뿐만 아니라 손님 접대, 가족단란 등 다용도의 기능을 가진 방이었다.

안방의 바닥은 온돌에 장판지로 마감한 후 들기름을 먹여서 윤기가 나고 내수성耐水性을 가지도록 하였고, 벽과 천장은 종이로 도배를 하였다.

안방의 꾸밈은 아랫목을 중심으로 하여 아랫목에 보료를 깔고 주부가 앉았으며, 보료의 한쪽 위에는 사방침이나 장침을 놓아 팔을 고일 수 있게 하였다. 보료 앞에는 반짇고리에 자, 가위, 실 등의 바느질 도구를 담아 놓고, 그 옆에는 화로에 인두를 꽂아 두고 사용하였다.

아랫목의 벽에는 다락문이 달려 있는데, 다락은 아궁이가 난방과 취사를 겸하여 설치되기 때문에 부엌 바닥이 낮아져서 생기는 공간을 이용한 것이다. 다락에는 비 일상용품이나 계절용품, 귀중품 등을 수납하고, 안주인의 허락 없이는 함부로 출입하지 못하였다. 다락문은 네 짝 미세기문으로 만들고, 그 위에는 화조도花鳥圖를 붙여 장식적인 요소로 사용하였다.

안방의 한쪽 벽에는 키가 낮은 문갑과 버선을 넣어 두는 자그마한 머릿장을 두었고, 문갑 위에는 경대나 화분 등을 얹어두었다. 윗목에는 사방탁자를 놓아 도자기나 장식물을 얹어두고 감상하였으며, 그 앞에는 손님용 방석도 놓았다. 또 상류주택에서는 윗목에 붙여서 작은 방을 만들어 '윗방' 이라 하고, 여기에 수납용 가구인 이불장, 옷장, 농, 의걸이장 등 부피가 큰 가구들을 두었으며, 이러한 가구들의 위에는 함이나 궤를 얹어두고 윗방의 문은 열어 둔 채로 생활하였다.

병풍은 보료 주위에 치거나, 겨울에는 외풍을 막기 위해 창가에 치기도 하였으며, 방장房帳도 함께 사용하였다. 안방에서 사용되던 병풍이나 방장에는 여성적인 취향의 화조도 무늬가 즐겨 사용되었다.

안방은 대청과 연결되어 있어 여름에는 대청으로 향한 문을 열어 놓고, 고운 대나무 발을 드리워 밖에서 안이 잘 들여다보이지 않도록 하였다.

안방에서 사용되던 가구에는 단층장, 이층장, 삼층장, 의걸이장, 버선장, 반닫이, 함, 궤, 탁자, 문갑, 유상柳箱, 채상彩箱, 대고리, 빗접, 경대, 횃대, 화로, 병풍, 발 및 돗자리 등이 있었다.

사랑방

사랑방은 남자 주인이 거처하던 방으로서, 서재와 남자 손님들의 접객공간으로 쓰였다. 조선 시대에는 유교의 영향으로 검소함을 선비의 미덕으로 생각하였으므로 사랑방의 꾸밈은 간결하고 소박하였다. 의복이나 침구의 손질, 식사 준비 등의 가사는 모두 안채에서 이루어졌기 때문에, 사랑방에는 살림살이나 수납을 위한 가재도구는 전혀 두지 않았고 문방기구와 취미생활을 위한 기구들만을 두었다.

사랑방의 마감재는 안방과 같았으며, 실내구성도 서로 비슷하여 사랑방의 꾸밈은 역시 아랫목을 중심으로 이루어졌다. 사랑방의 아랫목 쪽에는 안방과는 달리, 다락이 없으므로 아랫목 벽면에 다락문 대신에 병풍을 둘러놓았다. 사랑방에서 이용되던 병풍에는 산수도山水圖를 그리거나 좋은 문장을 붓글씨로 써서 사용하였다. 병풍 앞에는 보료를 깔고, 그 중심 부분에는 앉아서 등을 받칠 수 있는 안석安席을 놓고, 그 좌우에 사방침과 장침을 놓아 팔을 고이거나 기댈 수 있게 하였다. 아랫목 구석에는 촛대와 담배도구들을 두고 사용하였으며, 보료의 정면에는 책을 얹어 놓고 읽기 편하도록 서안書案을 배치하고, 그 옆에는 종이, 벼루, 먹, 붓 등을 담아 두는 연상硯床을 두었다.

4 **상류주택의 사랑방**(경북 안동, 하회 충효당)

주인의 맞은편 자리인 윗목에는 손님을 위한 방석을 몇 개 배치하였다. 창호지를 바른 창문이 있는 벽면에는 키가 낮은 문갑을 창 밑에 배치하고, 내부에 귀중품을 수납하였으며, 그 위에 붓통이나 장식물을 얹어두었다. 윗목의 한쪽 구석에는 사방에서 투시되는 사방탁자를 두고, 칸마다 보기 좋은 도자기나 장식물을 얹어 두었다. 사랑방에는 윗방이 없으므로 방의 한쪽 구석에 책장을 두거나 간단한 의걸이장을 두었다. 벽면에는 액자나 족자, 고비考備를 걸어 두고 고비에는 두루마리로 된 서화書畵나 편지 등을 끼워 보관하였다.

사랑방에서 쓰이던 가구에는 의걸이장, 책장, 사방탁자, 서안, 문갑, 연상, 다과상, 고비, 방장, 발, 병풍, 평상 등이 있었다. 사랑방의 출입문에는 창호지를 바른 네 짝 미세기문을 달았다. 사랑방의 모든 실내가구들은 전체적으로 장식이 적고 소박하여 조선 시대 선비들의 기품을 잘 나타내었다.

부 엌

조선 시대의 상류층에서는 대가족제도를 유지하고, 많은 하인들을 거느리고 생활하는 것이 일반적이었다. 따라서 부엌은 대가족을 위한 식사준비와 잦은 제사를 위하여 매우 중요한 공간이었으며 넓은 면적을 필요로 하였다.

부엌의 마감재는, 바닥은 다진 흙으로 만들고 벽은 석회로 발랐으며, 천장은 안방의 다락 바닥이므로 나무로 되어 있었다. 부엌의 바닥 높이는 아궁이에서 취사와 난방을 겸하는 관계로 온돌바닥보다 낮아야 하므로 다른 어느 공간보다 낮았다.

부엌 내부에는 안방 쪽에 붙여서 부뚜막이 있고, 반대쪽에 찬장이나 조리를 할 수 있는 작업 선반이 있었다. 부뚜막이 낮아서 여인들은 대개 구부린 자세로 일을 하였고, 상하수도 시설이 없어서 마당에서 우물물을 길어다 쓰고 마당까지 나가서 물을 버리도록 되어 있었다.

5 **서민주택의 부엌**(강원도 고성, 왕곡 마을)
6 **중류주택의 부엌**(전남 나주, 민가)
7 **조선시대 건축의 목조 가구식 구조**(경북 안동, 하회 병산서원)

부엌문은 대문과 같은 형태의 나무문을 달았고, 문의 위쪽에는 살창을 만들어 나무를 땔 때 나는 연기가 배출되도록 하였다. 부엌에서는 장식적인 가구보다는 실용적인 기물만을 배치하였다. 상류주택의 부엌에는 부엌의 한쪽에 찬방을 만들고, 여기에 찬장, 찬탁, 쌀 뒤주, 잡곡 뒤주, 조미료를 담아 두던 용충龍蟲무늬 항아리, 그 외의 부엌 용구들을 두고 사용하였다. 부엌과 찬방 사이에는 문이 없었으며, 바닥을 높게 하고 마루나 온돌로 만들어 신을 벗고 앉아서 일할 수 있도록 되어 있었다.

대 청

대청은 안방과 건넌방 사이에 위치하여 집의 중심부에 있었다. 대청은 일반 여염집에서는 제사를 지내고 관아에서는 정치를 하던 곳이어서 주택 내에서 가장 신성하고 근엄한 장소로 여겨졌다.

대청의 마감재는 바닥은 나무로 우물마루를 놓았고, 지면으로부터 일정한 공간을 떼어 놓아 바닥 밑으로 환기가 되도록 하였으며 난방은 하지 않았다. 벽면은 석회를 발랐고, 천장은 마감하지 않고 가구재架構材인 대들보, 서까래를 그대로 노출시키고 나무 사이에는 흰 석회 칠을 하였다. 궁궐이나 절에서는 천장을 우물천장으로 마감하

8 **상류주택 대청의 들문**(경북 안동, 금구당 사랑채)

고, 아름다운 무늬를 그려 넣는 일도 있었다. 우리나라의 목재 사용방법은 나무의 생김새를 보기 좋게 다듬기보다는 자연미를 최대한으로 살리는 것이 원칙이었으므로 보, 서까래, 기둥들도 구부러진 모양을 그대로 사용하는 일이 많았다. 가구재가 노출된 천장은 중심부가 높고 가장자리가 낮아지는 경사천장이었으며, 대청은 주택 내에서 가장 천장이 높은 장소로 시원한 느낌을 주었다.

대청의 앞쪽에는 문을 달지 않았으며, 다는 경우에는 들문을 만들고, 더운 여름에는 이 문을 들어 올려 천장에 들쇠로 매달아 놓도록 하였다. 대청 뒷문은 쌍여닫이식 판자문으로 만들어, 여름철에는 앞·뒷문을 모두 열고 앞뒤로 맞바람이 치도록 하여 집 안에서 가장 시원한 공간이었다. 이곳에도 시야를 가리기 위해서 발을 드리웠고, 댓돌을 밟고 오르내릴 때에 붙잡을 수 있도록 손잡이 끈을 천장에 매달기도 하였다.

상류주택에서는 원래 대청에 아무런 가구도 놓지 않고 넓게 비워 두는 것이 상례였으나, 찬방이 따로 없는 서민주택에서는 찬장이나 뒤주, 용충무늬 항아리 등을 대청에 놓고 사용하였다.

가구와 기물

조선 시대에 사용하던 가재도구는 아직도 우리 주변에 많이 남아 있는데, 그 중 중요한 것이 목가구木家具이다. 조선 시대의 목가구는 나무결의 자연스러움을 최대한으로 살려서 재료 자체의 아름다움을 강조한 것이 그 특징이다. 목가구는 선과 면의 비례감이 매우 세련되고 과다한 장식을 하지 않았다. 가구의 크기는 좌식생활에 맞도록 낮고 자그마하며 기능적이었다.

가구의 재료로는 자작나무, 참죽나무, 느티나무, 단풍나무, 배나무, 대추나무, 먹감나무, 소나무, 오동나무 등이 쓰였고, 특수한 경우에는 종이, 소의 뿔을 가공하여 염색한 화각華角, 전복 껍질을 가공하여 붙인 나전칠기 등도 사용되었다.

가구의 무늬 소재로는 부귀富貴, 다복多福, 장수長壽를 염원하는 의미에서 십장생, 사군자, 화조도, 산수도, 문자, 포도, 박쥐무늬 등이 즐겨 사용되었다. 이러한 무늬 이외에도 여러 가지의 금구 장식金具裝飾을 사용하였는데, 금구 장식은 가구를 구조적으로 지탱해 주는 기능과 장식적인 기능의 두 가지를 모두 겸비한 것이었다. 안방 가구에는 여성 취향의 색이 화려한 놋쇠 금구 장식이, 사랑방 가구에는 남성 취향의 은은

한 백동이나 소박한 거멍쇠 장식이 주로 사용되었다. 금구 장식에는 감잡이, 경첩, 들쇠, 귀장식, 자물쇠 등이 있었다.

장

장은 수납용 가구 중 가장 기본적인 가구로서 안방과 사랑방, 부엌에서 모두 쓰였으나 그 용도는 약간 달랐다. 안방에서는 주로 의류 수납용으로 옷장, 의걸이장, 버선장, 이불장이 쓰였고, 사랑방에서는 의걸이장, 책장이 쓰였으며, 부엌에서는 식기를 넣어두는 찬장이 쓰였다. 이들은 재료에 따라서 비단장, 화각장, 먹감나무장, 지장紙欌, 나전칠기장 등으로, 층수에 따라서는 단층장, 이층장, 삼층장 등으로 불리기도 하였다.

장의 일반적인 구조는, 몸통은 하나이고 내부는 2층 또는 3층으로 나뉘어졌으며, 앞면에는 층마다 각각 여닫이문이 달려 있었다.

또 옷장은 층마다 옷을 접어서 보관할 수 있도록 되어 있었고, 의걸이장은 윗부분에 횃대가 달려 있으며, 층이 나뉘어 있지 않아 길이가 긴 옷들을 구겨지지 않게 걸어둘 수 있었다.

책장은 사랑방 가구의 대표적인 가구로, 각 층마다 문을 단 것과 전체를 두 짝의 여닫이문으로 단 것이 있었으며, 장식은 적고 단순하였다.

찬장은 그릇이나 반찬을 수납하는 가구로 대개 2층이나 3층이며, 굵은 재목을 사용하여 둔탁하고 장식이 검소하였다. 또한 용도에 따라서 크기가 다양하여, 작은 것은 부뚜막이나 찬마루 위에, 큰 것은 찬방에 두고 사용하였다.

반닫이

반닫이는 서민층에서 장이나 농 대신에 사용하던 가구로, 앞면의 상반부를 문짝으로 만들어 상하로 여닫게 만들었기 때문에 '반닫이' 라 일컬어졌다.

반닫이는 우리나라 전역에 걸쳐서 사용되었으며, 그 안에는 의복, 책, 제기祭器 등을 보관하였고, 위에는 이불을 얹거나 항아리, 소품 등을 얹어두었다. 반닫이의 앞면에는 화려한 금구 장식을 많이 부착하는 것이 특징이었다.

반닫이는 지방에 따라서 평안도 반닫이, 경기도 반닫이, 충청도 반닫이, 전라도 반닫이, 경상도 반닫이 등으로 불렸으며, 특히 강화 반닫이는 품질이 우수하여 궁중에서도 애용되었다.

의걸이장

삼층장

9 장

10 반닫이

11 이층농

12 사방탁자

13 무 갑

농

농은 장과 더불어 가장 일반적으로 쓰이던 수납용 가구였다. 농은 2개 또는 3개의 궤를 쌓아 놓은 형태로 각기 몸통이 이층 또는 삼층으로 분리되어 있는 것이 장과 다르다. 농은 용도에 따라 의농, 버선농, 책농, 실농 등이 있었으며, 재료에 따라 자개농, 오동나무농, 먹감나무농, 버드나무농 등으로 불렸다.

함과 궤

함은 물건을 넣도록 만든 상자로, 각 가정에서 용도에 맞게 만들어 썼으므로 크기와 종류가 다양하였다. 대표적인 것으로는 신랑 집에서 신부 집으로 혼수를 보낼 때 사용하던 혼수함, 안방용으로 주로 사용되던 의복함, 족두리함, 보석함 등이 있었고, 사랑방용으로 사용되던 도장함, 문서함, 관복함 등이 있었다.

혼수함에는 주칠朱漆을 하고, 앞바탕에 운문雲紋 장식과 뻗침대, 하단에는 겹국화 꽃무늬를 장식하는 것이 일반적이었다.

궤는 상부를 두 부분으로 나누어 경첩을 달아 반쪽만 열리게 만든 상자로, 그 용도에 따라 돈궤, 실궤, 도장궤, 잡궤 등으로 불렸다.

탁 자

탁자는 문방 가구로, 조선 시대 가구 중 가장 비례미가 뛰어난 가구로 평가된다. 탁자는 사방이 뚫려 있어 어느 방향에서나 시원하게 보이므로 장식물을 얹어 두거나 책을 쌓아 두기에 좋았다. 탁자는 기둥과 층널만으로 구성된 것도 있었으나, 보통 3층 또는 4층으로 나누어 맨 아래층에는 문을 달아 물건을 수납하도록 된 것이 많았다. 이처럼 한 층이나 그 이상에 문을 단 것을 '탁장' 이라 불렀다.

탁자는 장식이 적고 간소하면서도 건실한 구성미를 가지고 있고, 각 층의 아름다운 비례관계는 현재에도 탁월한 조형감각으로 인정받고 있다. 모양에 따라 2층 탁자, 3층 탁자, 4층 탁자, 장탁자, 사방탁자, 탁장 등으로 나뉘고, 용도에 따라 책탁자, 찬탁자 등으로 나뉘었다.

문 갑

문갑은 조선 시대 가구 중에서 좌식생활에 가장 적합한 가구로 키가 낮아 앉은 채로 사용하기에 편리하였다. 서랍과 여닫이문으로 구성되어 있어 내부에는 여러 가지 귀중품이나 작은 물건들을 수납하였고 위에는 장식물을 놓아두는 진열대로 사용하였다. 문갑은 안방과 사랑방에서 모두 사용하였는데, 한 짝만 놓는 외문갑과 두 짝을 놓는 쌍문갑이 있었다.

서 안

서안書案은 책을 받쳐 놓고 읽는 데 사용하는 책상으로, 사대부 집안의 사랑방 가구로서 필수였다.

서안에는 범상凡床과 경상經床의 두 종류가 있었다. 범상은 단순한 모양의 직선 형태로 일반 민가에서 많이 사용되었고, 경상은 천판天板이 두루마리형으로 말려 올라가고 곡선적인 장식이 많은 형태로, 원래 사찰에서 불경을 읽을 때 사용하던 것이 후에 상류층의 사랑방에서도 쓰였다.

경 대

경대는 여자가 혼인할 때 갖추어 가던 주요 혼수품목의 하나로 화장용 거울과 서랍으로 구성되었다. 경대는 여성용 가구이므로 장식과 색채가 화려하고 뚜껑 부분에 거울이 붙어 있어 화장 시에는 거울을 세워서 쓰고, 보관 시에는 접어서 뚜껑을 닫으면 단순한 상자가 되는 소형 가구였다. 그러나 남성들도 간혹 상투를 트는 데 경대를 사용하였는데, 여성용보다 장식과 색채가 단순하고 상투를 트는 데 필요한 장신구들을 넣어 두었다.

평 상

좌식생활을 하던 서민층은 방에서 평상을 사용하지 않았으나, 상류층은 중국처럼 의자식으로 생활하여 여름의 차가운 온돌이나 겨울의 뜨거운 온돌 위에 평상을 놓고 사용하였다.

평상의 바닥이 살로 된 것을 살평상, 널로 된 것을 널평상이라 불렀는데, 널평상에는 서민들이 여름철에 마당에 놓고 사용하던 이동식 마루도 있었다.

뒤 주

뒤주는 곡식을 넣어 두는 가구로, 괴목으로 만든 것이 가장 고급품이며, 장식은 무쇠나 놋쇠를 썼고 찬방, 찬마루, 대청 등에 두었다. 뒤주는 개판蓋板을 반으로 나누어 위

범 상 경 상

14 서 안

15 경 대

16 뒤 주

17 고 비

충주반 해주반

18 소 반

로 열도록 되어 있었으며, 금구 장식은 별로 쓰지 않아 둔탁하고 소박한 느낌을 주었다. 용도에 따라 크기가 달라 쌀 뒤주는 크고 잡곡 뒤주는 작았다.

고 비

고비考備는 벽에 걸어 두고, 두루마리 형태의 그림이나 편지 등을 꽂아 두는 기물로, 그 모양이 간결하면서도 아름다웠다.

소 반

소반小盤은 우리나라의 민예가구 중 가장 우수한 것에 속한다. 대가족이면서도 신분별로 식사를 따로 하였던 조선 시대의 생활습관에 따라 여러 종류의 소반이 발달되었다. 소반은 개판蓋板의 모양에 따라 사각반, 원반, 팔각반 등으로 구분되었고, 다리의 모양에 따라서 호랑이다리상虎足盤, 개다리상鉤足盤, 고양이다리상猫足盤, 풍혈반風穴盤 등으로 구분되었으며, 용도에 따라서는 교자상, 다과상, 공고상 등으로 구분되었다. 또 생산되는 지방에 따라 나주반, 통영반, 해주반, 충주반 등으로 불리기도 하였다.

현 대

조선 시대 말기와 일제강점기, 한국전쟁을 거치면서 우리나라에는 비로소 외국의 문물이 들어오게 되었고, 이와 함께 정신적 · 물질적인 면에서도 커다란 변화를 겪게 되었다. 조선 시대 말기에 항구도시를 통하여 우리나라에 처음으로 외국인들이 출입하게 되면서 외국의 건축 양식도 부분적으로 도입되고 주택 양식에도 한국 · 일본 또는 한국 · 서양 절충식의 건물들이 나타나기 시작하였다.

1950년 한국전쟁의 발발로 인하여 대부분의 주택 건물이 손실되었으며, 전쟁 후 주택의 대량공급이 요구됨으로써 서양식의 현대주택과 아파트가 등장하게 되었다. 우리나라 최초의 대단위 규모 아파트단지는 주택공사에서 건설한 서울의 마포아파트로서, 이를 시작으로 서울의 한강변을 중심으로 수많은 아파트 건물이 세워지게 되었다. 현재는 토지가 좁은 우리나라의 실정 때문에 전국적으로 주택의 60% 이상을 아파트가 차지하게 되었는데, 이러한 아파트의 대량공급은 산업화와 함께 증가된 핵가족 위주의 가구 형태와 도시로의 인구집중 현상과도 밀접한 관계가 있다.

19 전통적 요소를 도입한 현대식 주거의 내부

20 주상복합 건물

그러나 우리나라의 현대주택은 서양식의 구조와 평면을 가지고 있으면서도, 전통적인 생활 양식을 수용할 수 있도록 절충적으로 발달되어 왔다. 즉, 침실과 노인실 등의 휴식용 공간은 온돌을 이용한 좌식 구조로, 부엌, 거실, 서재, 어린이방 등의 기능적인 공간은 의자식 구조로 발달되었다. 또 재래식 온돌 구조는 온수를 이용한 패널 히팅pannel heating 방법으로 개량하여 위생적이고 열효율도 높은 세계적으로 우수한 난방 시스템으로 평가받는다.

내장재료는 바닥재로 온돌에는 장판지 또는 비닐 시트나 목재 플로링을, 거실과 부엌에는 목재 플로링flooring, 비닐 시트, 대리석, 타일 등을 다양하게 선택하여 사용하고, 필요에 따라서는 전면 카펫이나 부분적인 러그rug도 사용한다. 벽이나 천장에는 종이벽지, 발포벽지, 헝겊벽지, 갈포벽지 이외에도 목재 등을 개성에 맞게 선택하여 쓰고 있다.

현대의 가구와 실내디자인은 개성을 중시하여 다양화되고 있으며, 서양식 가구와 우리의 고가구를 적절하게 절충하여 사용하는 경향이 뚜렷해지고 있다. 특히 도시에서 주택 가격이 비싸지면서 주거공간을 효율적으로 활용하는 것이 거주자들의 주요 관심사가 되었고, 같은 면적의 공간이라도 시각적으로 보다 넓어 보이게 하려는 디자인 방법이 고려되고 있다. 한편 아파트가 보급되면서 자연에 대한 향수로 실내조경에 대한 거주자들의 관심도 증가하여 베란다를 이용하여 정원을 꾸미는 경우도 많아졌다.

최근 도시에 등장한 주상복합건물의 보급도 기계의 이용을 극대화하여 개발되고 있다. 하층부에는 주민편의시설, 상업공간과 오피스를, 상층부에는 주거공간을 복합 배치함으로써 바쁜 현대인의 생활에서 편리성을 최대한 도모하는 방향으로 발달되고 있다.

2 서양의 실내디자인

서양 건축의 역사는 우리나라와 마찬가지로 구석기시대부터 시작되어 원시시대에는 지역적 특성이 없이 공통적이다가, 문명이 발달되면서 각 지역별 특성에 따라 다양하게 발달되었다.
원시시대의 대표적인 유적으로는 수혈주거竪穴住居와 선돌, 고인돌 등의 거석문화巨石文化, 동굴벽화의 흔적을 찾아볼 수 있다.
아직 남아 있는 구석기 시대 주거지의 유적은 북부 스페인 또는 남서 프랑스 등에서 19세기 말에 발견된 알타미라 동굴이나 레 콩바렐 동굴 등이 있는데, 이들 벽화 중 일부에서 가형도가 발견되었다. 이는 BC 4~5만 년 전의 것으로 추측되며 원시주거연구의 귀중한 자료로 쓰이고 있다.
서양의 건축은 처음에 고대문명의 발상지인 이집트에서 시작되어 그리스, 로마를 거쳐 유럽 전역에 전파되었고, 그 후 아메리카대륙으로 전해졌다. 여기에서는 고대로부터 중세, 근세, 현대에 이르기까지 서양 건축의 역사를 통하여 실내디자인의 흐름을 알아보도록 한다.

고 대

이집트

배 경

이집트Egypt는 폭이 좁고 긴 지형으로 나일강변에 세워진 나라이다. 이집트는 지역적으로 고립되어 다른 집단으로부터의 침입에 대한 방어 역할을 해주었으므로 질 높은 문화를 오랫동안 보존할 수 있었다. 또한 비가 거의 오지 않아 건조하고 화창한 기후도 그들의 유적을 오래도록 보존하는 데 크게 기여하였다.

이집트에서는 건축재료로 화강암, 현무암, 섬록암 등이 생산되었는데, 내구성이 강한 화강암이 주로 구조재로 사용되었고, 유연성이 좋은 석회석은 조각에 사용되었으며, 강한 햇볕에 말린 흙벽돌은 벽체를 쌓는 데 사용되었다. 그러나 질 좋은 목재가 귀하여 시리아 등지에서 수입하였고, 이집트 내에서는 종려나무, 아카시아, 파피루스, 갈대, 무화과나무 등이 생산되어 이들을 주로 사용하였다. 또한 이러한 나무들의 가지, 잎, 꽃들이 디자인의 주요 소재로 사용되었다.

건 축

이집트의 건축 유적으로는 분묘, 신전, 왕궁, 주택 등이 있다.

이집트인들은 현세에 사는 것은 잠깐이고 영원한 내세가 있다고 굳게 믿었으며, 상류층에서는 생존 시에 사후의 안식처인 무덤을 미리 만들어 두는 것이 관례였다. 고왕국 시대의 분묘 건축으로는 마스타바mastaba와 피라미드pyramid가 있었다. 마스타바는 장방형으로 지하에 묘실이 있고, 피라미드는 4각뿔 형태로 지상 중간 정도에 묘실이 있는 분묘형식이다. 피라미드는 화강암의 거석巨石을 쌓아서 만든 건축물로, 그 형태는 선사 시대 매장 무덤의 영향을 받은 것으로 보이나, 그 건축 기술과 방법에 대해서는 아직도 의문으로 남아 있다. 가장 오래되고 웅장한 피라미드는 카이로 근방 기제Gizeh의 피라미드 군群이다.

중왕국 시대에는 마스타바 위에 피라미드를 쌓는 방법이 성행하였고, 분묘와 별도로 장제전葬祭殿을 두었다.

이집트인들은 시체를 미라로 만들어서 생전에 그들이 사용하던 물건, 의복, 음식 등과 함께 묻고, 무덤 속을 건조한 진공상태로 유지함으로써 화려하게 장식된 가구와

21 **피라미드**(좌 : 이집트 사카라, 계단형 피라미드, 우 : 이집트 기제, 사각뿔형 피라미드)

22 합셉수트 여왕의 장제전(이집트 룩소르)

23 스핑크스(이집트 기제)

24 **파일론형의 벽**(이집트 룩소르, 카르낙 신전)

좋은 옷, 정교한 보석류들이 수천 년 동안 그대로 보존되게 하였다. 따라서 이러한 이집트인들의 무덤은 그들의 일상생활을 반영하는 귀중한 자료가 되고 있다.

이집트의 최고 전성기는 신왕국 시대로, 신전神殿을 많이 건축했다. 신전 건축은 벽체를 파일론pylon형으로 하고 그 앞에 오벨리스크obelisk : 태양신을 위한 길고 뾰족한 탑, 4면으로 된 단일 석주, 위로 올라갈수록 가늘어져서 꼭대기는 피라미드와 같은 형태이다나 스핑크스를 배열하였다. 파일론형의 벽체는 벽이 수직이 아니고 위로 올라갈수록 안쪽으로 경사지게 만들어 아래쪽 벽은 두껍고 위쪽 벽은 얇아서 안정감을 주는 방식이다. 궁전 건축은 분묘 건축처럼 장대하지는 않았으며 대부분 볕에 말린 흙벽돌로 지었다.

이집트의 건축은 처음에는 목조로 시작되었으나 고왕국 시대에 이르러 벽돌을 주요 재료로 사용하게 되었고, 후에 영원성을 추구하는 특성 때문에 대부분의 고급 건축에는 목재보다 석재를 많이 사용하였다.

건축물의 기둥은 주로 화강암을 이용하여 돌을 겹쳐 쌓아 원주圓柱를 만들었다. 목조 건축의 기둥은 파피루스나 종려나무 줄기의 다발이 엮어진 모양을 모방하여 만들었는데, 이것이 그리스 시대에는 원주의 세로홈 장식으로 발전되었다. 원주의 윗부분은 나뭇잎, 꽃, 종 등의 형태를 양식화하여 조각하였는데, 이러한 주두를 종루형 주두

25 **주두**(이집트 룩소르, 카르낙 신전, 좌 : 연꽃 봉오리형 주두, 우 : 종루형 주두)

26 **건축의 상인방 구조**(이집트 룩소르, 카르낙 신전)

柱頭, 연꽃 봉오리형 주두, 파피루스형 주두라고 한다.

이집트의 건축은 직사각형과 직선형이 많았고, 벽을 두껍고 무겁게 하여 거대하고 견고하였으며, 영원성을 표현하였다. 고대 이집트는 아치arch 건축술이 발달하지 못하여 아치형의 천장이나 창문을 사용하지 못하였다. 원주 위에 기둥 사이를 가로지르는 들보인 상인방lintel을 얹고, 상인방 위에 지붕틀을 얹었는데, 이러한 이집트의 건축 구조를 상인방식 구조라고 한다. 상인방의 길이가 제한되어 있고, 이를 지지해 주는 기둥이 필요하므로 큰 규모의 건축에는 아름다운 조각을 한 수많은 원주를 긴 열로 배열하여 실내는 거대한 원주의 숲을 이루었다. 이러한 예로 룩소르Luxor에 있는 카르낙Karnak 신전, 룩소르 신전 등의 유적이 남아 있다.

27 **카르낙 신전**(이집트 룩소르)

주 택

이집트의 사회 구조는 귀족층, 중류층, 노예층의 세 계층으로 구성되어 있었고, 부富는 극히 소수에 편재되어 있었다. 이집트의 수거는 사회·경제적 지위에 따라 다양하였고, 상류층의 주택은 흙벽돌로 벽을 두껍게 쌓아 외부의 열기를 차단하도록 하였다. 이집트의 주택 구조는 외부에 대해서는 폐쇄적이고 내부의 중정을 향해서는 개방적인 중정식中庭式 구조였으며, 중정을 중심으로 주변에 작은 방들을 배치하였고 2층 구조의 주택도 있었다.

침실에서는 취침을 위해 바닥이 높은 연단에 리넨linen을 깔아 침대로 사용하였고, 무늬가 있는 직물들은 벽에 걸어 두거나 방과 방 사이를 분리하는 가리개로 사용하였다. 골풀로 된 돗자리를 바닥에 깔고 사방 벽에는 치장벽토로 벽화를 그려 실내를 장

28 **주택 유적지**(이집트 사카라)

식하였는데, 이 벽화에는 일상생활이나 종교적인 내용들이 자세히 표현되어 있었다. 그러나 노동자 계층의 주거는 오두막으로 가구도 거의 없이 생활하였으며, 건설 관계자들의 집단 주거지의 유적도 발굴되었는데, 연립주택의 형태로 한 집의 크기는 5m×10m 정도였다.

고왕국에서 중왕국에 걸쳐 있는 주거지의 유적으로는 카훈의 주거지가 있는데, 이것은 파라오를 위한 피라미드 건설 공사에 종사하던 노동자들의 집단 주거지였다. 신왕국 시대의 유적으로는 텔 엘 아마르나Tell-Amarna의 주거지가 있다.

가 구

이집트에서 가구는 부의 상징이었으므로 서민들에게는 널리 보급되지 않았다. 이집트의 기후와 종교적 특성 때문에 5000년 전에 만들어진 가구가 아직도 현존하고 있어 벽화나 그림과 함께 귀중한 자료가 되고 있다. 상류층에서는 의자, 스툴stool, 접는 의자folding chair, 테이블, 침대, 체스트chest 등의 가구가 사용되었고, 목재 가구는 금, 은, 돌, 유리를 상감 세공하여 매우 화려하고 사치스러웠다. 가구의 다리에는 소나 사자와 같은 동물의 다리 모양을 조각하여 장식하였고, 다리가 직접 땅에 닿지 않도록 원통형의 받침대를 붙여 주었다. 의자나 침대의 높이는 비교적 낮았으나, 마루에 웅크

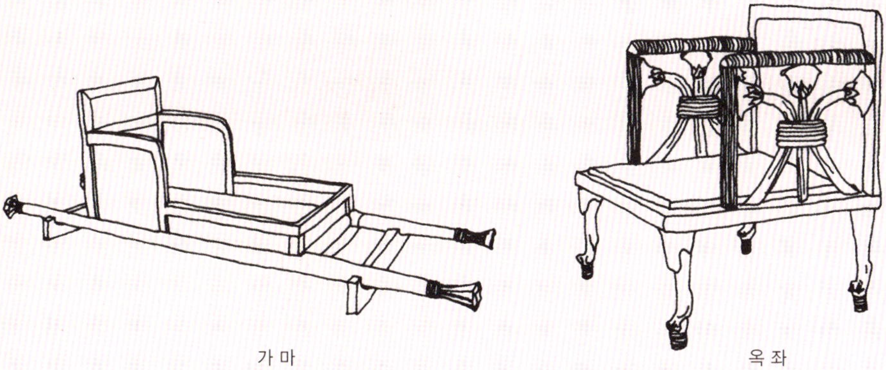

가 마 · 옥 좌

29 이집트 헤르페데스 여왕의 가구

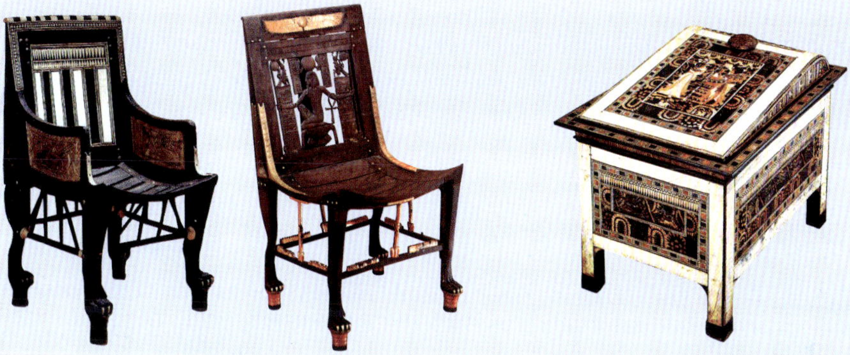

옥 좌 · 체스트

30 이집트 투탕카멘 왕의 가구

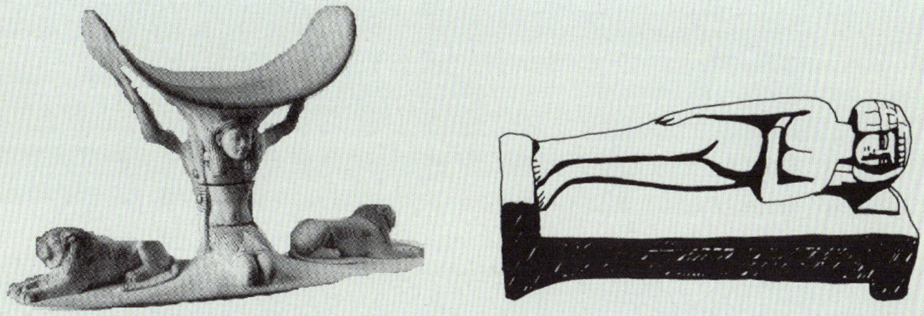

머리 받침대 · 침대 사용법

31 이집트인의 침대

32 고분벽화에 나타난 장식무늬(이집트 룩소르, 합셉수트 여왕 정제전)

33 투탕카멘 왕의 금관 장식

리고 앉는 이집트인의 습성 때문에 별 불편 없이 사용하였다. 이집트의 침대에는 머리판head board은 없고 발판foot board만 있었다. 발 쪽이 머리 쪽보다 높았다. 머리를 받치기 위해서는 따로 머리 받침대를 사용하였는데, 이것은 영혼불멸설을 믿어 머리를 귀중히 여기는 그들의 습성 때문이었다.

이집트에는 가구를 만들 만한 목재가 충분하지 않았으므로 오히려 가구 제작자나 목공인들은 질이 좋지 않은 목재도 잘 다루는 세련된 솜씨를 가지고 있었다.

장 식

이집트 장식 수법의 특징은 그림을 그릴 때 원근법을 사용하지 않았고, 사람의 모습은 몸은 정면이나 얼굴, 팔과 다리는 측면으로 그렸으며, 중요한 사람은 크게, 그렇지 않은 사람은 작게 그린다는 것이다. 종교적 상징을 장식의 소재로 많이 사용하였는데, 태양, 지구, 날개를 편 독수리, 딱정벌레 등의 갑충류, 뱀, 연꽃 봉오리 등을 그 예로 들 수 있다. 그 밖에 길로슈guilloch ; 새끼줄이 꼬인 모양, 팔메트palmette ; 종려나무 잎무늬, 파도무늬, 소용돌이 무늬 등도 함께 사용되었다.

그리스

배 경

그리스Greece 문화는 일반적으로 넓게 해석하여 그리스문화와 그 직계인 로마문화 전체를 포괄해서 말하는 경우가 많으므로 어느 나라, 어느 인종을 막론하고 서양문화의 근원이 된다.

그리스는 지중해 연안에 위치한 반도국으로, 많은 만灣과 복잡한 해안선에 접해 있고, 따뜻한 기후와 충분한 강우량으로 나무가 잘 자라서 건축과 가구공예의 발달에 좋은 조건을 가지고 있었다. 또 대리석이 풍부하여 이를 이용한 건축과 장식도 발달하였다.

그리스는 BC 2000년경부터 BC 1000년경에 걸쳐 인도나 유럽의 유목민들이 그리스 반도에 정착하여 생성되었으며, 이들은 여러 개의 도시국가를 형성하여 살았다. 도시는 언제나 언덕을 중심으로 성벽에 둘러싸인 형태였으며, 이 언덕을 아크로폴리스 Acropolis라고 불렀다.

그리스인들은 순수한 호기심이 많고 탐구심이 강하여 진리를 추구하고자 하는 기질이 강하였다. 그리스인들은 자연숭배의 종교관을 가지고 신神이 도처에 있다고 믿었으며, 사람을 만물의 척도로 알고 있어서 신화 속에 등장하는 신들도 인간과 똑같은 인성人性을 가진 것으로 믿었다. 그들은 모든 예술에서 기능적이고 이지적인 면을 중요시하여 화려한 장식과 색채보다는 선, 형태, 비율, 리듬, 대칭을 통한 세련미를 추구하였다.

34 원주의 세로홈 장식인 플루팅(그리스 아테네, 파르테논 신전)

건축

그리스는 기후가 좋아 사람들의 생활이 주로 옥외에서 이루어졌으므로 아고라agora라고 불리는 광장을 중심으로 신전, 공회당, 극장, 열주랑列柱廊 등이 세워졌다. 이러한 생활 양식으로 인하여 건축을 주로 외관으로만 인식하는 경향이 짙었고, 비례와 세부사항에 많은 관심을 가짐으로써, 그리스 건축은 완전한 구성미를 보여 주었다.

그리스의 건축재료는 처음에 목재, 흙벽돌, 짚 등을 사용하다가 7세기경 이후부터 석재를 사용하였다. 지붕에는 테라코타terracotta ; 진흙 소성제품으로 유약을 입히기도 한다 기와를 덮었고, 다른 부분은 주로 대리석을 사용하였다.

초기 그리스 건축은 이집트 건축으로부터 많은 영향을 받아 기둥과 상인방 형태를 그대로 사용하였으며, 초기 조각 형태에서도 유사점을 발견할 수 있다. 그러나 그리스의 기둥에서는 이집트 기둥의 세로홈 장식이 플루팅fluting이라 불리는 오목선의 세로홈 장식으로 발전되었고, 보다 우아한 장식과 몰딩을 많이 사용하였다. 그리스인들은 아치arch나 돔dome 구조를 완전히 이해하지 못하여 사용하지 못하였다.

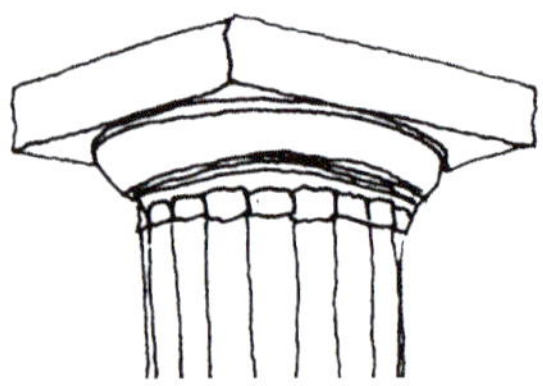

도리아식

이오니아식

코린트식

35 그리스의 기둥 양식

그리스 건축은 외관을 중요시하여 외관을 규정짓는 규율이 있었는데, 이를 오더order라고 불렀으며, 건축가들은 근본적으로 이 기준에 맞추어 건축물을 보다 아름답고 세련되어 보이도록 디자인하였다. 그리스의 오더에는 도리아식 오더Doric order, 이오니아식 오더Ionic order, 코린트식 오더Corinthian order의 세 가지가 있었다. 이러한 오더의 구분은 선사시대의 목조 기둥과 들보가 그리스 시대에 돌로 대치되면서 기둥의 비례와 장식적인 표현미에 따른 것이었다. 기둥은 주두柱頭, capital, 주신柱身, shaft, 주초柱礎, base의 세 부분으로 구성되었는데, 오더의 분류에서 가장 차이가 있는 부분은 주두의 모양이었고 주신에는 세로홈 장식인 플루팅이 이용되었다.

도리아식 주두는 가장 단순한 형태로, 커다란 사각형 기둥의 본체로부터 시작된 곡선형의 몰딩이 특징이다. 도리아식은 구성이 강직하고 남성적이며 중후하여 박력 있고 힘차 보이는 표현을 하는 데 쓰였다.

이오니아식 주두는 2개의 소용돌이 모양으로 되어 있는 것이 특징이다. 이오니아식은 여성적이고 우아하여 강직성이나 중후함이 덜 요구되는 곳에 쓰였다.

코린트식 주두는 4개의 작은 소용돌이 모양으로 아래에 두 줄기의 수직적인 아칸서스acanthus 잎 모양이 있다. 코린트식은 외형상 훨씬 더 섬세하고 우아하므로 경쾌하고 화려하며 풍요로운 느낌을 필요로 하는 데 쓰였다. 이러한 오더는 도리아식, 이오니아식, 코린트식의 순서로 발달되었다.

또한 이러한 오더 이외에도 건물 지붕 부분의 앞면과 뒷면에 코니스cornice : 벽 꼭대기를 마무리하는 돌출된 수평 장식의 돌림띠와 지붕선으로 이루어지는 삼각형 부분에 몰딩과 조각으로 처리하였는데, 이 부분을 박공pediment이라 한다. 이러한 박공은 후에 로마인들도 건축과 실내디자인 및 가구의 장식에 즐겨 사용하였다.

그리스의 신전 건축은 BC 5세기경의 파르테논Parthenon 신전과 BC 2세기경의 제우스Zeus 신전이 유명하다. 파르테논 신전은 직사각형의 평면에 도리아식 기둥으로 지어진 건물로 아직까지 그리스의 대표적인 건축으로 인정받고 있다.

야외 극장으로는 아크로폴리스Acropolis의 동남쪽에 있는 디오니소스의 야외 극장이 있는데, 이 건물은 언덕 기슭의 경사면을 이용하여 관람석을 두고, 가장 낮은 곳에 무대를 두었으며, 관객석은 무대와 동심원同心圓으로 반원보다 약간 크고 계단형으로 되어 있다. 그리스에서는 분묘 건축을 훌륭하게 만드는 경향이 없었으나, 동방문화의 영향을 받은 소아시아의 동쪽에서는 분묘를 웅장하게 만들려는 경향이 있었다.

주 택

그리스인들은 주로 옥외에서 생활하였던 관계로 주택은 그다지 중시되지 않았고, 먹고 자는 데에만 이용되어 대부분의 주택은 작고 검소하였다. 주택의 유적은 남아 있는 것이 없어서 문헌의 기록과 화병의 그림, 대리석 부조에 의한 것뿐이다. 일반 서민들의 주택은 방이 두세 개 정도의 작은 집들이 많았고, 외부로 향한 창은 없었으며 중정을 중심으로 몇 개의 방을 배치하였을 것으로 추측된다.

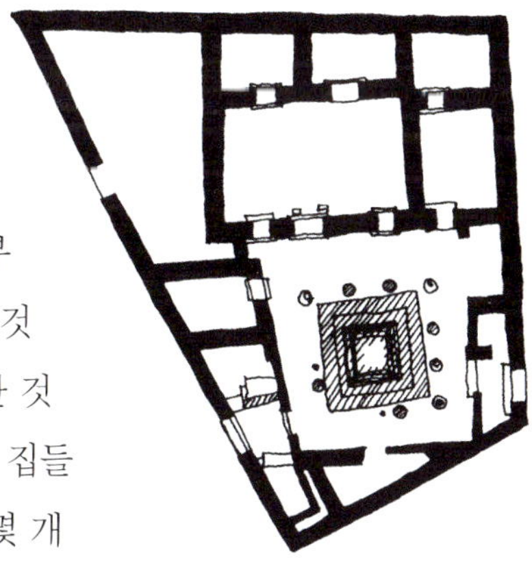

36 **중산층 주택의 평면도**(그리스 올린투스 지방)

한편 도시의 중산층들은 돌로 된 기초 위에 구운 벽돌이나 흙벽돌로 집을 지었는데, 현관과 주랑柱廊, 중정中庭이 있고 그 너머로 거실, 부엌, 욕실이 이어지는 중정식 주택에 살았으리라 추측된다. 중정에는 제우스 신의 제단이 있었고, 2층은 주로 여성들의 주거공간으로 사용되었다. 주요 공간의 바닥은 대리석 모자이크로 포장하거나 시멘트로 발랐고, 욕실 바닥은 타일이나 돌, 시멘트를 깔았으며, 나머지 공간은 다진 흙으로 되어 있었다. 그 외에 노동자들의 주택은 그 수준이 매우 낮았다.

가 구

그리스의 실내공간과 가구는 이집트와 달리, 유물이 거의 남아 있지 않은데, 이는 그리스의 기후가 이집트와 달리 습기가 많아 가구의 재료인 목재가 오랫동안 보존될 수 없었기 때문이다.

그리스의 가구는 형태가 단순하고 비율이 정확한데, 단순한 느낌을 보완하기 위해서 세부 장식을 많이 사용하였다. 그리스인들은 대체적으로 가구를 많이 사용하지 않았고, 사용한 가구로는 의자, 스툴stool, 접는 의자folding chair, 카우치couch, 테이블, 체스트, 침대 등이 있었다. 가구의 재료로는 대리석, 청동, 철, 목재 등을 사용하였고, 비단에 화려하게 수를 놓아 침대 덮개나 쿠션으로 사용하였다.

카우치는 이집트의 침대가 발달된 것으로, 주로 직사각형으로 되어 있으며, 시트seat에 돌출부를 만들어 머리 쪽을 더 높게 하여 기댈 수 있게 하였다. 카우치의 다리와 가로대stretcher는 화려하게 칠을 하거나 목재나 보석, 금속 등으로 상감하였는데, 종려나무무늬가 주로 사용되었다. 파티 때에는 식당 벽을 따라 여러 개의 카우치를 배치하고 그 앞에는 다리가 3개 달린 직사각형이나 원형의 작은 탁자를 놓았으며, 그 위에 음식을 놓아 카우치에 기댄 채로 음식을 먹거나 토론을 하였다. 작은 탁자는 사용하지 않을 때에는 카우치 밑에 밀어 넣어 두었다. 탁자의 다리는 보통 3개로 되어 있었는데, 이 다리는 이집트의 영향을 받아 스핑크스Sphinx, 사자, 상

37 그리스의 카우치와 테이블

상의 동물 다리 모양으로 되어 있었다. 그 밖에 그리스 고유의 다리 모양으로 장미rossete나 종려나무palmette무늬로 장식한 것들이 있었다.

그리스 의자 중 현재까지 가장 아름다운 의자로 평가받고 있는 것이 클리스모스klismos 의자이다. 클리스모스 의자는 훌륭한 비례와 선으로 되어 있고, 팔걸이가 없으며, 산뜻한 곡선과 단순함이 그 특징이다. 이 의자는 후에 18, 19세기 영국, 프랑스 의자의 기원이 되었다.

스툴과 접는 의자는 실용적인 의자로, 상류층이나 서민층에서 모두 애용되었다.

그리스의 체스트는 이집트의 것에서 발전된 것으로, 일반적으로 뚜껑이 평평하고 다리가 달려 있으며, 그 안에 사용하지 않는 물건들을 저장하던 필수품으로 그 크기가 다양하였다.

장 식

그리스인들이 즐겨 사용하던 장식무늬는 아칸서스 잎, 연꽃 봉오리, 종려나무, 장미, 인동 덩굴 등의 식물무늬와 말, 사자, 조류, 물고기 등의 동물무늬가 있었다. 또한 신화적이고 환상적인 무늬로는 스핑크스, 그리핀Griffin : 독수리 머리 · 날개 · 발톱과 사자의 몸으로 된 괴물, 엄격한 감시자, 파수꾼으로 숨은 보물을 지키는 역할을 한다, 키메라Chimera : 사자의 머리, 염소의 몸, 뱀의 꼬리를 가지고 있고, 입에서 불을 뿜는 괴물 등이 있었고, 기하학적인 무늬로는 파도무늬, 번개무늬, 소용돌이 무늬, 길로슈guilloche : 새끼줄을 꼰 모양, 만卍자swastika : 십자가의 변형, 아라베스크arabesque : 아라비아의 당초무늬, 아칸서스acanthus 등이 쓰였으며, 사람의 모습이나 여신상女神像도 장식과 조각의 대상으로 많이 사용되었다.

그리스에서는 장식과 색채를 사용하기는 하였으나, 그 보다는 빛과 그늘 그리고 그림자가 만들어 내는 형태와 선을 강조하는 데 중점을 두었다. 미술사에 있어서 조각이 최고조에 달했던 때는 그리스 시대라고 보는데, 그리스인들은 특히 인체에 매력을 느껴, 완전무결한 인체를 표현하려고 노력하였다. 이러한 경향은 알렉산더 대왕 시대에 극치를 이루었다.

그 밖에 그리스의 가장 흥미 있는 예술품 중 하나로 항아리와 화병을 들 수 있는데, 이러한 도자기에 사용된 디자인은 통일과 균형 잡힌 비례를 중시하였고, 여기에 사용된 그림의 주제는 그리스인들의 일상생활이나 교육적인 내용, 종교적 의식, 연인들 사이의 애정표현 등을 담고 있어 그리스의 풍속을 전하는 데 큰 도움을 주고 있다.

38 비례감이 뛰어난 그리스의 클리스모스 의자

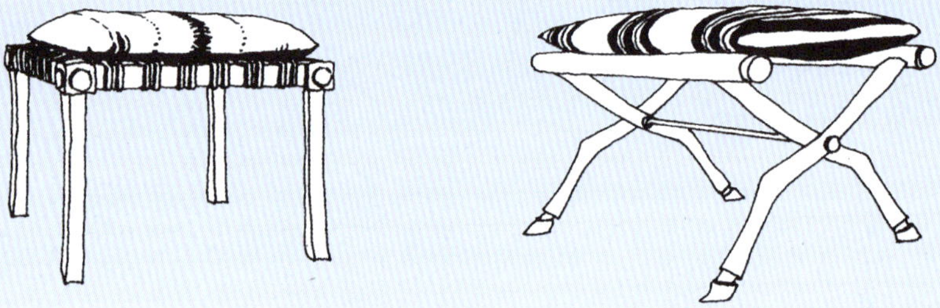

스 툴

접는 스툴

39 그리스의 스툴과 접는 스툴

뇌 문

길로슈

40 그리스의 장식무늬

로 마

배 경

로마Rome는 BC 8세기경부터 BC 5세기경에 걸쳐, 소아시아 서쪽에서부터 해로를 거쳐 이탈리아 반도에 정착한 에트루리아Etruria인과, 그 뒤를 이어서 들어온 그리스Greece인에 의해서 형성된 국가이다. 로마인은 BC 4세기경부터 홍성하여 1세기 말경에는 지중해 연안의 모든 영토를 통일하여 단일 국가를 이룩하였다. 로마 제국의 영토는 서쪽으로 영국, 북쪽으로 라인 강과 도나우 강, 동쪽으로 티그리스 강과 유프라테스 강, 남쪽으로는 이집트와 아프리카 북부에 이르기까지 거대하였다. 로마는 많은 식민지를 가지고 있었고 로마인들은 사치스러운 생활을 하였다.

로마의 문화는 그리스문화에 기반을 두었으며, 모든 형태의 그리스문화를 모방하였다. 이러한 로마인의 그리스 모방벽은 그리스문화를 후세에 전하는 데 크게 공헌하였다.

건 축

초기의 로마 건축은 에트루스칸Etruscan과 그리스의 영향을 많이 받았는데, 그리스를 식민지화한 BC 1세기에서 AD 3세기에 걸쳐 거대한 건축물을 많이 건설하였다. 로마의 건축가들은 그리스의 건축법을 이용하여 원주column나 상인방lintel, 트러스truss : 단단한 구조체를 이루기 위하여 보와 같은 부재를 조합한 것. 휨 응력을 받지 않고 압축 및 인장력만 받도록 설계된 삼각형 모양의 구조체 등을 사용하였으며, 특징적인 것은 아치arch 구조의 개발이었다.

아치는 로마 특유의 구조방식으로 건축의 내·외부에 지대한 영향을 미쳐, 원통이나 둥근 천장, 돔dome 양식을 개발하였고, 벽과 벽 사이의 거리를 아치로 연결하여 이집트나 그리스 건축보다 훨씬 더 넓은 실내를 만들 수 있었다. 이러한 아치의 사용은 로마 건축을 훨씬 다양하게 만들었으며, 시공이 용이해지면서 건축물이 입체적으로 규모가 커졌다. 아치의 형태는 반원 아치나 부분 원 아치로 문, 창, 아케이드arcade에 골고루 이용되었다.

로마 건축에 있어서 또 다른 발달은 콘크리트의 사용이었다. 로마인들은 지중해 동부 연안 지방에서 처음 콘크리트의 사용을 배웠는데, 그 당시의 콘크리트는 화산재, 석회, 모래, 자갈을 섞은 것으로, 재료를 구하기가 쉬워서 광대한 영토 어디에서나 공사

41 **로마의 반원형 극장**(터키 버가모)

42 **로마의 건축**(이탈리아, 좌 : 바실리카, 우 : 콜로세움)

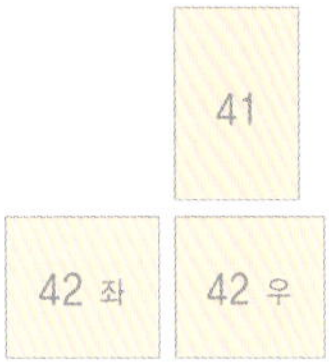

를 진행하는 데 어려움이 없었다. 콘크리트는 마감재로는 적합하지 않았기 때문에 그 표면을 대리석, 설화 석고, 벽돌, 치장 벽토로 마감하였는데, 이는 그리스의 건축이 전체를 대리석으로 하는 것과는 크게 차이가 있었다. 그러나 로마인들은 콘크리트에 대한 보강방법을 몰랐기 때문에 힘을 많이 받는 부분에는 콘크리트를 사용하지 않았다.

로마의 오더order는 그리스의 것을 모방했으나 근본적으로는 여러 가지 차이점이 있었다. 로마 건축에서는 아치나 콘크리트 구조가 발달하여 구조상으로는 원주를 필요로 하지 않았으므로, 오더는 단지 장식적인 의미로만 사용되었다. 로마의 오더는 전체나 세부적인 면에서 그리스의 오더처럼 예술적이지 못하였고, 그리스의 도리아식, 이오니아식, 코린트식의 3종에 터스컨식Tuscan order과 콤퍼지트식Composite order의 2종을 추가하여 5종이 되었다. 터스컨식은 도리아식을 간략화한 것이었고, 콤퍼지트식은 코린트식에 이오니아식 주두를 얹은 모양이었다. 이 중 로마 건축에서 가장 일반적으로 쓰인 것은 콤퍼지트식이었다.

로마 건축의 종류로는 신전, 분묘, 궁전, 공공건물, 오락시설, 경기장, 욕장浴場, 주택 건축 등이 있었다.

신전은 장방형 평면으로 주랑과 벽으로 구성되었고, 그리스의 신전보다 지붕의 물매가 급하였으며, 박공 부분에는 조각을 하지 않았다. 신전에 비해 다른 건축물들이 대규모였기 때문에 신전은 그다지 눈에 띄지 않았으나, 장방형의 평면을 가진 신전 건물로는 주피터Jupiter 신전, 비너스Venus 신전, 로마Rome 신전 등이 있었고, 특수하게 원형 평면과 돔dome형의 천장을 가진 신전 건물은 판테온Pantheon 신전이 있는데, 이는 현재에도 로마 시내에 남아 있다.

분묘는 두 종류로 대별되는데, 하나는 성城 밖에 디널 모양의 지하도를 파고 그 좌우의 벽면에 오목한 부분니치, nich을 만들어 뼈 항아리를 두거나 시체를 매장하는 종류였고, 다른 하나는 기념 건축풍의 것으로, 거대한 묘는 사각형의 대臺 위에 원통형의 건축물을 세우고 정상에 초상을 얹었다.

궁전은 로마시의 파라티누스 언덕에 자리 잡고 있었으며 주랑柱廊, portico 안쪽에 신전, 큰 홀, 바실리카basilica의 세 건물을 줄지어 배치하고 그 안쪽에 샘이 있는 중정, 맨 뒤쪽에 연회장을 두는 형식으로 되어 있었다.

공공건물로는 포룸forum, 바실리카basilica 등이 있었는데, 포룸은 그리스의 아고라

agora ; 공공집회장와 같은 용도의 시민광장으로, 여기에는 상점, 신전, 공공건물, 흥행장 등도 함께 배치되어 다목적용으로 사용되었다. 바실리카는 상업 거래소로서 그 일부가 법원으로 쓰였으며, 이 건축물의 장방형 평면은 후에 성당 건축의 기본형이 되었다.

오락시설인 극장은 반원형으로 되어 있었고, 건축기술이 발달되어 그리스의 극장과 달리 언덕의 경사면을 이용하지 않고도 돌과 벽돌로 계단을 만들었다. 투기를 위한 원형 경기장인 콜로세움Colosseum은 타원형의 평면으로 외관은 4층으로 되어 있었다.

욕장은 공동욕장이 중심이 되어 체육관과 함께 건설되는 경우가 많았다. 욕장에는 수욕水浴, 탕욕湯浴, 열기욕熱氣浴 등의 설비가 갖추어져 있었고, 화장실, 휴게실, 도서관, 정원도 있었으며, 로마 말기에는 욕장이 퇴폐적인 상소로 몰락하였다. 로마 시대의 유명한 욕장으로는 카라칼라Caracalla의 대욕장을 들 수 있다.

주 택

AD 79년에 화산폭발로 인하여 매몰되었던 폼페이Pompeii 시가의 발굴18세기 중엽은 2000년 전의 주택을 알아보는 데 중요한 자료를 제공하게 되었다. 로마의 주택은 공공건물의 호화로움과는 달리 평범하고 값싼 치장벽돌로 지어진 중정식 건물이었는

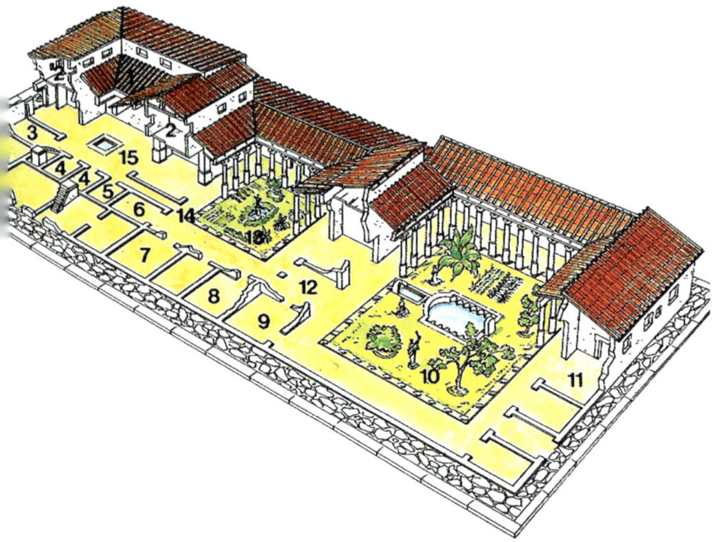

43 **로마의 도시 주택 도무스**(이탈리아 폼페이, 좌 : 복원 투시도, 우 : 내부)

데, 주택의 입구는 직접 가로街路에 면해 있었으며, 작은 상점들이 대부분 측면에 접해 있었다. 더운 외기外氣가 실내로 들어오는 것을 막기 위하여 벽에는 창문이 없었고, 중정으로 들어가는 문을 통하여 채광을 얻었다.

현관을 통해 내부로 들어가면, 천장 한가운데 구멍이 있고 이 구멍을 통하여 채광과 환기가 되었고, 구멍 아래쪽의 바닥에는 임펄비움impulvium이라는 작은 풀pool을 두어 빗물을 받거나 장식적인 요소로 사용하였다. 이 공간을 지나면 아트리움atrium이라 불리는 중정을 두어 손님용 응접실로 사용하였고, 그 주위에는 작은 방들과 축사를 배치하였다. 주택의 내부 쪽에는 기둥으로 둘러싸인 또 하나의 중정을 두어 가족용으로 사용하였는데, 이를 페리스타일peristyle이라 하였다. 페리스타일의 주변에는 가족생활을 위한 침실, 식당, 가족실 등을 배치하였다.

도시의 고급주택은 대부분 3층으로 되어 있었고, 임대용 주택은 고층건물도 있었는데, 안전을 위하여 법령으로 23m로 높이를 제한하였다고 한다.

주택의 바닥은 여러 가지 색의 대리석으로 모자이크를 하였고, 천장은 다양한 기하학적 무늬나 꽃무늬로 색칠하였다. 벽에는 창이 없었기 때문에 채색한 벽화로 입체적인 느낌을 주었다. 벽 장식의 주제는 신화나 우화, 역사, 풍경, 동물, 초상화 등으로 다양하였다. 사람이나 동물의 묘사에 있어서 채색 기술은 뛰어났으나 원근법을 몰라서 부정확한 면도 있었다. 생활 주변의 장식은 주로 프레스코fresco 기법을 사용하였는데, 이것은 젖은 석회에 채색을 하고 마른 후에 광택효과 및 표면보호를 위해서 왁스를 바르는 방법이었다.

가 구

로마의 가구는 대부분 그리스의 것과 비슷하였고, 실내에는 꼭 필요한 가구만을 두었다.

로마에서는 안락성이나 편리성의 추구보다는 실내를 과시적으로 보이게 하려는 생각이 더 중요시되었는데, 이것이 후세에 로마의 구조적 디자인보다 장식 수법이 많이 채용된 이유였다.

식당과 욕탕은 로마인들의 생활과 사교의 중심공간으로서 중요시되었고, 가족들의 식사는 주로 아트리움에서 이루어졌다. 남편은 혼자서 카우치couch에 기대어 누웠고, 부인은 그 옆의 의자에, 아이들은 식탁 옆의 스툴에 앉아서 식사를 하였다. 하인

 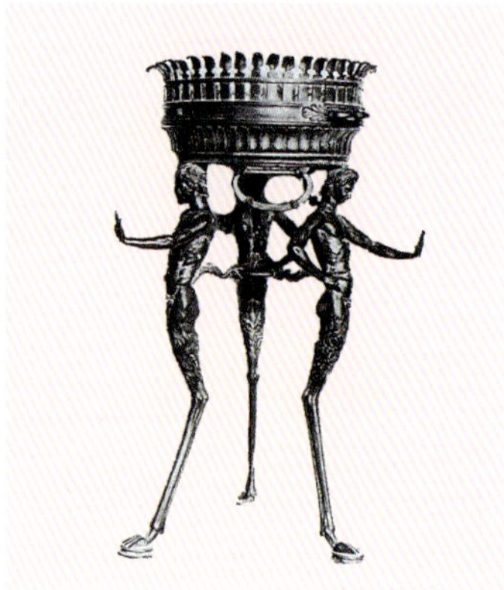

44 **로마의 가구**(좌 : 카우치, 우 : 청동 세발탁자)

들은 따로 식탁을 차려서 식사하였다.

가구의 종류는 테이블, 세발탁자, 카우치, 접는 의자, 스툴, 팔걸이 의자 등이 있었다. 로마에서는 카우치가 가장 중요한 가구로 사용되었고, 그 다리와 머리판에 풍부한 청동과 상아 장식을 하였으며 나중에는 돌려 깎기 한 다리도 많이 쓰였다. 카우치의 높이는 용도에 따라 다양하였다. 측판은 통나무로 만들고, 높고 둥근 모양의 등받이를 가진 옥좌가 의식용으로 사용되었다. 옥좌에는 종려나무 잎, 소용돌이 곡선, 날개 달린 사자무늬로 장식하였다.

클리스모스 의자Klismos chair는 로마에 와서 두꺼운 다리와 넓고 곡선으로 휘어진 등받이로 인하여 균형이 잡히지 않게 발달하였는데, 특히 여신이 앉는 의자의 상징으로 애용되었다. 스툴은 접는 형태로 가장 일반적으로 사용된 가구였다. 현대와 마찬가지로 로마인들도 테이블을 상설 배치하고, 그 위에 소유품들을 진열하였다. 테이블 중 특별한 것으로 청동이나 대리석 상판으로 된 세발 탁자가 폼페이 유적지에서 발굴되었다.

로마인들은 단풍나무를 특히 귀한 재료로 사용하였고, 장식으로 정교한 베니어링veneering 기법이나 목재, 상아, 귀금속을 이용하여 상감하였다.

장 식

로마의 장식은 그리스의 것을 기본으로 하였으나 후에는 약간 다양화되었다. 로마 시대에 많이 사용된 무늬는 나뭇잎, 양식화된 아칸서스 잎, 사람, 천사, 뱀, 백조, 독수리,

사자, 소, 스핑크스, 그리핀, 요정, 야자 잎, 소용돌이 무늬, 파도무늬 등으로 몰딩과 패널, 가장자리 장식에 즐겨 사용되었다. 한편 로마의 유리그릇도 뛰어난 예술품이었다.

중 세

서양의 중세는 기독교문화의 시대이다. 따라서 거의 대부분의 건축물은 기독교의 성당 건축을 중심으로 발달되었다. 또한 봉건제도가 생성된 시기로 영주의 성관城館이 또 다른 형태의 건축물이었으나, 중세 말기의 것을 제외하고는 그 유구가 많지 않다. 이 시기에는 정신적인 질서가 쇠퇴기에 있었고, 인간은 내세의 평화와 행복을 바라는 것 이외에는 현세에 가치를 두지 않았으므로 이 시기를 흔히 암흑 시대라고 부른다.

중세는 기독교 공인 이후부터 르네상스 이전, 즉 고딕까지를 말하는데 시대별 구분이 다소 중복되고, 나라별로 시기가 다르게 나타나기는 하나, 건축 양식을 대략 다음의 네 가지 시기로 나눈다.

- 초기 기독교 양식Early Christian Style : 330~800년
- 비잔틴 양식Byzantine Style : 330~1453년
- 로마네스크 양식Romanesque 또는 Norman Style : 800~1150년
- 고딕 양식Gothic Style : 1150~1500년

초기 기독교 양식

4세기 초에 로마 제국의 콘스탄티누스Constantinus 황제가 기독교를 공인하고 국교로 성한 이후 로마 제국의 각지에서는 기독교 건축이 연이어 세워졌다. 초기 기독교 건축은 이탈리아의 동부 지역에서 발달되어 차츰 이탈리아 전역으로 퍼져 나갔다.

초기 기독교 양식의 건축물은 건물을 새로이 짓는 것이 아니라 왕실의 분묘나 카타콤catacomb ; 지하 공동묘지, 바실리카와 같은 오래된 구조물을 그대로 재사용하는 데서 출발하였다. 이 시기의 건축물들은 대부분 전문적인 건축 지식이 없는 일반인들이 단지 종교적인 열성만으로 지은 것이어서 그 기술은 전반적으로 세련되지 못하였다.

초기 기독교 건축 양식의 대표적인 평면은 바실리카basilica식과 집중식이었다. 바실리카식 평면은 긴 직사각형으로, 안쪽에 2열 또는 4열의 신랑身廊 또는 主廊, nave을 세

45 **초기 기독교 양식의 교회 벽화**(터키, 동굴 교회)

우고, 신랑의 지붕은 측랑側廊, aisle의 지붕보다 높게 하였다. 여기에 고창高窓을 만들었는데, 이를 클리어스토리clerestory라고 하였다.

이러한 바실리카식 평면은 교회 건축의 가장 일반적인 평면형으로, 전형적인 건물로는 로마의 성 사비나St. Sabina 성당, 성 아그네스St. Agnes 성당과 구舊 성 베드로St. Peter 대성당이 있다. 구 성 베드로 성당은 16세기에 현재의 성당을 짓기 위해 헐어 버려서 현존하지 않는다.

집중식 평면은 다각형이나 원형으로, 원의 중심에 제단祭段을 두는 형식이었으나 의식을 거행하거나 신도가 참례할 때 불편하여 많이 이용되지는 않았다.

이 시대의 가구는 남아 있는 것이 없고, 후대後代의 디자인에 별다른 영향을 끼치지 못하였다.

비잔틴 양식

로마 제국은 324년에 동쪽의 콘스탄티노플, 일명 비잔티움Byzantium으로 수도를 옮긴 동로마 제국과 402년에 이탈리아의 라벤나로 수도를 옮긴 서로마 제국으로 영구히

양분되었다.

비잔티움은 그 전부터 있었던 그리스의 식민도시였으므로 로마시와는 달리 그리스계 예술을 배경으로 하고 있었고, 유럽과 아시아 대륙을 연결하는 위치에 있었다. 동로마 제국의 초기 건축은 초기 기독교 건축과 거의 동일하였으나, 6세기경에 이르러 차츰 특색 있는 양식이 발달되었는데, 이를 비잔틴 양식이라 일컫는다. 전형적인 초기 비잔틴 양식의 평면은 바실리카식이었고, 지붕은 커다란 돔dome이었으며, 기둥의 주두는 코린트식과 이오니아식으로 되어 있었다. 기둥에는 갖가지 아름다운 색채의 석재를 사용하였고, 벽에는 금색을 비롯한 다양한 색상의 유리 모자이크로 온통 메워 매우 화려하였다. 대표적인 건축물로는, 비잔틴 건축의 걸작이라고 일컬어지는 콘스탄티노플 현재의 이스탄불의 아이아 소피아Hagia Sophia 또는 St. Sophia 성당이 있다.

후기 비잔틴 건축에는 집중식 평면이 많이 쓰였고, 지붕은 돔을 여러 개 얹어 돔의 크기가 작아졌으며, 이에 따라 돔 아래에 원통형 벽을 더하는 경향이 나타났다. 이러한 원통형 벽을 드럼drum이라 불렀으며, 여기에 채광창을 설치하였다. 이 시기의 대표적인 건축물로는 이탈리아 베네치아Venezia의 성 마르크St. Mark 성당과 모스크바의 이반Ivan 성당이 있다. 비잔틴 양식의 주택 구조는 중정식으로, 중앙에 남성용 접객공간인 홀hall이 있었고, 1층은 남성들이, 2층은 여성과 아이들 그리고 고용인들이 사용하였다. 이 시대의 가구는 남아 있는 것이 없어 그림이나 벽화, 모자이크 등을 통하여 자료를 구하는 수밖에 없다.

46 **비잔틴 양식의 건축**(좌 : 터키 이스탄불, 아이아 소피아 성당, 우 : 러시아 모스크바, 이반 성당)

47 **아이아 소피아 성당 내부**(터키 이스탄불)

48 **비잔틴 장식**(좌 : 아라베스크 무늬의 타일, 우 : 주두의 장식)

왕궁, 수도원, 교회 등의 바닥과 벽에는 비잔틴 예술의 특징인 모자이크가 즐겨 사용되었고 쿠션, 직물, 벽걸이 등으로 장식하였다. 왕궁의 가구는 특히 화려하였고, 연회용 테이블은 상아와 금으로 만들었다.

왕족들은 식사용 의자를 사용하였으나, 일반 가정에서는 스툴과 벤치를 사용하였다. 접는 의자와 스툴의 좌판은 가죽으로 만들었으며, 침대는 천개天蓋, canopy와 기둥을 만들어 건축적인 구조를 갖춘 것도 있었다. 그 밖에 작은 보석함, 체스트, 수납장,

49 **중세의 실내와 가구**(좌 : 독경대, 우 : 침대)

책장, 책상, 독경대讀經臺 등이 있었다.

장식무늬는 새와 동물, 잎과 열매를 꽉 차게 조각 장식하거나 예수와 사도들의 생애를 그림으로 나타낸 것 등이 쓰였다.

로마네스크 양식

로마네스크 양식은 10~12세기에 프랑스와 서유럽에서 발달된 양식으로, 격리된 지역들에 남아 있던 로마의 구조물들을 어느 정도 모방한 지역적인 양식으로, 지역별로 각각 다르게 발달되어 '로마네스크' 양식이라 불렸다. 영국에서는 이 시기에 노르만 왕조의 통치하에 있었기 때문에 이를 노르만Norman 양식이라고 하였다.

로마네스크 양식의 공통적인 특징은 바실리카 양식의 평면 형태에 기둥에는 리브 볼트rib vault ; 지붕이나 천장을 이루는 벽돌조를 지지하는 아치형의 틀를 지지하는 작은 기둥pier ; 다발기둥이 첨가되어 기둥의 수평단면이 복잡해진 것과 병렬형의 아치가 건물의 안팎에 겹쳐, 벽면에는 작은 반원형의 아치가 세로로 연속된 모습을 보이는 점 등이었다. 로마네스크 양식의 건축물은 무거운 돌을 사용하여 육중하고 튼튼한 분위기였으며, 장식이 단순한 것이 특징이었다. 로마네스크 양식의 대표적인 건축물로는 이탈리아 피사Pisa의 대성당과 사탑, 덴마크의 리베 대성당, 스웨덴의 룬드 대성당 등이 있다.

로마네스크 시대의 주택에는 대형 홀great hall이 있어서 거주자들의 거실로 사용되었다. 서민들의 주택에는 홀이 유일한 공간이어서 그 안에서 침실, 작업실, 부엌, 외양간 등의 기능이 모두 이루어지는 경우도 있었다. 홀에는 벽난로를 두고 난방과 취사를 겸하였으며 이러한 주택 유형은 15세기까지 그대로 이용되었다. 그 밖에 성관城館 건축이 주거용으로 이용되기도 하였으나, 이것은 원래 방어적인 요새의 용도로 지어진 것이었다.

로마네스크 시대에는 대부분의 사람들이 글을 몰랐으므로 장식무늬가 주로 교시적敎示的이고 교훈적인 것이 특징이었다. 석판石板이나 주두柱頭에 성경에 기록된 내용을 조각하거나, 선악善惡에 대한 상벌 광경, 역사적 사건, 환상적인 동물, 잎사귀무늬를 사용하였다. 추상적인 무늬로는 바둑판무늬, 요철무늬 등이 쓰였고, 특히 프랑스, 이탈리아, 스칸디나비아에서는 대담한 조각 장식이 많이 쓰였다.

고딕 양식

고딕이란 '야만적' 이라는 뜻으로 강건한 로마네스크 양식이 개화된 것이며, 프랑스에서 시작되어 서유럽 전역으로 퍼져 나갔다. 고딕 양식은 전통적이고, 이상주의적이며, 겸손하고 금욕주의적인 사상을 나타내었다. 12세기 초반에 시작된 고딕 양식은 13세기에 영국과 프랑스에서 절정에 다다랐다.

고딕 건축의 특징은 정교한 장식, 첨탑尖塔, 첨두尖頭형 아치pointed arch, 첨두형 리브 볼트pointed rib vault, 다발 기둥束柱, clustered column, 플라잉 버트레스flying buttress, 커다란 창, 스테인드글라스stained glass 등을 들 수 있다. 창에는 첨두형 아치를 사용하였고 건축물이 대규모화되었으며, 천장의 높이가 훨씬 높아졌다. 이처럼 높아진 벽체를 지지하기 위하여 벽체 외부에 버팀대인 플라잉 버트레스가 발달되었는데, 이것이 고딕 건축의 외관상 중요한 장식 요소가 되었다.

또한 창이 커지면서 창 장식의 트레이서리tracery 장식 격자가 발달되었으며, 장미무늬 창rose window, 불꽃무늬 창flamboyant window은 스테인드글라스로 화려하게 장식되었다. 고딕 양식은 높은 천장, 다발 기둥 등으로 수직선을 강조하였는데, 이는 하늘에 좀더 가까이 가려는 종교적인 열망의 표현이었다.

고딕 양식의 대표적인 건축물로는 프랑스 파리의 노트르담Notre Dame 대성당과 샤르트르Chartre 대성당, 영국의 캔터베리Canterbury 대성당, 이탈리아의 밀라노Milan 대성당 등이 유명하다.

일반적인 고딕 양식의 특징과는 달리 발트해 연안 지역의 고딕 건축은 지리적 국경을 넘어서 고유한 양식으로 발달하였다. 발트해 연안 지역의 건축 양식이 동일한 이유는 한자Hansa 동맹, 부의 축적 그리고 건축 자재의 부족이었다. 이 지역에는 건축용 석재가 거의 없었기 때문에 대신 벽돌이 널리 사용되었으나 벽돌은 고딕의 특징인 높은 첨탑, 꼭대기 장식, 플라잉 버트레스를 건축하기에는 적합하지 않았다. 따라서 벽돌을 이용하여 계단식 박공을 만들었으며 장식적인 욕구를 충족시키기 위해 검정, 노랑, 흰색 벽돌을 이용하여 벽에 무늬를 만들었다. 이와 같은 양식은 벨기에의 브루게Brugge와 스칸디나비아 반도를 비롯하여 독일의 쾰른, 영국의 런던에 이르기까지 발트해 연안 지역에서 널리 사용되었다.

50 좌	50 우
51 좌	51 우

50 첨두아치와 원형 장미창으로 구성된 성당 파사드(프랑스 파리, 노트르담 성당, 좌 : 정면, 우 : 문의 세부)

51 중세의 장식무늬(좌 : 슬로베니아 류블랴나, 트레이서리, 우 : 영국 캠브리지, 첨두 아치)

세속 건축물로 남아 있는 요새 성관들은 처음에는 장방형이나 다각형의 평면으로 지어졌으나, 13세기 십자군 용사들이 동양으로부터 성관 건물의 새로운 개념을 도입한 이후 동심원 평면으로 바뀌었다. 방어벽은 요새를 중심으로 건축되었는데, 안에는 축사, 요리실, 대장간, 방호 지역 등을 갖추어 수백 명의 노동자와 병사를 수용할 수 있었다. 런던탑London tower은 이러한 용도로 사용된 최초의 성관이었다.

중세의 주택 구조는 당시의 정치적 · 사회적 요인에 영향을 받아 검소하고 금욕적이었다. 봉건 영주들을 제외한 대부분의 사람들은 초가지붕의 돌집이나 통나무집에서 살았다. 대형 홀에는 화로 또는 벽난로를 이용하여 난방과 취사를 겸하였다.

성관城館의 실내에는 기사도나 종교적인 내용의 그림을 벽화로 그렸으며, 벽걸이 장식으로 태피스트리tapestry를 걸어두었고 바닥에는 돌이나 벽돌, 타일을 깔았다.

중세에는 붙박이식 가구와 옮기기 쉬운 형태의 가구가 발달하였다. 중세 초기에는 영주들이 여러 곳에 흩어져 있는 재산을 관리하기 위하여 계속 옮겨 다니는 이동식 생활을 해야 했으므로 가구를 도둑맞지 않도록 무겁고 움직일 수 없는 형태로 벽에

테이블

팔걸이 의자

체스트

크레덴차

52 중세의 가구

붙여 붙박이로 만들거나 또는 다른 곳으로 옮기기 쉽게 만들어야 했다.

중세 봉건지주들의 계급과 신분은 가구의 발달에도 중요한 영향을 끼쳤다. 신분이 높은 사람이 앉는 의자는 천개를 덮었으나, 신분이 낮은 사람들은 스툴이나 벤치를 이용하였다. 천개는 계급의 상징이 되어 모든 가구, 즉 옥좌, 의자, 침대, 뷔페buffet에도 사용되었다.

중세 후기에 들어서서는 대형 홀 하나로 이루어졌던 주택에 여러 가지 기능의 작은 방들이 추가되기 시작하였고, 이에 따라 홀에 붙박이식으로 있던 가구들도 각 방으로 옮겨지게 되었다.

가구의 형태는 일반적으로 수직선이 강조된 형태였고, 가구의 종류로는 탁자, 뷔페, 테이블, 스툴, 의자 등이 사용되었다.

침대가 붙박이식에서 이동식으로 바뀌면서 천개를 천장이나 벽에 붙이지 않고, 침대 기둥에 받쳐서 만들었다. 침대는 귀족층에서만 사용되었고, 신분이 낮은 사람들은 마룻바닥에 놓인 체스트 위에서 잠을 잤다.

상자형의 체스트는 가정에서 다목적으로 쓰이던 가구로서 의류나 벽걸이, 소품들을 보관하였으며, 여행 시에는 물건을 넣어 가지고 다니는 상자, 의자, 침대, 탁자의 역할도 겸하였다.

뷔페도 중세의 홀에서 중요한 위치를 차지하는 가구였는데, 선반식 구조로 되어 있어 홀이나 침실에 두고 좋은 접시나 금·은제 식기를 진열하는 데 사용하였다.

테이블은 트레슬trestle : 지지대 위에 상판을 얹어서 식사 시에만 사용하였고 평상시에는 상판을 내려 놓고 벽 쪽에 밀어 놓았다.

가구의 장식무늬로는 첨두아치, 담쟁이넝쿨, 참나무 잎, 붓꽃, 비둘기, 원, 삼엽형三葉形, trefoil, 사엽형四葉形, quatrefoil, 오엽형五葉形, cinquefoil, 인체 모양, 리넨 폴드linenfold ; 천이 세로로 접혀 있는 모양으로 수직선을 나타낸다 등이 널리 사용되었다.

근 세

르네상스 양식

서유럽에서 고딕 양식의 건축이 매우 번성하고 있던 15세기에 이탈리아에서는 르네상스 양식Renaissance Style의 건축이 시작되었다. 르네상스는 '재생' 또는 '부활'을 의미하며, 중세 신神 위주의 생활에서 인간성을 회복하자는 운동이었다. 이러한 영향으로 르네상스 양식의 건축 작품은 건축가가 중심이 되어 건축가 자신의 개성을 살리게 되었다. 이와 함께 고대 로마의 건축 양식을 재현하려는 경향도 있었다.

이탈리아

◆ 배경 및 시대 구분

이탈리아 르네상스는 문화 전반에 걸쳐 많은 영향을 주었고, 후에 유럽 각국으로 퍼져 나갔다. 르네상스 양식은 프랑스, 스페인, 영국에서 각각 다르게 발달되었으나 근본적으로는 이탈리아의 르네상스와 일치한다. 이탈리아에서는 15세기에 교역이 발달하여 상인들이 부유해지고 권세를 누리게 되었다. 새로운 상인 귀족들은 미켈란젤로Michelangelo, 레오나르도 다 빈치Leonardo da Vinci, 라파엘Raphael, 셀리니Cellini 등과 같은 예술가들을 고용하고, 그들의 후원자가 되었으며, 15세기 후반에는 예술에 대한 감상이 모든 이탈리아인들의 일상적인 화제가 되었다.

이탈리아의 르네상스는 초기, 중기, 말기로 구분된다.

초기에는 고딕과 고전 양식이 혼합되어 건축적 형태, 장식, 가구 등에서 사용되었는데, 피렌체를 중심으로 발달되었다.

궁전은 로마 건축 양식으로 지어졌으며 벽에 금도금을 하였고, 코니스cornice를 받쳐 주는 벽기둥pilaster은 화려하게 채색되었다. 또 프레스코fresco 기법을 이용하여 아름다운 풍경화를 그리거나 태피스트리 또는 화려하게 수놓은 벨벳으로 벽면을 장식하였다. 천장에는 대들보를 이용하였고, 격자천장과 패널천장이 발달되어 우아함과 화려함이 강조되었다. 바닥에는 타일이나 벽돌, 대리석 등이 사용되었는데, 대리석은 검은색, 흰색, 회색을 이용하여 장기판 모양과 소용돌이 모양으로 만들었다. 잘게 깨뜨린 대리석 조각을 시멘트에 섞어 만든 테라초terrazzo도 바닥재로 이용되었다. 벽에는 고전 건축에서 사용되었던 천장까지 덮개hood가 있는 벽난로와 벽을 우묵하게 판 니치가 즐겨 사용되었다.

가구는 육중하고 새로운 고전 양식으로 디자인되었으며, 주로 호두나무로 만들어졌다. 가구디자인은 선의 단순성과 위엄, 신중함으로 특징지을 수 있으며, 조각은 얕은 부조를 사용하여 평평한 느낌을 주었다.

53 르네상스 양식의 건축(이탈리아, 피렌체 대성당)

이탈리아 르네상스의 전성기인 중기에는 베네치아와 로마를 중심으로 건축, 그림, 조각 및 장식적인 예술품들이 그 완벽성을 더해 갔다. 궁전의 내부는 우아하면서 장대하고 비율이 훨씬 더 완벽해졌으며, 부유층과 왕족들은 화려한 궁전을 짓고 훌륭한 예술품들을 수집하였다.

가구디자인에 있어서 베네치아와 피렌체 가구들이 서로 차이를 보였는데, 베네치아 가구가 매우 화려하고 우아한 데 비하여, 피렌체 가구는 엄격하고 정확하였다. 중기의 목재 가구에는 깊은 양각 세공을 하거나 도금을 하는 것이 유행하였다. 모티프에는 아기 천사, 나뭇잎으로 구성된 소용돌이 무늬, 아라베스크 무늬 등이 자주 사용되었다.

말기에는 이탈리아가 스페인의 지배를 받으면서 제노바가 스페인과 동맹을 맺고 매우 번성하게 되었는데, 훌륭한 궁전과 별장을 짓고 값비싼 가구로 장식하였다.

제노바에 세워진 팔라디안Palladian 건축학교에서는 건축의 형식성과 규제성을 강조하였다. 팔라디오Palladio는 1508년에 건축학교를 세워 로마 건축 양식에 대한 비율을 표준화하였으며, 높은 천장과 넓은 벽면을 만들고, 이곳에 프레스코 기법으로 그림을 그리거나 몰딩을 사용하여 웅장함을 표현하였다. 또한 치장벽토 장식을 많이 사용하고 몰딩에 금도금을 하여 매우 화려하였다.

말기에는 미켈란젤로의 건축디자인과 그림이 가구디자인에 많은 영향을 주었다. 그의 인물에 대한 애호나 나체 인물의 완벽성, 선을 그리는 기술은 가구의 장식에도 영향을 주었다. 깊은 양각의 조각과 대담하고 웅장한 몰딩, 육중한 기단 등은 멋진 비례와 함께 르네상스 가구의 질적인 우수성을 나타내었다. 모티프는 인간의 형상, 얼굴, 그로테스크grotesque, 여상주女像柱 등이 사용되었다. 또 흑단이나 어두운 색조의 가구에는 상아, 조개껍질, 거북이껍질, 외국산 나무, 금속 등을 이용하여 상감법으로 화려하게 장식하였다.

이탈리아 르네상스 시기의 대표적인 건축물로는 피렌체 두오모 대성당, 메디치Medici 저택, 성 베드로St. Peter 대성당 등이 있다.

르네상스의 주택은 중세의 요새화된 성城에서 도시주택이나 별장으로 발전하여 근대 주택의 시작이라 할 수 있다. 주택의 외관은 주초柱礎와 원주, 박공으로 구분되었고, 박공 부분에는 조각으로 장식하였다. 실내는 프레스코 기법이나 태피스트리로 벽장식을 하였는데, 투시도법을 이용한 그림이 사용되어 원근감을 주었다. 문과 창에는 반원형 또는 직사각형을 그대로 사용하였으며, 천장에는 패널을 붙이고 아라베스크 무늬나 기하학적인 모자이크 무늬로 장식하였다. 바닥에는 타일, 벽돌, 대리석, 테라초, 동양식 러그를 깔았다.

◆ 가구

이탈리아 르네상스 가구의 특징은 풍요롭고 정식적인 느낌을 주는 것이었다. 이 시대에 처음으로 가구에 영구적인 덮개 직물을 사용하게 되었고, 거울이 발명되어 실내의 주요한 장식물이 되었다.

르네상스시대에는 15세기 말까지 의자는 비교적 희귀하였고, 벤치나 스툴, X자형의 접는 의자, 카소네cassone 등이 앉기 위한 가구로 사용되었다.

16세기 전까지의 의자는 사각형으로 위엄 있고 단단해 보였으며, 조각으로 장식한 패널 등받이가 있고, 기단 위에 의자를 올려놓았으며, 의자 위에는 비싼 직물로 만든 천개를 덮었다. 침대는 사각형의 낮은 머리판과 발판, 보조의자로 구성되었다. 머리판에는 화려하게 조각이 되어 있었으며, 천개를 받쳐 주는 4개의 기둥은 소용돌이 모

단테스카 의자

스가벨로 의자

카소네

카사팡카

54 이탈리아 르네상스 양식의 가구

양의 플루팅으로 장식하였다. 그 밖에도 테이블, 서랍장, 커보드cupboard, 카소네cassone, 카사팡카cassapanca, 크레덴차credenza, 캐비닛cabinet 등이 가구로 사용되었다.

카소네는 이탈리아 르네상스 가구 중에서 예술적 가치가 가장 큰 것으로, 물건을 담는 체스트의 일종이나, 길고 평평한 뚜껑을 가진 탁자 또는 벤치 등 다목적으로 이용되었다. 카소네의 표면은 호두나무로 되어 있어 여러 가지 조각을 하거나 금도금을 하였으며, 그 정교한 아름다움은 예술적으로 인정받았다.

카소네에 등받이를 대어 벤치의 형태로 만든 카사팡카는 카소네와 함께 대표적인 이탈리아 르네상스 시대의 가구이다.

크레덴차는 일반적으로 쓰이던 찬장의 일종으로, 매우 중요하고 아름다운 가구였다. 짧은 다리 위에 아름다운 패널로 된 2개의 문짝과 서랍이 놓인 형태로, 높이는 뷔페 정도였으며, 후에 로보이lowboy의 원형이 되었다. 여기에는 리넨, 접시, 은제품들을 넣어 두었다.

캐비닛은 큰 직사각형 형태로 사치품이었으며, 건축적인 형태를 모방하였고, 고전적 조각으로 장식한 것이 특징이었다.

프랑스

◆ 배경 및 시대 구분

프랑스의 르네상스는 이탈리아로부터 영향을 받아 15세기 말부터 시작되었으며, 초기, 중기, 말기로 나뉘었다.

초기는 15세기 말부터 16세기 중반까지로 이탈리아 르네상스의 건축적 세부와 고딕식 구조가 혼합된 시기였다. 중기는 16세기 중반부터 후반까지로 고딕 형태가 점차로 제거되고 이탈리아 르네상스의 건축적 세부 장식이 많이 사용되었다. 말기는 16세기 말부터 17세기 중반까지의 시기로 네덜란드의 영향과 함께 이탈리아의 영향이 계속된 시기이며, 벽 패널링이 확대되고 장식적인 효과가 강조되었다.

프랑스의 르네상스는 루아르Loire 지방에 지어진 많은 성城에서 찾아볼 수 있는데, 이 성들은 고딕 양식으로 지어진 중세의 건축물에 내부는 르네상스 양식으로 꾸며졌으며, 대표적인 것으로는 블루아Bloi 성, 시농소Chenonceau 성, 시농Chenon 성, 샹보르

55 르네상스 양식의 성(프랑스, 퐁텐블로 성)

56 르네상스 양식의 실내(프랑스, 퐁텐블로 성 루이 13세 살롱)

Chambord 성, 퐁텐블로Fontainebleau 성 등이 있다.

프랑스 르네상스 초기(프랑수아 1세 시대)의 실내는 넓고 어두웠으며, 바닥에는 색을 칠하거나 장식타일을 깔았고, 벽에는 패널링을 하거나 벽지를 발랐다. 벽난로가 중요한 장식 요소였으며, 천장에는 들보를 노출시켜 색색의 줄무늬를 칠하였다. 프랑수아Francois 1세 시대의 블루아 성이나 샹보르 성과 같은 훌륭한 궁전들은 고딕 양식과 르네상스 양식의 두 특징이 복합된 것으로, 프랑스 고유의 건축과는 구별되는 사실적인 특성을 지녔다.

프랑수아 1세는 예술 활동에 깊이 관여하여 퐁텐블로 스타일Fontainebleau style을 창조하였다. 이 시대에는 생동감 있고 다양하며 환상적인 모티프를 많이 사용하였으나 비례는 세련되지 못하였고 정교한 장식을 많이 하였다. 이 시대에 즐겨 사용한 모티프는 아라베스크 무늬, 촛대, 도마뱀무늬salamander motif 등이 있었다. 이들 궁전은 정형식 정원, 방사형의 조망, 테라스, 나무 그늘, 호수, 분수, 값비싼 가구, 실내의 정교한 아름다움으로 유명하였다.

중기는 앙리Henri 2세 시대로 고전적인 건축원리를 모방하여 장식이 적어지고 섬세하며 세련되게 발전하였다. 이 시대에는 건축가이며 디자이너인 뒤 세소Du Ceceau의 영향이 컸다.

말기는 부르봉 왕조의 루이Louis 13세 시대로 중앙집권 정부가 강화되었고, 정부는 예술 지원에 역점을 두어 프랑스를 예술의 중심지로 만드는 데 크게 공헌하였다. 이 시대에는 네덜란드, 스페인, 이탈리아의 영향을 계속 받았으나, 프랑스 고유의 스타일로 승화시키려는 시도가 이루어져서 루이 14세 때에는 바로크Baroque 양식으로 발전되었다.

◆ 가구

프랑스 르네상스의 가구는 표면 장식이 조각으로 이루어졌고, 의자의 다리는 소용돌이 모양 또는 꽃병이나 항아리 모양의 돌려 깎기를 한 것이 특징이었다.

모티프는 고딕과 고전적인 모티프를 병용하여, 불꽃형 트레이서리flamboyant tracery, 아칸서스 잎, 종려나무 잎, 장미꽃, 메달리온medalion, 그리핀, 천사, 그로테스크, 아라베스크 등이 사용되었다.

가구로는 참나무와 호두나무를 이용하여 만든 작은 체스트, 스툴, 벤치, X자형 의자, 캐비닛, 옷장, 뷔페 등이 사용되었다. 침대는 기단 위에 놓았고 소용돌이 모양으로 깎은 4개의 기둥 위에 천개를 덮고 드레이퍼리drapery를 사용하였다. 의자는 등받이 패널과 쿠션을 화려한 직물로 마감하였고, 캐비닛이나 뷔페에는 기단을 사용하여 가구를 올려놓았으며 기둥, 벽기둥, 박공, 아치와 같은 건축적인 요소를 그대로 이용하였다. 스툴은 사각형, 원형, 직사각형의 모양에 4개의 돌려 깎은 다리를 달았다. 벤치는 등받이와 팔걸이가 있는 것과 없는 것이 모두 이용되었다.

테이블은 16세기 중반까지 트레슬 위에 상판을 올려놓고 사용하였으나, 그 이후에는 장식적인 테이블로 발전하였다.

체스트와 금고로 쓰이던 코프레coffret는 르네상스 가구의 특징인 여상주女像柱로 장식되었다. 캐비닛은 16세기 가구 중 가장 유행하던 것으로 진귀한 소지품의 보관에 사용하였는데, 외부에는 2개의 문이 있으나 내부에는 작은 문들과 서랍이 있는 것이 특징이다. 캐비닛의 장식으로는 조각이나 페인팅을 하고 상감 기법도 사용되었다. 뷔페buffe는 접시나 양념류, 간단한 조리 기구들을 진열하는 데 쓰이던 가구로, 사이드보드side board의 변형이고 찬장과 유사하였다.

커보드cupboard는 프랑스에서 아르무아르armoire라고 하였는데, 건축적인 특성을 가미하여 르네상스 시대에 가장 세련된 가구로 일컬어졌다.

영 국

◆ 배경 및 시대 구분

영국의 르네상스는 지리적인 영향으로 이탈리아보다 100여 년이나 늦게 시작되어 16세기 초 튜더왕조의 헨리Henry 8세부터 시작되었다.

헨리 8세 시대에는 로마 가톨릭으로부터 영국 교회가 분리됨으로써 이탈리아의 문화, 예술과의 접촉 기회가 줄었고, 네덜란드와 상업적 · 종교적 교류가 증가하였다.

영국의 르네상스 시기는 일반적으로 다음과 같이 나눈다.

- 초기(16~17세기 초반) : 튜더, 엘리자베스, 자코비안, 크롬웰 시대
- 중기(17세기 중반~18세기 중반) : 프랑스의 바로크 · 로코코 시대에 해당, 스튜어트와 캐롤라인, 윌리엄과 메리 · 앤 여왕, 초기 조지안 시대
- 말기(18세기 중반~19세기 중반) : 프랑스의 신고전주의 시대에 해당, 중기 조지안, 치펀데일, 헤플화이트, 셰러턴 시대

상업이 팽창하고 무역이 증가하면서 부를 축적한 새로운 계층이 생겨났으며, 이들은 안락한 주택에 대한 요구를 가지게 되었다.

영국의 주택은 하프팀버 구조half-timber ; 기둥과 보를 이루는 커다란 목재가 실내·외 양쪽으로 모두 노출되는 구조와 벽돌, 돌로 이루어졌다. 초기의 모든 장식은 남성적이며 수수하고 간소하였다. 벽돌과 돌집의 실내는 회반죽으로 거칠게 마감하거나 고딕식 세부 장식으로 된 참나무 패널로 마감하였다. 천장의 들보는 그 크기가 다양하게 노출되어 있었고 귀퉁이에는 참나무 잎, 줄기무늬 등을 조각하였다. 벽기둥, 원주, 돌림띠entabulature 등이 실내에 장식적인 요소로 사용되었고 윗부분이 튜더 아치Tudor arch로 장식된 벽난로는 습기가 많은 영국의 기후에는 필수적이었다. 천장에는 파지워크pargework ; 평평한 표면에 회반죽이나 치장벽토로 부조의 디자인을 넣는 장식방법를 사용하고 실내에는 가구와 장식품들이 적었으며, 태피스트리가 벽장식용이나 큰 방들을 분리하는 용도로 사용되었다.

◆ 가 구

영국 르네상스의 초기에는 가구의 재료로 참나무를 많이 사용하였다. 튜더왕조 시대에는 고딕 형태가 우세하였고, 르네상스 양식은 엘리자베스Elizabeth 시대에 처음으로 소개되었다. 자코비안Jacobean 시대에는 네덜란드의 영향으로 스트랩 워크strap work ; 아라베스크 무늬로 조각한 목재 조각과 팔라디안 양식이 소개되었다.

영국 르네상스 초기의 가구들은 벤치, 스툴, 의자, 체스트, 테이블, 침대 등이 사용되었다. 의자는 흔히 쓰이지 않았고 아직도 성당용 의자의 형태를 가지고 있었다. 아랫부분은 사각형 상자 형태였고, 윗부분은 상자형의 등받이와 팔걸이가 있었다. 이러한 디자인은 고딕 양식 의자의 영향을 받은 것으로 장식무늬도 역시 고딕 양식과 같았다. 여행용으로는 이탈리아식 접는 의자가 사용되었다.

체스트에는 거의 모두 가공하지 않은 판자형의 다리나 낮게 돌려 깎기 한 다리가 달려 있었고 그 위에 앉을 수 있었다. 테이블은 트레슬형의 것과, 벌보스bulbous ; 참외 모양형으로 된 4개의 기둥이 있는 형태였다. 모티프로는 튜더 아치, 리넨 폴드, 나뭇잎 무늬가 사용되었다.

영국 르네상스 중기는 프랑스의 바로크 시기에 해당되며, 가구재료로 호두나무와 마호가니를 사용하였다. 스튜어트Stuart와 캐롤라인Caroline 시대에는 프랑스 바로크의

57 영국 르네상스 양식의 침대 및 침대에 새겨진 무늬

영향으로 실내는 거대한 나무로 패널 처리를 하였고 정교한 조각을 하였으며, 직물의 사용이 많았다. 윌리엄William과 메리Mary 시대에는 가구에 조각으로 장식하는 대신에 상감이나 나무 조각 맞추기marquetry가 유행하였다. 앤 여왕 시대와 초기 조지안 시대에는 프랑스 로코코 시기에 해당되어 로코코의 영향을 받았다.

영국 르네상스 중기에는 유럽 대륙에 망명해 있던 왕족들이 귀국하면서 그 곳에서 경험했던 사치스러운 생활 양식을 영국에 도입하여 차 마시기가 유행하였는데, 이에 따라 매우 다양한 테이블 종류가 발달되었다. 테이블에는 손님 접대용 정찬 테이블, 커피나 차를 대접하는 작은 테이블, 카드놀이용 테이블 등이 있었다. 테이블 다리에는 벌보스형의 다리 이외에도 새로운 형태로 섬세하게 돌려 깎기 한 게이트레그gate-leg가 사용되었다. 체스트는 서랍장에 곡선형의 다리를 붙인 형태였다. 침대는 천개와 드레이퍼리를 함께 사용하였다. 가구의 모티프로는 조개무늬, 독수리 머리,

58 벌보스형 기둥을 이용한 커보드

사자 머리 등을 사용하였다.

말기는 중기 조지안 시대로, 가구 재료로 마호가니와 새틴목satin wood을 많이 사용하였다. 말기 조지안 시대는 프랑스의 신고전주의 시대에 해당되며, 이 시대에는 치펀데일Chippendale, 헤플화이트Hepplewhite, 셰러턴Sheraton 등이 활약하였다. 이때에는 실내디자인과 가구의 비례를 중요시하였고, 산업주의로 인한 양적 생산이 증가하였다. 영국과 프랑스의 시대적 구분이 동일하지 않기 때문에 저자에 따라서는 치펀데일 등의 가구를 로코코 시대에 넣기도 한다.

게이트레그 테이블

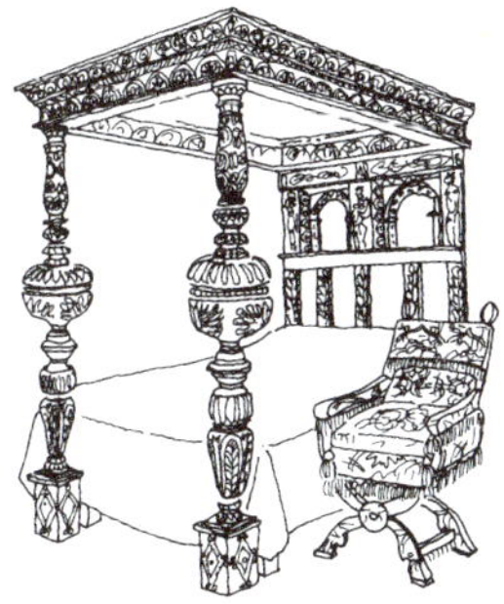

벌보스형 기둥이 있는 침대

59 영국 르네상스의 가구

치펀데일은 장식을 많이 사용하여 사각형의 다리 형태와 극도로 정교한 장식을 통하여 중국의 모티프를 활용하였다. 치펀데일 양식은 루이 15세 양식, 중국 양식, 고딕 양식의 영향을 받아 이 세 가지 양식이 아름다운 조화를 이루었다. 모티프로는 동양풍인 중국의 창살무늬, 탑, 리본, 소용돌이 무늬, 열린 박공broken pediment을 많이 썼고 그 밖에도 조개, 아칸서스 잎을 사용하였다. 치펀데일은 초기에는 S자형으로 구부러진 곡선다리cabriole leg와 동물의 발 모양ball & claw으로 장식한 다리에 투각한 등받이를 끼운 의자를 디자인하였으나, 나중에는 점점 가늘어지는 곧은 다리tapering leg에 중국의 창살무늬를 투각한 등받이를 이용한 의자 등 다양한 가구를 디자인하였다. 치펀데일 양식은 역사상 가구디자이너의 이름을 붙여 사용한 최초의 예이다.

헤플화이트는 18세기 후기의 디자이너로, 영국 4대 가구디자이너애덤 형제, 치펀데일, 셰러턴 중의 한 사람이며, 치펀데일에 비해 보다 우아하고 섬세하며 부피감을 덜 강조한 것이 특징이었다. 그는 강하고 단순한 곡선, 조각, 상감, 비니어링veneering ; 목재 바탕 위에 고급목재의 단판을 얇게 덧붙이는 기법 등의 방법을 사용하였다. 헤플화이트의 의

사이드 체어

세 티

60 중국풍 모티프를 사용한 치펀데일 가구

61 헤플화이트의 방패형 등받이 의자와 실내

자는 등받이에 곡선이 아닌 직사각형 수직 패널을 가운데 두고, 거기에 고전적인 모티프로 장식하였으며, 다리는 받침대가 없고 사각형인 형태가 주로 쓰였다. 헤플화이트는 의자의 등받이에 방패shield 모양을 많이 사용하였는데, 이러한 의자들을 방패형 의자라고 하였다. 셰러턴 양식은 18세기 후기의 것으로, 가장 섬세하고 우아하며 비례감이 뛰어나고 수직성을 살린 것이 특징이었으며 후기에는 프랑스 앙피르Empire 양식의 영향을 받았다. 모티프로는 그리스 형태인 아칸서스 잎, 별, 조개, 드레이퍼리 주름, 그리스 항아리무늬를 많이 사용하였다.

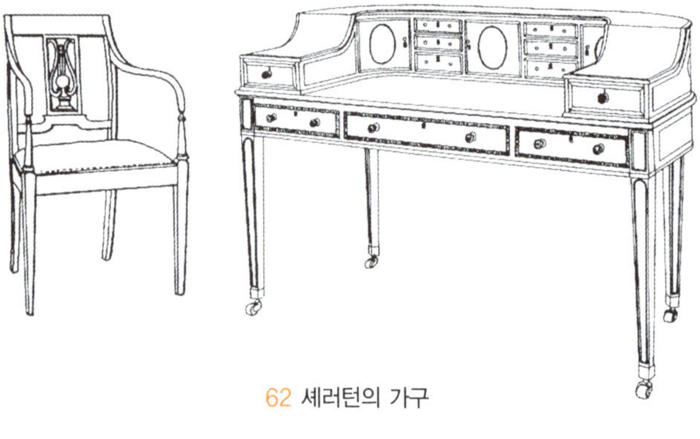

62 셰러턴의 가구

바로크 양식

바로크라는 용어는 포르투갈어인 '바로코Barocco'에 그 어원을 둔 '울퉁불퉁하거나 기형'이란 뜻이다. 바로크 양식Baroque Style은 17세기에 이탈리아에서 시작하여 프랑스로 발전해 갔으며, 곧 귀족계급의 상징이 되었다. 바로크 건축은 고전 양식처럼 통일성과 균형을 이루고 있으나 곡선을 사용하여 그 구성이 전체적으로 역동적인 느낌을 주었다. 가장 선호했던 형태는 타원형이었고 색상은 화려하였다.

이탈리아

대표적인 건물로는 로마에 있는 성 베드로St. Peter 성당을 들 수 있다. 바로크 절정기의 유명한 건축가는 브라만테Bramante, 라파엘Raphael, 미켈란젤로Michelangelo, 베르니니Bernini 등이며, 특히 베르니니는 프랑스 베르사유 궁전의 디자인에도 참여하였다.

바로크 양식은 장식뿐만 아니라 구조적인 요소에도 직선 대신에 자유로운 곡선을 사용하였다는 것이 특징이었다. 벽에는 파도형의 곡선이 이용되었고, 기둥은 소용돌이 모양으로 되어 있었다. 또 조각 위에 도금을 많이 하였으며, 인공조명이 일반적으로 이용되기 시작하였다.

이러한 바로크 양식은 교회에서 시작되어 궁전과 별장으로 전파되었고, 정원 디자인과도 융합되어 발코니, 전망대, 분수대, 테라스, 화단에서도 동적인 효과가 넘쳐흘렀다. 바로크 양식의 실내공간에는 세련된 배색의 색채를 사용하였는데, 일반적으로 넓고 큰 방에는 원색의 강한 색조를 사용하였고, 작은 방에는 부드럽고 어두운 색채를 사용하였다.

이탈리아 바로크 양식의 가구는 육중하였으며, 지나친 장식과 과장된 표현으로 조화와 비례가 아름답지 못하였다. 불안정한 소용돌이 장식과 식물과 인간이 합쳐진 그로테스크grotesque 장식이 유행하였고, 조각 위에는 도금을 하여 화려하게 보이도록 하였다. 가구의 재료는 호두나무를 많이 이용하였으며, 기단 위에 가구를 놓아 위엄을 더해 주었다. 이러한 장식 수법은 가구뿐만 아니라 거울 틀, 샹들리에, 촛대 등에도 이용되었다.

가구의 종류는 카소네cassone, 카사팡카cassapanca, 크레덴차credenza, 의자, 테이블 등이 사용되었다

63 베르사유 궁전의 거울의 방(프랑스 베르사유)

64 바로크 양식의 쉔브룬 궁전(오스트리아 비엔나)

65 바로크 양식의 성당 장식(슬로베니아 류블랴나)

카소네는 이탈리아의 모든 체스트chest를 일컫는 용어로, 그 크기가 다양해져서 보석상자로부터 여행용 상자, 움직이기 곤란한 크기까지 있었다.

크레덴차는 캐비닛이나 찬장으로, 리넨, 식기, 은그릇을 보관하는 데 쓰였고, 카사팡카는 세티settee나 소파처럼 사용되었다.

의자는 육중한 곡선 장식의 다리와 팔걸이에 도금을 한 것이 특징이고, 등받이와 시트에는 가죽이나 헝겊을 씌웠다. 테이블은 호두나무를 상판으로 이용하고, 조각한 트레슬이나 도리아식 기둥 모양을 다리로 이용하였다.

프랑스

프랑스의 바로크 양식은 루이 14세와 건축가 르 보Le Vau와 망사르Mansart에 의해 17, 18세기에 절정을 이루어 프랑스 예술의 황금기를 이루었다. 루이 14세는 프랑스 예술 발전에 큰 역할을 하여, 프랑스 고유의 양식을 창조하려고 노력하였다. 프랑스 바로크 양식은 이탈리아의 바로크 양식에 비하여 세련되고 비례가 아름다우며, 품위있고 우아하여 장대한 분위기를 내었다. 이러한 분위기는 베르사유 궁전에서 잘 표현되었다. 베르사유 궁전은 르 보와 망사르가 설계한 1만 명 이상을 동시에 수용할 수 있는 대규모의 궁전으로, 사연과의 조화를 고려하여 설계된 복합 주거지였다. 베르사유 궁전에서 가장 유명한 곳은 '거울의 방'으로 화려하게 꾸며진 벽면에 아치형의 창문과 거울 사이에 초록색 대리석으로 코린트식 벽기둥pilaster을 설치하였다.

르 노트르Le Notre가 설계한 베르사유 궁전의 정원은 정형적이고 기하학적인 디자인으로 그 이후 유럽 각국의 모든 도시 계획의 전형이 되었다. 베르사유 정원은 자수화단carpet of flowers, 꽃과 호수, 운하, 분수, 팔방으로 길게 뻗은 도로, 가로수 길을 채용하여 거대하게 구성되었다.

콘솔 테이블

체스트 1

체스트 2

66 바로크 양식의 가구

67 바로크 장식 : 브로큰 페디먼트(슬로베니아 류블랴나)
68 바로크 장식 : 소용돌이 무늬(슬로베니아 류블랴나)
69 바로크 장식 : 스크랩워크(노르웨이 오슬로, 민속촌)
70 바로크 장식 : 리본 장식(슬로베니아 류블랴나)

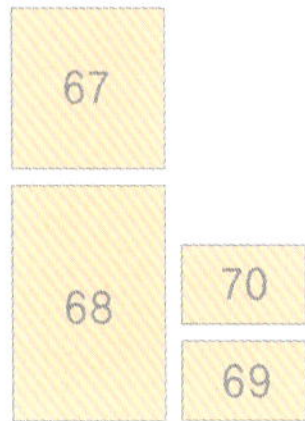

프랑스 바로크 양식의 실내구성은 가구를 대부분 벽에 붙여 놓고 가운데는 비워 두었으며, 벽과 천장은 장식적인 그림, 태피스트리, 패널과 거울로 우아하게 구성하였다. 기둥은 정확한 고전적 비례로 되어 있었으며, 벽에는 원주, 벽기둥, 패널을 붙였는데, 이들은 도금한 금속과 조각으로 장식되었다. 벽난로 위에는 건축적인 틀로 장식된 거울이나 색칠한 패널로 장식하였고, 바닥에는 참나무나 흑백 대리석을 바둑판 무늬로 깔았다.

가구는 큰 방에 조화되도록 구조가 컸으며, 직사각형이 지배적이었다. 가구의 종류는 보조 테이블과 콘솔 테이블, 캐비닛, 요람, 세티, 침대, 체스트, 찬장 등이 이용되었는데, 뛰어난 비례감과 훌륭한 균형감이 특징이었다. 가구의 재료로는 흑단, 호두나무, 참나무, 너도밤나무와 놋쇠를 많이 사용하였고, 마케트리, 자개나 상아를 이용한 상감이 장식으로 사용되었다. 가구는 식물성 기름이나 왁스로 마감하였으며 목재조각에 금도금을 많이 하였다.

로코코 양식

로코코 양식Rococo Style은 18세기 루이 15세 양식(1723~1774)이라고도 하며, 건축 양식이라기보다는 하나의 뛰어난 실내디자인 양식이라 할 수 있다. 로코코 양식은 건물의 외관에는 영향을 주지 않았으나 실내의 모든 면에 큰 변화를 주어 모든 장식물이 가볍고 우아하며 유쾌한 분위기를 내도록 배치되었다.

프랑스

로코코는 대칭적인 바로크 양식에서 발전된 비대칭 장식에 붙여지는 어휘로서, 프랑스적 기호의 섬세함, 경쾌함, 화려함, 전아함이 특징이었다. 따라서 로코코 양식에서는 유연한 곡선이 즐겨 사용되었고, 패널의 부조도 얕게 하여 강한 음영을 피하였으며, 바로크의 중후함을 배척하고 경쾌함을 살렸다. 프랑스어의 '암석과 조개

71 **로코코 양식의 출입구**(스웨덴 스톡홀름, 스칸센)

rocaille coquille' 라는 어휘에서 유래된 '로코코' 라는 명칭처럼, 프랑스의 로코코 양식에서는 조개 모양의 장식 모티프가 자주 사용되었고, 소용돌이 모양, 나선형, 아라베스크, 화환, 소용돌이, 뱀처럼 구불거리는 다리serpentine leg 모양으로 부드러운 곡선을 나타내었다.

로코코 양식 건축물의 대표적인 예로는 파리의 콩크르드 광장이나 베르사유 궁전의 프티 트리아농Petit Trianon 등이 있다.

프랑스의 로코코 시대에는 안락함을 추구하고 사생활의 중요성을 인식하여 가족이나 친지들만이 사용하는 사실私室이 등장하였다. 또한 바로크 시대에 비해서 방의 크기도 작아졌으며, 벽에는 나무 패널에 흰색이나 푸른색을 칠하거거나 벽지를 바르고, 몰딩에는 금도금을 하였다. 바닥에는 대리석, 쪽마루, 카펫 등이 사용되었다.

사이드 체어

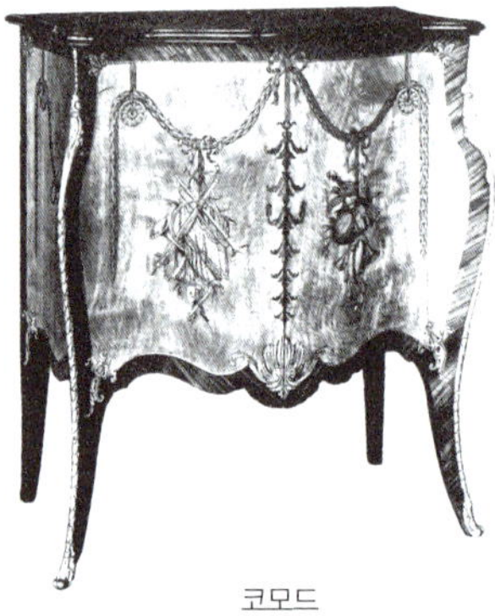

코모드

세 티

72 로코코 양식의 가구

73 로코코 양식에 신고전주의 가구가 가미된 실내(프랑스, 웨쎄 성)

74 조지안 양식의 주택지(영국 캠브리지)

프랑스 로코코 시대에는 가구가 많지 않았으며, 건물을 돋보이게 하기 위하여 가구는 필요할 때에만 방의 중심부에 놓았다가 사용한 후에는 벽에 다시 붙여 놓았다. 이것은 넓고 화려한 응접실을 부富의 상징으로 여기던 바로크의 영향을 받은 것이었다. 벽에 가까이 놓은 가구의 덮개는 주위의 배경색과 같은 색으로 하였다. 프랑스 로코코 시대에 사용하던 가구는 푹신한 안락의자, 천개를 씌운 침대, 캐비닛, 책꽂이, 코모드 등이 있었다. 의자는 편안하고 우아하게 만들어졌는데, 직각의 단순한 형태를 피하고 몸체와 다리를 우아한 곡선으로 부드럽게 연결하였다. 등과 좌석 부분에 패드를 넣고 천으로 씌워 안락하게 만들었으며 다리에는 받침대가 없었다.

영 국

영국에서는 18세기 초에 편안하고 비형식적인 가구들을 이용하였으며, 귀족들은 도심에 있는 집town house보다는 교외에 있는 집country house에서의 생활을 더 즐겼다. 또한 건축이나 예술에 대한 관심이 많아지면서 건축가들이 중요한 위치를 차지하게 되었다.

앤 여왕Queen Anne, 1702~1714 시대인 18세기 초반부터 중반까지는 영국의 고유한 양식이 형성된 시기로, 후에 조지안Georgian 양식으로 발전되었다. 앤 여왕 양식의 가구는 단순성, 선의 아름다움, S자형의 곡선이 특징이며, 가구는 천을 씌운 의자,

많은 서랍이 달린 톨보이Tallboy, 우아한 곡선이 특징인 윙체어Wing Chair, 책상 등이 유명하다. 의자에는 S자형으로 구부러진 곡선다리cabriole leg가 이용되었으며 의자 다리의 끝부분은 공을 쥐고 있는 동물의 발ball and claw 모양으로 장식하였다. 의자의 등받이는 가장자리를 곡선으로 처리한 평판을 등받이 틀에 끼워 장식하였으나 나중에는 투각한 등받이를 끼우게 되었다. 그 외에도 부채꼴의 조개무늬 장식도 많이 사용되었고 긴 의자인 세티Settee는 2~4개의 의자와 함께 세트로 배치되었다. 테이블은 여러 가지 의자들과 함께 쓰였다. 커피, 초콜릿, 차 마시는 풍습이 유행하여 누구나 차 마시는 도자기를 수집하였고, 사용하지 않을 때에는 상판을 접어서 세워 둘 수 있는 테이블이 발달되었다. 톨보이는 고급 서랍장으로 윗부분에 소용돌이형 또는 열린 박공broken pediment : 삼각형 박공의 윗부분이 열려진 모양으로 장식하였고, 주로 마호가니 나무로 만들었다. 톨보이는 나중에 미국으로 전해져 하이보이Highboy라고 불렸다.

미국 식민지 시대 양식

17세기 중반부터 미국에는 영국을 비롯하여 독일, 프랑스, 스페인, 스칸디나비아 등지의 유럽 각국으로부터 이주해 온 사람들이 그들의 고향 스타일을 단순하게 변형시켜 건축물을 짓기 시작하였다. 따라서 미국 전 지역에 각기 다른 유럽의 양식들이 도입되었으나 주류는 영국으로부터의 유행을 따르는 것이었다.

초기 식민지 시대의 이주자들은 대부분 영국에서 이주해 온 청교도들이었기 때문에 르네상스 양식이나 바로크 양식으로 실질적이고 검소한 중류주택을 지었다. 미국 식민지 시대 양식American Colonial Style 중 주택은 대부분 방이 작았고 바닥에는 참나무 판자를 깔았으며 벽에는 벽난로가 있어서 조리와 난방, 조명을 겸하였다. 천장에는 낮은 들보가 노출되어 있었고, 가구의 수는 적었으나 육중하고 실용적이었다.

18세기 중반부터 식민지 조지안 시대에 들어서면서 이주자들이 더 늘어나고 사회가 번창하게 되자, 부유한 상인들은 주택과 실내디자인 전반에 걸쳐 영국의 앤 여왕 양식이나 치펀데일 양식을 모방하였다. 이 시기의 주택은 대체적으로 대칭적인 단순한 사각형의 방이 3~4개 정도 있었고, 천장은 들보beam 대신에 패널로 대치되었다.

윈저 체어　　　　래더백 체어　　　　하이보이

75 미국 식민지 시대의 가구

미국 식민지 시대의 가구는 간결한 직선을 사용하여 검소한 형태에 단순미를 추구하였으며, 여러 가지 양식을 혼합 · 복제한 것이 특징이었다. 또한 S자형 의자 다리와 가구재료로 마호가니를 많이 사용하였다. 그 외에도 소나무, 단풍나무, 참나무, 벗나무, 자작나무, 양물푸레나무, 호두나무 등이 가구재료로 주로 사용되었다. 가구는 책상, 영국의 톨보이가 변형된 하이보이Highboy와 로보이Lowboy, 낮은 등받이가 있는 윈저 체어Windsor chair, 영국에서 들어온 등이 높은 윈저 체어, 래더백 체어Ladder back Chair, 흔들의자Rocking chair 등이 많이 사용되었다.

미국의 식민지 시대는 1781년의 혁명으로 영국에서 벗어나면서 끝이 났고, 그 이후를 연방정부 시대라고 불렀다. 이 시기의 가구는 식민지 시대의 가구와 같았지만 그동안 많이 사용하던 해바라기, 소용돌이, 다이아몬드, 원 대신에 새로운 모티프로 독수리와 국기에 나타난 별을 사용한 것이 차이였다.

신고전주의 양식

18세기 중반에 화산으로 매몰되었던 폼페이Pompeii를 개발하게 되면서 고전 예술과 건축물, 교육기관에 대한 일반인들의 관심이 급증하였다. 이에 따라 예술가, 건축가, 학자들이 고전 양식에 대한 책을 출판하였고, 이를 예술운동으로 발전시킨 것이 신고전주의 양식이었다. 신고전주의 양식은 프랑스와 영국이 선두적인 역할을 담당하였

76 애덤이 디자인한 실내

77 신고전주의 양식의 실내(프랑스, 퐁텐블로 성)

고, 이는 곧 이어 유럽 전역과 미국으로 확산되었다.

전기 신고전주의 양식Neo-classic Style에서는 고전주의에 대한 향수로 그리스와 로마의 장식 수법이 다시 유행하여 그리스, 로마의 직선과 로코코의 곡선이 혼합되어 사용되었다.

가구의 다리는 아래쪽이 점점 가늘어지는 직선다리인 테이퍼링 래그tapering leg로 바뀌었고, 그리스 기둥의 세로홈 장식이나 소용돌이 무늬를 조각하였다. 모든 가구의 기본형은 직사각형과 대칭형으로, 조각은 우아하고 섬세하였으며, 그리스의 모티프가 다시 사용되었다.

영국은 18세기 후반에 번영의 시기를 맞아 가구의 유행을 이끄는 선두주자가 되었다. 이 시기의 유명한 가구디자이너이며 실내디자이너였던 애덤Adam 형제는 처음에는 신고전주의 운동을 일으켰으나 후에는 자신들의 고유한 양식을 개발하였다. 애덤은 생활공간을 섬세하고 명랑하며 안락하게 디자인하였으며, 실내공간과 가구가 통일성을 이루도록 하였다. 애덤이 디자인한 가구의 형태는 대부분 직선적이었으나 타원형과 반원형도 있었으며, 가구에 채색을 하거나 금도금을 하기도 하였다. 18세기의 영국인들은 직장이나 교통 문제로 인하여 도심에서 가구가 갖추어지지 않은 빈 방을 빌려서 생활하는 일이 많아졌다. 이러한 경향 때문에 좁은 공간에 적합한 가구와 다목적용 가구가 발달되었는데, 그러한 예로서 옷장처럼 보이는 침대, 책장처럼 보이는 책상, 접는 가구 등이 제작되었다.

프랑스의 후기 신고전주의 양식은 나폴레옹 집권 이후의 시기로 앙피르 양식Empire Style이라고도 한다. 앙피르 양식의 특징은 가구의 단순화 경향이 강조되었으며, 편안하고 친근감 있는 가구가 사라지고 거대하고 경직된 분위기의 가구가 사용되었다. 그 당시 사람들은 고대 사회를 가장 이상적인 세계로 생각하여 고대 그리스의 클리스모스klismos 의자를 마호가니로 다시 제작하는 것이 유행하였다.

가구재료로는 마호가니, 장미목, 흑단 등을 사용하였고, 색이 연한 나무로 제작하여 검은색으로 칠하거나 니스칠 또는 금도금으로 마감하였다. 모티프는 원주, 날개, 그리스 신화의 풍요의 뿔, 파인애플, 별, 월계수 화관, 문자, 백조, 그리핀, 스핑크스, 로마와 이집트에서 영향받은 양각을 사용하였다. 앙피르 양식의 의자는 매우 무겁고 곡선적이었으며, 다리 받침대가 없었다. 나폴레옹이 키가 작았기 때문에 의자의 좌석은

캐비닛

콘 솔

의 자

데이베드

78 신고전주의 양식의 가구

79 **앙피르 양식의 실내**(프랑스, 퐁텐블로 성, 나폴레옹 황제의 방)

낮았고, 공단이나 실크로 씌웠다. 카우치와 침대는 그리스 곡선의 영향을 받아 곤돌라 형태가 유행하였고, 테이블 다리에는 육중한 돌 받침대와 스핑크스 장식을 사용하였으며 다리는 로마 가구처럼 세 개를 달았다. 책상은 굽어진 모양의 상판에 높이가 높고 크기는 매우 컸다. 19세기에 독일과 오스트리아에서 발달된 앙피르 양식을 특히 비더마이어Bidermeier 양식이라고 불렀다.

미국에서는 프랑스의 앙피르 양식을 엠파이어 양식이라 불렀는데, 19세기(1800~1825)에 영국의 셰러턴, 애덤 양식과 프랑스의 루이 16세 양식, 나폴레옹 양식의 영향을 받았고, 여기에 우아함과 세련미가 첨가되었다. 그 특징은 얕은 부조로 조각하거나 비니어링, 상감 기법을 이용하여 단순함을 살렸고, 목재로는 마호가니, 금속재로는 황동을 사용하였으며, 니스로 마감하였다. 미국 엠파이어 양식의 의자는 모두 직물로 씌웠고, 드레이퍼리, 꽃 장식, 화살 다발, 아칸서스 잎, 칠현금, 달걀, 자두 모양의 모티프를 즐겨 사용하였다.

던컨 파이프D. Phyfe가 엠파이어 양식의 대표적인 가구디자이너로 활약하였고, 의자는 흔히 프랑스 앙피르 양식의 등받이와 셰러턴 양식의 좌석을 가졌다. 탁자는 다리가 하나의 지지대로 만들어진 페데스탈pedestal 테이블로, 상판에 금박을 입히기도 하였다.

빅토리아 양식

빅토리아 양식Victorian Style은 19세기 중반, 영국의 빅토리아 여왕이 재위하던 시대에 유행하던 양식이었다. 19세기 중반의 유럽은 산업혁명으로 큰 변화가 일어나 기술자와 예술가 사이에 여러 가지 갈등이 발생하였다.

기술자들은 새로운 재료와 공법에 주력하는 반면, 예술가들은 과거의 낭만주의에 집착하였으나 결국, 기계의 이용은 디자인 전반에 영향을 미치게 되었다. 공장 생산에 의한 직물이 실내디자인에 많이 이용되었으며, 철제 구조와 유리가 건축물의 재료로 이용되어, 시카고 보험회사 건물과 에펠탑과 같은 고층건물과 철골조의 건물이 등장하게 되었다.

기계의 보급으로 수공예품의 복제가 활발해지면서 값싸고 질이 낮은 물건들이 범람하게 되었고 과거의 여러 가지 양식을 무분별하게 복사하여 절충하는 절충주의 양식이 발달되었다. 이후 절충주의의 영향으로 주택의 외관과 실내에 여러 가지 양식을 모방하여 사용하는 혼동의 시기를 맞게 되었다. 이러한 절충주의적 빅토리아 양식에 대한 반발이 19세기 말에 미술공예운동Arts and Crafts Movement과 아르누보Art Nouveau 운동을 일으킨 원인이 되었다.

근 대

미술공예운동

산업혁명 이후 서구의 문명은 급속도로 발달되어 기계에 의한 생산품들이 양산되고, 건축에 있어서도 신 재료인 콘크리트, 유리, 강철, 플라스틱을 활용한 새로운 공법과 디자인이 개발되었다. 그러나 기계에 의한 대량 생산에서 오는 품질의 저하는 기계에 대한 반발운동으로 이어져 영국의 윌리엄 모리스W. Morris를 중심으로 존 러스킨J. Ruskin과 어거스트 푸긴A. Pugin에 의해 미술공예운동Arts and Crafts Movement,

1860~1900이 주장되었다.

미술공예운동가들은 기계에 의한 조악한 상품이 대량 생산되고 빅토리아 양식의 모방이 범람하는 것을 비난하면서 모든 예술은 수공예에 의해야 한다고 주장하였다. 모리스는 미술공예운동을 활성화시키기 위하여 디자인 회사를 설립하고 벽지, 유리제품, 벽걸이, 장신구, 직물, 카펫, 가구들을 직접 제작하여 판매하였으나, 수공예에 의한 생산은 비용이 많이 들기 때문에 많은 사람들에게 좋은 디자인의 상품을 보급시키려는 그들의 의도는 실패하였다. 그러나 필립 웹P. Webb이 모리스를 위하여 디자인한 '붉은 집Red House'은 그 당시로는 종전과는 전혀 새로운 양식의 비대칭 평면과 주재료인 붉은 벽돌을 그대로 노출시켜 설계함으로써 기능을 위주로 하는 현대주택의 효시로 일컬어졌다.

이처럼 모리스와 러스킨 등이 기계생산에 의한 가구예술의 질적인 저하를 공박하던 시기에 미국에서는 셰이커Shaker 교도들이, 오스트리아에서는 마이클 토네트M. Thonet가 새로운 디자인을 발전시켜 미술공예운동의 정신을 반영하였다. 셰이커 교도들은 종교적인 자유를 위하여 18세기에 영국에서 미국으로 이주해 온 사람들로서 모든 것을 자급자족하였다. 그들의 가구는 엄격성, 기능성, 단순성, 경제성, 청결성과 경쾌함을 지닌 것이 특징이었으며 외관상의 화려함은 배제되었다.

이러한 특징을 지닌 셰이커 가구는 모리스의 실내공간보다 훨씬 더 현대적인 분위

80 **미술공예운동의 주택 장식**(슬로베니아 류블랴나)

81 **모리스의 벽지 디자인**(영국, 그랙사이드 주택)

기를 연출하였다. 그들은 실내에 붙박이장을 계획하고 벽면에는 나무못을 박아 옷이나 사용하지 않는 의자들을 걸어 두어, 공간을 깨끗이 정돈하였다.

82 토네트의 의자

토네트는 너도밤나무에 증기를 쬐어 나무를 구부려 벤트 우드bent wood를 만들고 이를 이용하여 우아하고 기능적인 가구를 대량 생산하는 방법을 개발하였다. 토네트는 다양한 종류의 의자를 대량 생산에 의해 가격이 저렴하고 견고하게 제작함으로써 그의 가구는 그 당시의 유럽과 미국에서 크게 유행하였고, 현대인의 기호에도 맞아 지금까지도 많이 이용되고 있다. 특히 토네트가 디자인한 비엔나 의자Vienna chair와 흔들의자rocking chair는 현대적인 분위기를 지닌 기능적인 의자로 인정을 받은 대표적인 의자였다. 토네트의 가구는 벤트 우드를 사용하여 곡선적인 요소를 많이 이용하였으므로 아르누보 작가에 포함시키기도 한다.

아르누보

1890년대에 전 유럽에 걸쳐 유행된 아르누보Art Nouveau : 신예술운동는 과거의 모든 전통 양식을 배제하고 새로운 형태의 양식을 창조하자는 것이 목표였다. 이러한 신예술운동은 벨기에와 프랑스를 중심으로 시작되어 차츰 독일, 네덜란드, 스페인, 영국 등지로 전파되었고, 처음에는 로코코 양식처럼 가구나 문, 조명 기구의 장식 등 실내디자인의 유형으로 시작되었으나 나중에는 건축물에까지도 널리 적용되었다.

아르누보 양식은 과거의 양식으로부터의 탈피라는 의미로 유럽 각국에서 여러 가지 다양한 이름으로 불렸다. 독일의 유겐트스틸Jugendstil, 오스트리아의 제체시온Sezession 등도 같은 맥락이었다.

아르누보 양식의 특징은 직선이나 각이 진 형태를 배제하고 완만한 곡선을 이용하여 비대칭에 의한 아름다움을 추구하는 것이었으므로 모티프의 소재는 추상적인 동물의 형태, 식물이나 잎의 형태, 백합꽃, 둘둘 말린 소용돌이 모양, 리본이나 채찍곡선 등이 주로 사용되었다. 그 당시 새로운 재료로 등장한 철은 이러한 아르누보의 곡선을 표현하는 데 적합하여 많이 이용되었다.

벨기에의 빅토 오르타V. Horta가 디자인 한 타셀 호텔, 튀링겐 주택의 계단실 난간, 오스트리아의 마이클 토네트M. Thonet의 의자, 프랑스의 엑토르 귀마르H. Guimard의 책상과 커보드, 파리 지하철역의 가로등 등은 아르누보의 특징인 곡선의 사용을 잘 보여 주는 작품들이었다. 특히 스페인의 안토니오 가우디A. Gaudi는 카사 바트요Casa Battlo, 카사 밀라Casa Mila의 아파트, 사그라다 파밀리아Sagrada Familia 성당 등의 건물에 물기둥처럼 굽이치는 벽체나 환상적인 곡선 장식을 대담하게 사용하였다. 그는 풍부한 상상력으로 네오 고딕, 네오 바로크, 네오 로코코와 공상적인 자연주의를 장식적인 리듬이 있는 전체로 융합하는 데 성공하였다.

아르누보의 대표적인 인물로 빼놓을 수 없는 디자이너는 영국의 찰스 레니 매킨토시C. R. Mackintosh이다. 그는 다른 아르누보 디자이너와 달리 수직선이 강조된 형태에 수평선을 이용하여 딱딱하고 긴 느낌을 갖게 한 후 세부 장식에 아르누보의 곡선을 사용하거나 유연한 분위기를 연출함으로써 생기 있고 개성적인 가구와 의자 등을 디자인하였다.

이 외에 오스트리아의 오토 바그너O. Wagner는 비엔나를 중심으로 독자적인 아르누보를 발전시켰는데, 이를 비엔나 제체시온Vienna Sezession ; 분리주의이라고 하며, 훈데르트 바서Hundert Wasser도 가우디의 영향을 받아 비엔나에 아르누보적인 건축물들을

83 **카사 밀라 아파트의 외관과 입구**(스페인 바르셀로나, 가우디)

84 카사 바트요 지붕(스페인 바르셀로나, 가우디)

85 비엔나의 건축물(오스트리아 비엔니, 오토 비그너)

86 칼플라츠 지하철역(오스트리아 비엔나, 오도 바그니)

87 **노스햄튼 주택의 실내**(영국 글라스고, 매킨토시)

88 **훈데르트 바서의 건축**(오스트리아 비엔나, 훈데르트 바서)

매킨토시의 의자

가우디의 화장대

갈레의 캐비닛

89 아르누보 가구

디자인하였다.

미국에서 활약한 아르누보 디자이너로는 루이스 설리번L. Sullivan과 티파니Tiffany, 그린 앤 그린Green and Green 등이 있었다.

시카고 학파

유럽에서 여러 가지 새로운 예술운동이 일어나고 있을 때 미국에서는 시카고가 대화재로 인하여 새로이 도시를 부흥해야 할 처지에 이르렀다. 이를 계기로 시카고를 중심으로 상업주의 건축이 발달되었는데, 이를 시카고 학파Chicago School라고 한다. 루이스 설리번, 배론 제니B. Jenny, 프랭크 로이드 라이트F. L. Wright 등을 중심으로 하는 건축가들은 건물의 기능을 중요시하는 전혀 장식이 없는 적나라한 모습의 마천루 건축을 세우고, "형태는 기능에 따른다form follows function"는 기능주의를 주장하였다. 이러한 건물들은 강철 구조로 되어 있어 고층화가 가능하였고, 큰 창을 만들 수 있어서 쇼윈도가 필요한 백화점이나 사무실 건물에 적합하였다.

후에 라이트는 유럽의 건축 양식에 대항하여 미국의 풍토에 맞는 독특한 건축물을 많이 디자인하였는데, 건물의 기능, 사용 재료, 자연환경이 함께 조화되는 유기적인 건축물을 짓고자 노력하였다. 그는 콘크리트 대신 자연환경과 조화되는 돌, 목재, 나무 등을 건축재료로 사용하였고, 처마가 깊고 수평선이 강조된 완만한 지붕을 가진 주택을 설계하여 진부한 고전 양식을 거부하고 건축의 기본 원리를 표현한 건축가로 주목을 받았다.

라이트가 지은 주택은 넓고 개방성 있는 유기적 실내공간이 특징으로, 대표적인 건축물로는 폴링워터Falling Water, Kaufman 邸, 로비 하우스Robbie House, 구겐하임 미술관Guggenheim Museum 등이 있다. 라이트는 19세기의 개혁운동과 20세기의 산업화된 기술의 수용에 있어서 교량적인 역할을 한 건축가로 평가받았다.

90 라이트의 폴링워터 실내(미국 펜실베이니아)
91 라이트의 폴링워터 외관(미국 펜실베이니아)
92 라이트의 오크파크 저택 실내(미국 일리노이)
93 라이트의 의자

모더니즘

데스틸

1920년대 현대 건축이 성숙되면서 아르누보에 대한 반발로 유럽에서 일어난 기능주의Functionalism 건축은 철근콘크리트, 유리, 강철을 구조와 표면재료로 사용하였고 기능에 따른 단순성과 절대 조화를 추구하였다. 이 운동은 1917년에 네덜란드의 로테르담에서 발간된 '데스틸De Stijl' 이라는 잡지를 통하여 화가, 건축가, 조각가들이 모인 집단에서 시작되었는데, 디자인의 여러 가지 요소들을 지극히 절제하고 평면 위에 몇 개의 선과 기하학적인 형태만으로 추상적인 아름다움을 표현하고자 하였다. 화가인 몬드리안Mondrian은 단순한 직선만으로 면을 분할하여 흑, 백, 청, 황, 적색의 원색으로 화면을 구성하였고, 가구디자이너인 게릿 리트벨트G. Rietveld는 직선적인 판재만으로 3차원적 형태를 가진 레드 앤 블루 체어Red and Blue Chair를 만들고, 여기에 적색과 청색의 원색을 사용함으로써 과거의 예술 양식이나 장식을 배제한 객관적인 아름다움을 추구하였다. 리트벨트의 의자는 원색을 사용하여 자연스러운 나뭇결을 보이지 않게 처리하였고, 각진 나무를 사용하여 수공예적인 아름다움보다는 기계적인 아름다움을 표현

레드 앤 블루 체어 지그재그 의자

94 리트벨트의 가구

95 데스틸 양식의 큐브하우스(네덜란드 로테르담, 피에트 블럼)

하였는데, 이러한 것들은 현대 산업사회에 있어서 기계사용에 대한 기대감을 주는 계기가 되었다. 그러나 데스틸 양식의 가구들은 보기에는 아름다웠으나 실제로 사용하기에는 불편하였다.

바우하우스

현대 디자인에 있어서 기능주의에 가장 큰 영향을 미친 것은 독일의 디자인 학교인 바우하우스Bauhaus, 1913~1933였다. 바우하우스는 기계시대에 적합한 새로운 디자인 교육으로 형태교육과 함께 공예기술교육이 병행될 것을 주장하였으며, 이는 기능주의 이념에 기초한다고 하였다. 기능주의의 이념은 모든 물건의 디자인은 기능에 불필요한 요인을 배제하여 가장 기능적인 형태를 창조할 때 비로소 가장 아름답다는 사고방식이었다. 이러한 바우하우스의 취지는 화가, 건축가, 공예가, 산업디자이너들의 관심을 모아 결국 전 유럽의 예술개혁운동이 되었다. 바우하우스의 영향은 철골과 유리만으로 구성된 고층건물, 차갑게 정돈된 실내디자인, 장식이 제거된 단순하고 기하학적인 가구 등을 출현시켰다.

바우하우스에서 수학한 많은 예술가들은 현대 건축을 이끌어 가는 대표적인 인물들이 되었는데, 발터 그로피우스W. Gropius, 미스 반 데어 로에Mies van der Rohe, 마르셀 브로이어M. Breuer 등이 이에 속하였다. 로에는 1920년대의 가장 혁신적인 건축가였고 바우하우스의 초대 교장이었던 그로피우스의 뒤를 이어 주로 유리벽을 이용한 커튼 월curtain wall 공법을 사용하여 개방적이고 단순하며 냉철한 느낌의 현대미를 살린 건축물을 많이 디자인하였다. 그의 이상은 기능주의 이념을 내세운 국제주의 양식으로 유럽과 미국에 널리 퍼졌다. 로에는 단순함 속에서 완벽하고 풍부한 아름다움을 추구하고자 하여 "적을수록 풍부하다Less is more"라는 유명한 말을 남겼다. 로에가 디자인한 바르셀로나 의자Barcelona chair는 X자형으로 된 강철 파이프 다리, 가죽의 등받이와 좌판으로 구성된 그의 이상이 표현된 좋은 예로서, 간결하고 편안하여 많은 사람들에게 각광받았다.

강철 파이프의 틀에 가죽을 접합하여 만든 브로이어의 바실리 의자Wassily chair는 가볍고 명확하며 안락하였고, 또한 강철 파이프를 구부려서 지지대 없이 만든 세스카 의자Cesca chair도 유명하다.

벤 치 안락의자

96 그로피우스의 가구

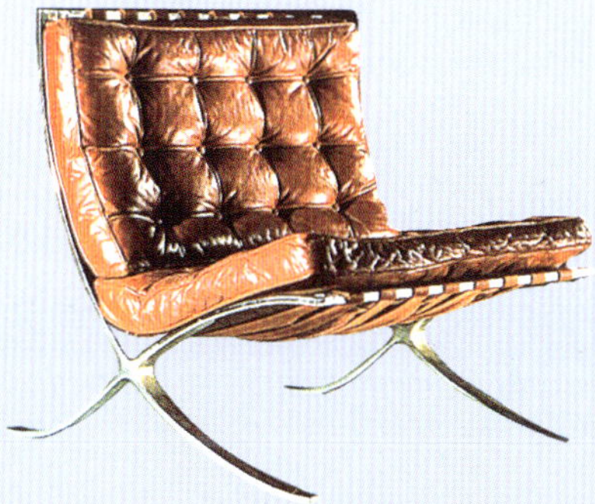

97 로에의 바르셀로나 의자

바실리 의자 세스카 의자

98 브로이어의 가구

국제주의 양식

독일의 그로피우스는 규격화된 건축 부품을 생산하여 현장에서 조립하면 세계 어느 곳에서든지 똑같은 모양의 건물을 지을 수 있게 고안하였는데, 이를 '조립식 건축' 이라 하고, 이것이 곧 국제주의 양식International Style이다.

프랑스의 르 코르뷔지에Le Corbusier는 1920년대의 국제주의 양식 운동에 참여하여 철근콘크리트를 사용한 일체식 구조의 건물을 많이 디자인하였다. 그는 필로티pilotis를 사용하여 건물을 대지로부터 떨어뜨려 공중에 올려놓음으로써 경쾌하고 독특한 외관을 창조하였다. 르 코르뷔지에가 설계한 건축물은 필로티, 자유로운 평면과 입면, 기하학적인 무늬의 창, 회화 같은 색채, 옥상 정원 등이 특징이었다. 그가 설계한 사부아Savoye 주택, 마르세이유 아파트, 롱샹Ronchamp 교회 등은 독창적인 아름다움으로 유명하였다. 롱샹 교회는 콘크리트를 재료로 하여 마치 석고 조각처럼 생긴 기하학적인 형태를 만들고, 두꺼운 벽체에 여러 가지 크기의 작은 창들을 뚫어서 신비로운 느낌의 채광이 드는 실내를 연출하였다. 르 코르뷔지에는 "주택은 살기 위한 기계이다House is a machine for living in."라고 정의하고, 기능과 주택의 아름다움을 동시에 추구하였으며, 생활 양식과 인간의 신체치수를 고려한 모듈러modular 시스템을 고안하여 자신의 건축과 가구디자인에 적용하였다. 그가 디자인한 쉐즈 롱그Chaise Longue는 앉는 사람의 자세에 따라 자유롭게 모양을 변형시킬 수 있어서 기능적이고 단순하면서도 편안한 의자로 평가받았다.

아르데코

1920년대 후반과 1930년대 파리의 현대적 양식을 대표하는 아르데코Art Deco는 1925년에 파리에서 개최되었던 국제장식예술박람회Exposition International des Arts Decoratifs에서 그 어원이 유래되었다. 아르데코의 디자인은 바우하우스에 비해서 부드럽고 대중적이었으며, 전통적인 형태에 새로운 재료와 기하학적인 무늬를 적용시켜 현대적인 분위기를 연출한 것이 특징이었다. 즐겨 사용된 재료는 광택 있는 금속, 흑단, 래커 칠한 목재, 매끄럽게 다듬은 돌, 유리, 플라스틱 등이었고 지그재그 모양이나 번개 모양, 햇살 모양 등 동적인 느낌을 주는 기하학적인 무늬가 이용되었다. 또한 얼룩말, 표범무늬 등과 같은 아프리카를 연상시키는 동물무늬들도 많이 이용되었다. 고급스

99 르 코르뷔지에의 롱샹 교회(프랑스 롱샹, 상 : 외부, 하 : 내부)

100 르 코르뷔지에의 장의자

101 모더니즘 건축의 실내(덴마크, 본홀름 미술관)

99 상

99 하 101

100

102 아르데코 양식의 창 장식(슬로베니아 류블라나)

러운 취향의 아르데코 양식은 일부 부유층에서 유행하였고 바우하우스만큼 이론적 근거가 탄탄하지 못하여 오래 지속되지는 못하였다.

가구디자이너 에밀 자크 룰만E. J. Ruhlman, 엘렌 그레이E. Gray, 피에르 르그랭P. Legrain, 수와 마레Sue and Mare 등이 좋은 작품을 만들었다.

제2차 세계대전 이후

1950년대 이후의 건축과 디자인은 통합적인 발전을 추구하는 경향을 나타내고 있다. 미술공예운동, 바우하우스, 국제주의 양식 등을 거쳐 후기 산업사회를 맞이하면서 새로운 절충주의 시대New Age of Eclecticism를 맞게 된 것이다. 모리스를 중심으로 한 미술공예운동의 특성이 공예 기술과 개성표현에 나타나고 있으며, 아르누보 곡선은 플라스틱이나 콘크리트의 형태에 적용되고 있다. 또한 국제주의 양식의 특징인 기능주의는 경제성과 아름다움을 동시에 추구하는 오늘날의 건축물에 많이 이용되고 있다. 현대는 과거의 특정 양식에 얽매일 필요가 없이 그들 양식 중에서 각자의 개성에 맞게 폭넓은 취사선택을 할 수 있는 시대이다.

제2차 세계대전 이후post world war II에는 특히 덴마크, 스웨덴, 핀란드를 중심으로 한 스칸디나비아의 디자인이 전 세계적으로 두각을 나타내었다. 스칸디나비아의 디자인은 스칸디나비아의 전통적인 장인정신과 수공예를 현대적인 기능주의와 결합시켜 간결한 디자인, 인간적인 척도, 천연목재를 이용한 독특한 디자인으로 주목을 받았다. 특히 대부분의 가구를 겹쳐 쌓을 수 있게 디자인하거나 조립식으로 만들어 화물 적재 시 부피를 적게 차지하도록 고안한 점은 스칸디나비아를 세계적인 가구 수출국으로 자리매김하는 데 크게 기여하였다. 또한 스칸디나비아의 건축가들은 가구디자인까지 겸하여 자신의 건축과 가구를 일체의 개념으로 디자인하는 방법을 많이 사용하였다. 유명한 디자이너로는 핀란드의 알바 알토A. Aalto, 덴마크의 아른 야콥슨A. Jacobson, 한스 베그너H. Wegner, 핀 율F. Juhl, 스웨덴의 브루노 맛손B. Mathsson 등이 활약하였다.

코모드

르그랭의 의자

수와 미레의 화장대

의 자

이리베의 의자

103 아르데코 양식의 가구

알토의 파이미오 안락의자Paimio Armchair는 자작나무 합판을 성형하여 만든 것으로, 접합 부위가 없고 목재가 지닌 재료의 단순성을 최대로 살린 아름다운 가구로 평가되고 있으며, 야콥슨은 자신의 건축에 사용할 의자만을 디자인하였는데, 가볍고 견고하며 겹쳐 쌓을 수 있는 앤트 체어Ant chair, 의자 깊숙이 앉아 보호감을 느낄 때 사용할 수 있는 에그 체어Egg chair, 대화에 적합한 낮고 개방된 스완 체어Swan chair를 디자인하였다. 그는 가구는 용도와 목적에 맞게 디자인되어야 한다는 그의 신념을 잘 표현하였다. 베그너는 공작새가 날개를 편 모양의 피코크 체어Peacock chair를 디자인하여 유명해졌는데, 그의 작품은 유행변화에 따르지 않고 재료를 소중히 여기며 완전히 이해했기 때문에 아름다웠다. 그는 기름이나 왁스칠한 참나무, 티크 등의 목재를 재료로 하여 사용할수록 손때가 묻어 표면에 오래된 깊이와 고풍스러움을 주도록 하였다. 맛손은 과거에는 의자가 점잖게 앉아서 대화만 하는 가구였으나 현대에는 활동을 할 수 있는 융통성을 가져야 한다고 주장하였다. 그는 목재 틀에 천연 면직 테이프를 엮어서 만든 에바 체어Eva chair를 디자인하여 가볍고 체형에 잘 맞는 의자를 디자인하였다.

한편 미국에서는 조지 넬슨G. Nelson, 찰스 이임즈C. Eames, 에로 사리넨A. Saarinen, 로버트 버토이어R. Bertoia 등이 활약하였다.

넬슨은 가구의 재료는 유행에 따라 변하지만 가구의 가치는 유행에 영향을 받지 않는다고 하였고 목재가 대량 생산에는 어울리지 않는 재료라고 여겼으므로 장식을 제외하고는 사용하지 않았다. 현대 사회에서는 보다 생산이 용이한 디자인이 덜 비싸고 효과적이라고 주장하였다. 그는 코코넛 체어, 마시멜로 소파 등을 디자인하였다.

이임즈는 독일에서 그로피우스와 로에에게 수학한 후 미국에서 활약하였다. 그는 인체 유형에 맞고, 앉는 동작에 따라 융통성이 있으며 가격이 적당하고 강하며 안락한 의자를 디자인하고자 하였다. 그가 디자인한 합판을 성형하여 만든 라운지 의자와 오토만은 인체공학을 바탕으로 만들어진 편안한 의자로, 거주자에게 친밀감을 주었다. 사리넨은 플라스틱 제품이 20세기 의자에 가장 적합하다고 여겼고 오늘날 의자의 아름답지 못하고 복잡한 다리를 해결하기 위하여 다리를 하나의 지지대로 구성된 페데스탈 체어Pedestal chair를 디자인하였다. 그가 디자인한 움 체어Womb chair는 이름 그대로 앉아서 최대로 편안하게 느낄 수 있게 디자인되었으며, 튤립 체어Tulip chair는 테

104 알토의 파이미오 안락의자

스완 체어 에그 체어

105 야콥슨의 의자

106 맛손의 에바 체어

튤립 체어 움 체어

107 사리넨의 의자

108 이임즈의 의자

이블과 함께 여러 개의 다리를 한 개의 지지대로 처리하여 공간 활용과 새로운 제작 방법을 제시한 것으로 유명하였다.

버토이어는 이탈리아에서 출생하여 미국에 귀화하였고 인체의 역할을 고려하여 의자에 금속을 사용하기로 결정하고 그의 대표작인 다이아몬드 체어Diamond chair를 디자인하였다.

포스트모더니즘

포스트모더니즘의 이념

1970년대 이후에 새로이 대두된 이념인 포스트모더니즘Post Modernism은 기능주의에 대한 반발로 시작된 것으로서, 오랫동안 모더니즘은 기능주의를 중시하여 형태를 단순화하고 장식을 제거하여 역사적 연속성이나 장식에 대한 인간의 기본적인 욕구가 무시되었다고 지적되었다. 그러면서 민족적인 전통을 추구하는 경향과 인간의 독창성과 다양성을 추구하는 경향, 건축을 문화적 전통성에서 추구하려는 경향이 서서히

109 **비트라 뮤지엄**(스위스 바젤, 프랭크 게리)

110 **포스트모던의 건축물** (미국 씨애틀, 뮤직 프로젝트, 프랑크 게리)

나타나게 되었다.

포스트모더니즘을 다시 구분하면, 모더니즘의 이념을 바탕으로 다양한 현대적인 감각을 수용하려는 후기 모더니즘 경향과 모더니즘의 한계를 인식하여 새로운 형태를 통해 상징적인 의미를 구사하려는 탈모더니즘적 경향으로 구분할 수 있다.

후기 모더니즘은 국제주의 양식에 기초를 두고는 있으나 더 새롭고 감각적이며 과장적이고 하이테크를 디자인에 이용하고 있다. 또한 반복적인 요소의 사용과 구조의 장식적 사용을 하고 은유적 표현은 배제하는 특성이 있다. 유럽을 중심으로 한 포스트모던 건축은 모든 장식행위는 과거의 산물이라는 논리에서 역사성을 도입하였고 표피적이고 장식적인 것 대신에 원론적이고 본질적인 형태를 추구하는 경향을 보였다. 이러한 경향을 보인 건축가로는 알도 로시A. Rossy와 마리오 보타M. Botta를 들 수 있는데, 그들은 지역의 맥락에 일치하는 유형들을 재해석하고 전통을 고수하고자 하였다.

그에 반하여 미국의 포스트모더니즘은 짧은 역사에서 오는 한계를 극복하기 위하여 절충적 양식이나 지역성에 의존하려는 특성을 지닌다. 로버트 벤추리R. Ventury, 필립 존슨P. Johnson, 찰스 무어C. Moore, 리차드 마이어R. Meier, 미이클 그레이브스M.

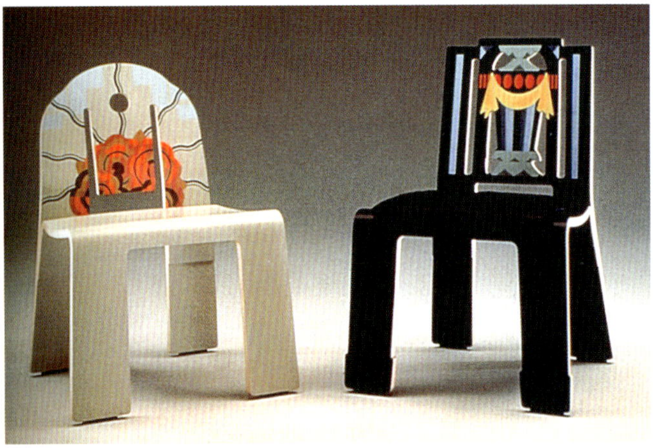

111 로버트 벤추리의 의자

Graves, 프랭크 게리F. Gehry 등은 대중의 취향에 맞춘 상업적인 대중주의를 표방하였고 형태 구성의 수단으로 과거의 양식 및 장식을 취합하여 콜라주적인 효과를 구사하였다. 미국과 유럽의 포스트모더니즘의 공통점은 인간성의 회복과 지역성의 회복을 추구하고 고전적인 건물의 형태를 만들어 나가는 데 있었다.

포스트모더니즘의 구현방법

포스트모더니즘을 구현하는 방법은 매우 다양하여 다원주의Pluralism적인 접근방법을 보였는데, 이것이 포스트모더니즘의 특징이라 볼 수 있다. 그러나 이러한 다양한 접근방법은 독립적이지 않고 서로 중복되어 나타나는 성향이 있다.

이를 정리하면 첫째, 역사적인 모티브를 디자인에 사용하는 역사주의Historicism, 둘째, 디자이너들이 사용자와의 커뮤니케이션을 풍부하게 하기 위한 수단으로 사용하는 은유와 상징, 셋째, 인간의 감정에 호소하는 기능과 상관없는 장식성, 넷째, 디자인이 가지는 의미의 다양성에 기초를 두고 작품의 형태가 이중적인 의미로 자각되는 이중코드화이다. 또한 다섯째, 모더니즘의 획일성과 단순성을 탈피하여 디자인에 역동성을 주는 복합성과 대립성, 여섯째, 개개의 건물을 큰 전체의 부분으로 계획함으로써 문화적 · 역사적 연속성과 주변 환경과의 조화를 시도한 맥락주의Contextualism, 일곱째, 시간적 · 지역적 문화를 결부시켜 하나의 디자인을 구성하는 절충주의, 여덟째, 기존의 모더니즘 디자인이 지닌 통합성의 개념이나 규범을 이탈하여 긴장감을 주거나 파괴적 · 미완성적 성향으로 나타나는 해체주의Deconstructism이다.

결국 포스트모더니즘은 의미의 다양성, 상징성, 장식성, 회화성, 암시, 역사주의, 이미지 등의 개념을 적극적으로 도입하여 모더니즘의 배타적인 디자인에 반대하고 더욱

포용력 있는 디자인을 강조하여 디자인의 언어를 풍부하게 하고자 한 움직임이다.

마이클 그레이브스는 미국에서 가장 잘 알려진 포스트모더니즘 디자이너로 건축가이면서 실내디자인, 가구디자인에도 활발하게 관여하였다. 대표적인 작품으로 포틀랜드에 있는 포틀랜드 빌딩이 있는데, 이는 고전적인 모티브가 대형 건물에 사용된 대표적인 예로, 건물을 기단, 주신, 주두로 구성하는 고전적 분할을 사용하였다. 건물의 외관은 다양성과 절충성을 가지게 하였고 가구디자인도 근본적으로 건축적인 경향과 같은 흐름을 가지고 있다.

멤피스Memphis는 1981년 밀라노에서 작품전시회로 첫 선을 보인 그룹으로 에토르 소트사스Ettore Sottsass를 중심으로 한 젊은 디자이너들의 모임이다. 이 그룹은 포스트모더니즘의 가구와 실내디자인을 보급시키는 데 노력하였다. 멤피스 가구의 특징은 값싼 플라스틱으로 젊고 생동적인 가구의 생산, 강렬하고 밝은 색상과 특이한 무늬와 장식의 사용, 그리고 독특한 아이디어였다.

112 아사히 맥주 회사(일본 도쿄, 필립 스탁)

113 책 선반 가구(멤피스)

C·h·a·p·t·e·r

3

실내디자인의 이론

돌을 주워 모양을 다듬어 사냥 도구를 만들었던 원시시대부터 오늘날에 이르기까지 사람들은 많은 것을 디자인하고 있다. 디자인이란 원하는 목적을 효과적으로 달성할 수 있도록 재료를 선택하고 형태를 구성하여 무엇인가를 만드는 창조적인 활동이다. 오늘날 우리는 일상적으로 사용하는 작은 컵에서부터 규모가 큰 건축물에 이르기까지 디자인 과정을 거친 무수한 것들에 둘러싸여 생활하고 있다. 효율성과 아름다움을 동시에 추구하는 디자인은 사회가 발전되어 감에 따라 연구대상이 무엇인가에 의해서 실내디자인, 의상디자인, 제품디자인, 시각디자인 등으로 점차 분화되고 있다. 실내디자인이란 일정 공간에서 생활하게 될 사람들이 추구하는 목적과 요구하는 기능을 충족시킬 수 있는 실내공간을 연출하는 것으로 재료 선택, 적용 가능한 기술, 의도하는 분위기 등에 따라 구체적인 계획이 세워지게 된다. 실내디자인은 인간이 보다 효율적이고 아름다우며, 개성 있는 공간에서 쾌적하게 생활할 수 있도록 실내공간을 디자인하는 창조적인 작업이다.

1 실내디자인의 요소

실내디자인의 요소는 선, 형태, 질감, 무늬, 색채, 공간이며 이러한 요소를 실내공간에 구성하는 과정에서 디자인 원리가 적용되어야 한다. 실내공간을 성공적으로 디자인하는 특정한 방법이 정해져 있는 것은 아니고 그럴 필요도 없으나, 실내디자인의 요소와 원리에 대하여 바르게 이해하고 적용하는 것은 실내디자이너의 자질을 키우는 데 필수적이다.

선

선line은 무수한 점의 흔적으로 실내디자인의 중요한 요소이다. 실내공간에 선을 어떻게 적용시키느냐에 따라 실내분위기가 달라질 뿐 아니라 인간의 감정이나 공간감에 미치는 영향이 크다. 같은 크기의 공간이 선의 종류, 길이, 굵기, 방향, 조합방식에 따라서 크게 또는 작게 보이며, 엄숙한 실내가 되기도 하고 우아하고 부드러운 분위기를 연출하기도 하므로 선의 특성을 바르게 이해하여 실내디자인에 적용하도록 한다.

수직선은 공간을 실제 치수보다 더 높아 보이게 하며, 공식적이고 위엄 있는 분위기를 연출하는 데 효과적이다. 천장이 높은 고딕 양식 교회의 다발기둥clustered column, 채광량을 조절하는 창의 버티컬 블라인드vertical blind가 좋은 예이다.

수평선은 편안하고 안정감 있는 분위기를 만든다. 수평선은 바닥이나 천장 등의 건물 구조에 많이 이용될 뿐만 아니라 침대, 소파 등의 가구, 수평 블라인드blind에서 그 예를 찾아볼 수 있다.

사선은 단조로움을 없애 주어 흥미를 유발시키며 활동적인 분위기를 연출하는 데 효과적이다. 사선은 수직선이나 수평선에 비해서 실내공간에 많이 이용되지는 않기 때문에 시선을 끈다. 경사진 천장, 계단 난간, 한옥의 연등천장이 좋은 예이며, 벽이

1 **안정감이 느껴지는 수평 블라인드**(서울, 까사 에스디)

나 가구에 사선을 이용하기도 한다. 그러나 사선이 지나치게 많으면 불안정한 느낌을 준다.

곡선은 스케일, 반복의 정도, 방향 등에 따라 조금씩 다르기는 하지만, 일반적으로 직선에 비해 부드럽고 우아한 느낌을 주며 시선을 집중시키는 효과가 있다. 아치arch형의 문이나 창, 원탁, 전등의 갓, 벽지나 직물의 무늬 등에 곡선이 이용되며, 커튼을 드리우는 방법에 따라서 곡선을 연출할 수도 있다.

실내디자이너는 선 자체가 갖는 특성과 함께, 다른 디자인 요소들과의 관계, 공간사용자의 심리적 요구를 이해하고 실내공간에 적용할 선을 선택해야 한다. 같은 수직선이라도 배경에 수평선이 있는 벽과 수직선만으로 구성된 벽의 느낌은 전혀 다르며, 천장의 높이 또한 전혀 다른 경우가 많다.

형 태

형태form는 삼차원의 물체가 지닌 모양, 부피, 구조 등을 말하는데, 물체의 형태는 배치된 공간과의 관계가 매우 중요하다. 아무 것도 없는 빈 공간에 의자를 하나 배치하면 그 공간은 의자의 형태에 따라서 분위기가 바뀌게 된다. 같은 공간이라도 그 속에 어떤 모양, 부피, 구조를 지닌 물체가 놓이는가에 따라서 공간은 달라지므로 형태 선택 및 결정은 실내디자인에서 매우 중요하다. 실내에 배치되는 물체의 형태는 인체치수는 물론 공간의 기능성을 고려하여 사용자가 편안하게 느끼고 능률적으로 생활할 수 있도록 디자인되어야 한다.

실내를 구성하는 형태는 사각형, 육면체, 삼각형, 피라미드pyramid형, 원형, 구형ball 등이다. 사각형과 육면체는 건축물이나 실내공간의 구조에 가장 일반적으로 이용되는 형태이며 침대, 책상, 소파 등의 큰 가구뿐 아니라 실내소품, 가구의 장식, 직물이나 벽지의 무늬에도 많이 이용된다. 사각형과 육면체가 많이 이용되는 이유에는 여러 가지가 있는데, 디자인과 제작이 용이하고, 90° 를 유지하여 구조적으로 견고하며, 시각적으로 안정감을 주고, 반복 효과를 주어 리듬감을 살릴 수 있다는 점을 들 수 있다. 그러나 경직된 분위기를 조성할 수 있으므로 사각형 또는 육면체의 크기, 색채, 장식, 배치 등으로 변화를 시도할 필요가 있다.

삼각형과 피라미드형은 변화와 생동감을 주며 동적인 분위기를 만들어 준다. 이러한 형태는 경사진 지붕이나 천장, 삼각형 창문이나 가구에 이용되며, 타일, 직물, 벽지

2 개성 있는 실내를 연출하는 사선 벽(네덜란드 로테르담, 큐브하우스, 피에트 블럼)

3 위엄 있는 분위기를 연출하는 수직 기둥(이탈리아 로마, 판테온 신전)

4 곡선 창의 조화가 아름다운 건축물 외관(스페인 바르셀로나, 카사 바트요, 가우디)

5 포물선과 사선의 대비가 아름다운 천장의 구조물(일본 도쿄, 도쿄 포럼, 비니올리)

6 곡선 다리와 개판이 아름답게 조화되는 조선 시대 소반(서울, 국립박물관)

7 아름다운 포물선으로 구성된 천장과 벽(스페인 바르셀로나, 카사 바트요 최상층, 가우디)

에 반복되어 나타나는 삼각형 무늬는 공간을 활기찬 분위기로 바꾸어 준다. 실내에 삼각형 공간을 만들면 시선을 집중시키며 사선 자체의 운동감으로 인해서 본래의 공간보다 더 넓어 보인다.

원형과 구형은 원의 연속성으로 인하여 동적인 분위기와 변화를 느끼게 하며, 구름, 나무, 꽃, 조개 등 자연을 연상시킴으로써 실내공간을 편안하고 안정된 분위기로 연출하는 데 효과적이다. 이러한 형태는 원형 방, 돔dome형 천장, 아치형 창, 나선형 계단, 전등의 갓, 둥근 탁자, 도자기, 접시 등에 많이 이용된다.

구형 공간은 최소의 재료로 최대의 공간을 확보할 수 있고 에너지 손실이 적어서 경제적이다. 실내공간은 한 형태만으로 구성될 수 없으며 여러 가지 형태들이 서로 모여 통일성과 변화를 이루면서 조화를 이루어야 비로소 아름다운 공간이 된다. 또 인간이 생활하는 공간과 그 속에 놓여지는 물체는 그것을 사용하는 인간이 만족할 수 있도록 디자인되어야 한다.

8 대비색상의 사각형 모티프로 디자인한 벽면(서울, 까사 에스디)

9 정육면체의 모서리를 세워 만든 주택 단지
(네덜란드 로테르담, 큐브하우스, 피에트 블럼)

10 사각형의 소파, 쿠션, 테이블이 배치된 로비
(서울, W호텔)

11 피라미드 형태의 박물관 출입구(프랑스 파리, 루브르 박물관, 아이엠 페이)

12 긴장감을 고조시키는 역피라미드 형태의 천장 조형물(프랑스 파리, 루브르 박물관 지하)

13 **원형과 사선으로 구성된 야외 공연장의 캐노피**(일본 도쿄, 롯폰기힐스)

그러기 위해서는 인체치수를 고려한 인체공학적인 연구가 앞서야 한다. 가장 바람직한 형태는 기능적function이고 단순simplicity하며 통일미integrity가 있고 비례가 아름다워야good proportion 한다.

14 **아치가 반복된 입구**(미국 뉴욕, NYU 로스쿨)

버섯 형태의 직물 씌운 의자
(Mushroom chair, 피에르 폴린)

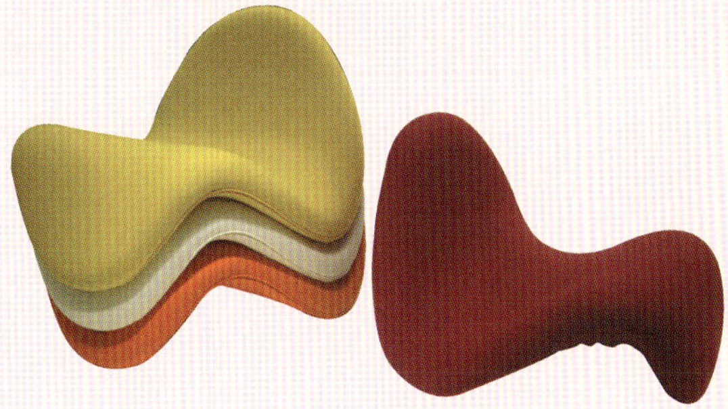

혀 형태의 포개놓는 의자(Tongue chair, 피에르 폴린)

나비 형태의 비니어링 합판 의자
(Butterfly chair, 소리 야나기)

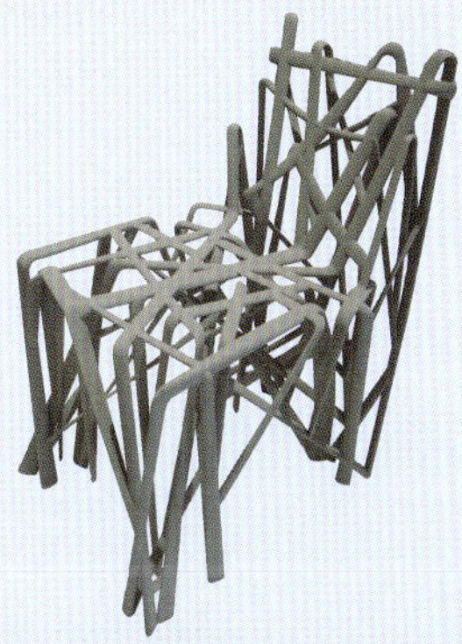

선 형태의 합성수지재 의자
(C2 Solid chair, 파트릭 주앵)

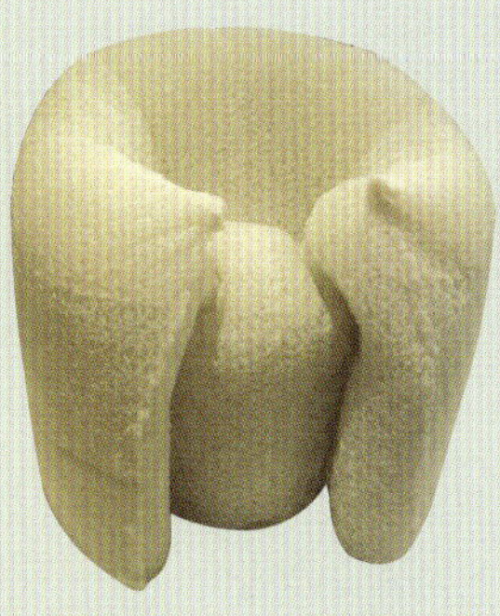

부피감 있는 형태의 의자
(Pane chair, 요시오카 토쿠진)

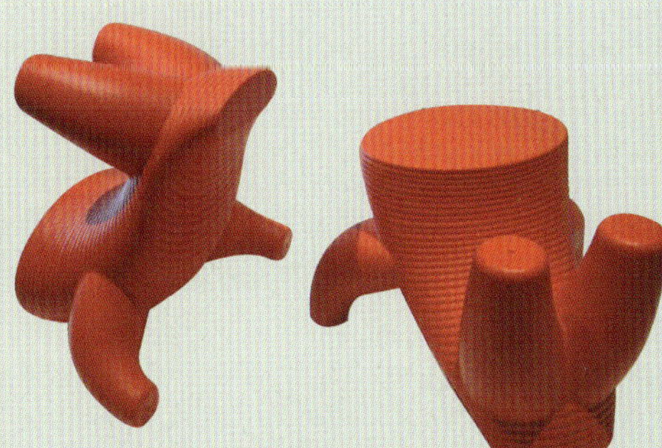

놓여지는 대로 형태가 변하는 어린이 놀이용 의자
(Mico stool, 로베르토 페오 & 로자리오 허타모)

15 **여러 가지 형태의 가구들**(미국 뉴욕, 현대미술관 MoMA)

질 감

질감의 종류

질감texture이란 물체의 표면이나 재질에서 느껴지는 감각을 말하는데, 촉각적 질감과 시각적 질감 또는 구조적 질감과 외적 질감으로 분류한다.

손으로 직접 만져서 매끄럽다거나 거칠다고 느껴지는 촉감에 의한 질감을 촉각적 질감tactile texture 또는 actual texture이라고 하며, 명암이나 무늬를 이용한 효과에 의해서 실제와 다르게 보이는 질감을 시각적 질감visual texture 또는 illusionary texture이라고 한다. 실제로는 매끄러운 벽지이지만 명암효과에 의해서 입체적으로 보이거나 무늬에 의해서 거칠게 보이는 것은 시각적 질감의 효과를 이용한 것이다.

질감은 형성방법에 따라 구조적 질감과 외적 질감으로 나눈다. 구조적 질감이란 재료 자체가 지닌 질감이나 제작과정에서 생기는 질감으로 구조적인 요구에 의해서 만들어진다. 구조적 질감의 예로는 나뭇결, 섬유 자체의 촉감, 직물 직조과정에서 생긴 질감, 벽돌의 조적방법에 의해서 생긴 질감을 들 수 있다. 외적 질감이란 제조 후에 표면처리에 의해서 질감을 변화시키는 것이다. 직물이나 벽지에 무늬를 프린트하거나 요철이나 구김 처리하기, 유리에 그림을 새겨 에칭etching 유리 만들기 등과 같이

16 갤러리 외부에 이용된 거친 질감의 노출 콘크리트(경기도 파주, 헤이리 아트밸리, 금산 갤러리)

17 레스토랑 내 · 외부 벽에 이용된 거친 질감의 바위와 매끄러운 질감의 유리(일본 도쿄, 마이시티 7층 레스토랑)

18 **지붕에 이용된 매끄러운 질감의 다양한 타일**(스페인 바르셀로나, 카사 바트요, 가우디)
19 **미술관 외부에 이용된 차가운 질감의 티타늄**(스페인 빌바오, 빌바오 구겐하임 미술관, 프랭크 게리)
20 **의자재료로 이용된 차가운 질감의 청동**(미국 캔사스시티, 넬슨 애트킨스 미술관, Copper Iron chair, 론 아라드)
21 **의자재료로 이용된 따뜻한 질감의 비니어링 합판**(미국 캔사스시티, 넬슨 애트킨스 미술관, 이임즈)

22 벽돌을 조적하여 생긴 구조적 질감(프랑스 파리 근교, 이브리 성당, 마리오 보타)
23 헌 합성수지재 호스를 조합해 생긴 구조적 질감(일본 도쿄, 마이시티 7층 레스토랑)
24 헌 상자를 포개어 생긴 구조적 질감(일본 도쿄, 마이시티 7층 레스토랑)

22

23 24

일단 완성된 제품의 표면을 처리하여 질감을 바꾸는 것을 외적 질감이라고 한다.

질감의 영향

실내공간에서 질감이 미치는 영향은 매우 크다. 재료 자체가 지닌 질감은 실제의 생활에 편리함을 주기도 하고 불편함을 주기도 한다. 현관이나 욕실의 바닥을 매끄러운 타일로 마감하는 것은 매우 위험하며, 소파를 거친 질감으로 씌우면 개성 있게 보일 수는 있으나 부드러운 직물의 옷을 입고 앉기에 불편하다.

질감은 빛의 반사와 색채에 영향을 미친다. 매끄러운 질감은 빛을 반사하며 시선을 집중시키고, 색채를 선명하고 강하게 보이게 한다. 약간 거친 질감은 빛을 흡수하여 색채를 부드럽게 완화시켜 주며, 아주 거친 질감은 색채의 명암효과를 일으켜 입체적인 느낌이 강조된다.

질감은 소리의 흡수와 반사에 영향을 미친다. 오디오 룸audio room 계획 시 마감재료 선택에 각별한 주의가 필요한 것은 질감이 음질sound quality에 미치는 영향이 크기 때문이다. 단단하거나 매끄러운 질감은 소리를 반사하며, 부드럽거나 거친 질감은 소리를 흡수한다.

25 촉각적 · 구조적 질감(좌 . 양탄자)과 시각적 · 외적 질감(우 . 벽지)

26 **벽돌과 돌의 조적과정에서 생긴 외벽의 구조적 질감**(미국 캔사스 시티, 주택)

질감은 실내공간의 유지관리에 영향을 미친다. 반짝이고 매끄러운 질감은 더러움이 눈에 띄어 불편하지만 청소는 쉽다. 반면 거친 질감은 더러움이 잘 안 보이나 청소하기가 어렵다. 따라서 유지관리에 드는 에너지를 줄이려면 시각적 질감은 거칠고 실제로는 매끄러운 질감이 이상적이다.

실내공간에 미와 개성을 추구하는 경향이 강해지고 있는 오늘날 기술의 발달로 마감재료가 다양해지고 있고 이들 재료의 질감은 실내디자인의 중요한 표현수단이므로 질감을 신중하게 선택할 필요가 있다.

무 늬

무늬pattern는 표면을 아름답게 하기 위해서 이차원적으로 적용된 장식이다. 물체에 직접 무늬를 그리기도 하고 벽지나 마감재료에 무늬를 넣어 이용하기도 한다. 또한 직물이나 카펫같이 제조과정을 거치는 동안에 무늬가 생기기도 하며 의도적으로 무늬를 넣어 직조하기도 한다. 타일과 같은 재료는 부착시키는 과정에서 무늬를 넣기도 한다.

반복된 무늬를 모티프motif라고 하며, 모티프는 자연에서 볼 수 있는 꽃이나 나무 등을 소재로 이용하는 자연적인 모티프, 자연적인 소재를 단순화시켜 만든 양식화된 모티프, 사실적인 소재와 무관하게 디자인한 추상적인 모티프, 선, 사각형, 원 등을 구성하여 디자인한 기하학적인 모티프 등으로 구분된다. 모티프의 종류, 크기, 색상은 실내분위기를 좌우하며, 공간의 크기를 축소 또는 확대되어 보이게 하므로 목적에 맞게 선택하도록 한다.

27 화각 애기장의 화조무늬와 동물무늬
(서울, 국립박물관)

물체의 표면에 큰 무늬가 있으면 물체가 확대되어 보이지만, 큰 무늬의 벽지를 사방에 바른 공간은 협소하게 느껴진다. 무늬벽지보다 무늬 없는 벽지가 공간을 넓어 보이게 하고, 큰 무늬보다는 작은 무늬의 벽지가 공간을 넓어 보이게 한다. 무늬의 크기뿐 아니라 무늬의 색상, 채도, 명도도 실내디자인에 있어서 중요한 역할을 하므로 이에 대한 복합적인 연구가 필요하다.

28 나전칠기함의 포도무늬(서울, 국립박물관)

29 건축물 니치nich 상부의 조개무늬

30 기둥 주두의 식물 모티프(이집트 아스완, 필레 신전)
31 한국 전통담장의 기하학적 모티프(서울, 운현궁)
32 한국 전통담장의 만(卍)자 모티프(서울, 운현궁)
33 현관 캐노피의 식물 모티프(미국 뉴욕, 쿠퍼휴이트 미술관)
34 창의 기하학적 모티프(미국 캔사스 시티, 사리넨 주택)

색 채

사람들은 주변 환경의 색에 따라서 명랑해지거나 우울해지는 등 심리적 변화를 일으킬 뿐만 아니라, 작업능률이 오르기도 하고 떨어지기도 한다. 또 같은 조건의 공간인 경우에도 색채효과에 의해서 좁아 보이거나 넓어 보이며, 천장의 높이도 다르게 보이고, 밝게 또는 어둡게 느껴진다.

이와 같이 실내디자인에 있어서 색채color는 분위기를 바꾸는 데 효과적일 뿐 아니라, 인간의 작업수행 능력에도 영향이 크므로 색채에 대한 기본적인 이론을 이해하여 장소와 목적에 맞게 적용시킬 필요가 있다.

실내공간의 색채 계획은 아름다워야 할 뿐 아니라 과학적이어야 한다. 다시 말하면, 색채의 시각적 효과 이외에도 실내공간에서의 인간의 물리적 반응과 심리적 반응 그리고 건강에 미치는 영향이 고려되어야 한다. 기대하는 작업결과가 무엇인지를 정하고 그러한 결과를 얻기 위해서 색채 계획을 어떻게 해야 하는지를 알아야 하며, 완성된 후에 나타나는 효과를 예측할 수 있는 능력이 필요하다.

색채 이론

빛이 없는 상태에서 색채를 생각하는 것은 불가능하다. 왜냐하면 색채는 그 물체가 어떤 색을 흡수하고 어떤 색을 반사하는지에 따라 결정되기 때문이다. 노란 의자는 노랑을 제외한 모든 색을 다 흡수하고 노랑만을 반사하기 때문에 노랗게 보인다.

빛이 프리즘을 통과하게 되면 파장이 다른 7가지 색으로 분류된다. 빨강으로 보이는 것은 다른 6가지 색은 모두 흡수하고 빨강만 반사하기 때문이며, 하양으로 보이는 것은 7가지 색을 모두 반사하는 것이고 이와는 반대로, 검정은 모든 색을 다 흡수한 결과이므로 빛과 색채를 분리시켜 생각할 수는 없다.

색채를 설명하는 방법은 다양하나, 일반적으로 색의 3가지 속성인 색상, 명도, 채도를 기준으로 하여 표현한다.

색 상

색상hue이란 색을 구별 짓기 위해서 지어진 이름이다. 실내디자인에서 많이 이용되고 있는 색상환은 먼셀 색상환, 12 색상환, NCS 색상환, 오스트발트 색상환 등이다.

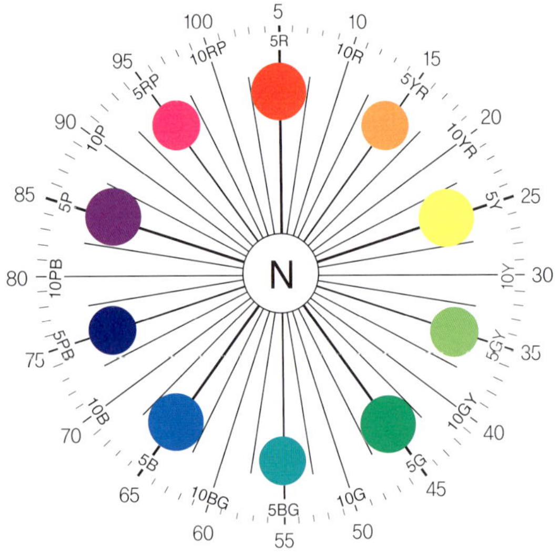

35 먼셀 색상환

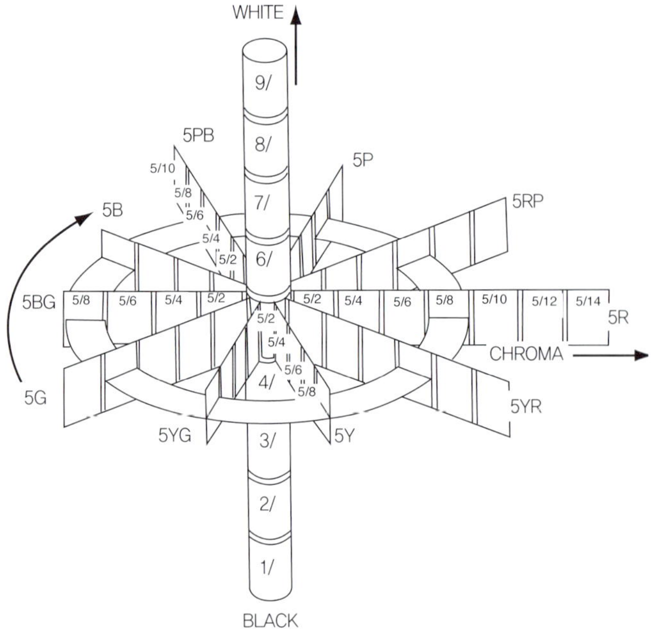

36 색상, 명도, 채도를 3차원으로 표현한 먼셀의 색체계

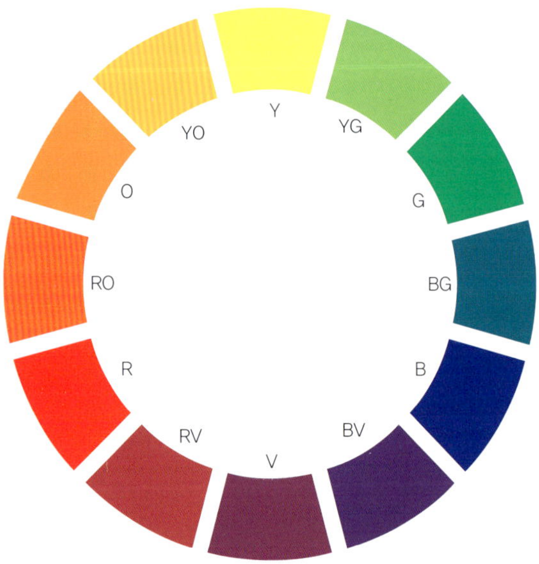

37 12 색상환

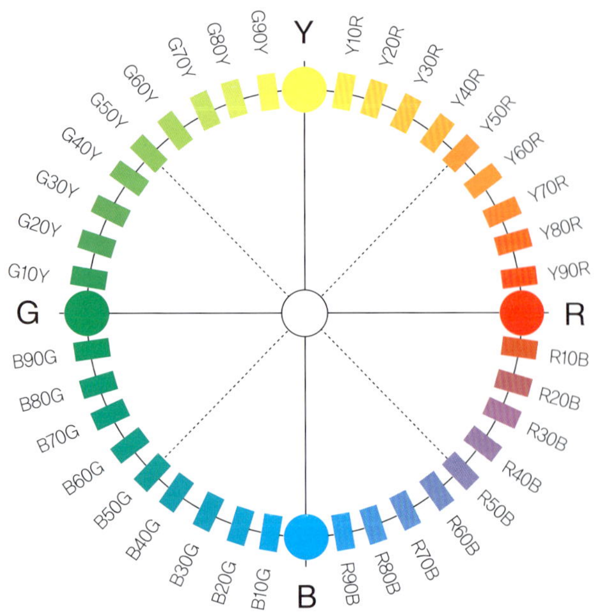

38 NCS 색상환

먼셀Albert Munsell 색상환그림 35은 빨강red, 노랑yellow, 초록green, 파랑blue, 자주purple를 5가지 기본 색상으로 하고, 이들 5가지 기본 색상과 중간 색상 5가지를 합한 10가지 색상을 다시 10가지로 구분하여 총 100개의 색상으로 체계화시켜 표현한다. 먼셀 색상환에서 기본 색상 5개와 중간 색상 5개를 합친 10가지 색상은 5라는 숫자로 명명하고, 이 10가지 색상들 사이의 색은 다시 2.5, 7.5, 10이라는 숫자로 표시함으로써 색상을 구별 짓는다. 먼셀의 색체계그림 36는 색입체라고도 부르는데, 명도를 입체의 중심축에 두고 색상과 채도를 단계별로 원의 날개에 나타내는 방법으로 색상, 명도, 채도를 3차원의 입체로 표현하였다.

12 색상환그림 37은 1차 색상인 빨강red, 파랑blue, 노랑yellow을 기본으로 하고 1차 색상 2개를 혼합하여 만든 초록green, 보라violet, 주황orange을 2차 색상으로 분류한 후 다시 이들의 중간색을 3차 색상으로 분류함으로써 12가지 색상으로 색을 체계화한 것이다. 12색상환에서 서로 마주보고 있는 색은 대비색상이다.

NCSNatural Color System 색상환그림 38은 4가지 색상인 노랑yellow, 빨강red, 파랑blue, 초록green을 먼저 정한 후 이들 사이의 색상들을 100단계로 구분해서 색상을 체계화한 것이다. NCS 색상환에서 Y25R은 빨강red을 25% 포함한 노랑yellow을 나타낸다. R75B은 파랑blue을 75% 포함한 빨강red을 나타낸다. NCS에서는 노랑yellow, 빨강red, 파랑blue, 초록green의 4가지 색상 이외에 무채색인 하양white과 검정black을 포함시킨 6가지를 기본 색상이라고 한다. 또한 보는 색채를 표현할 때 제일 앞에 하양 정도whiteness와 검정 정도blackness를 숫자로 나타내고, 두 번째 위치에 채도를 숫자로 나타내며, 제일 마지막에 어떤 색상이 어느 정도 포함된 무슨 색이라고 나타낸다. 하양 정도와 검정 정도를 나타내는 제일 앞의 수지가 클수록 검성이 많이 포함된 것이며, 채도를 표현하는 두 번째의 수치가 클수록 채도가 강한 것이다. 예를 들어 NCS에서 4020B25G라고 표시된 것은 검정의 비율이 40이고, 순색의 비율은 20이며, 초록green을 25% 포함한 파랑blue을 말한다.

오스트발트Wilhelm Ostwald 색상환은 4원색인 빨강red, 파랑blue, 초록green, 노랑yellow과 그 중간색인 주황, 보라, 청록, 연두를 기본으로 한다. 4원색과 중간 색상 4가지는 각각 2개의 보조색을 가져 모두 24색상으로 이루어져 있다. 오스트발트 색상환에서 각 색상은 1에서 24까지의 고유 숫자를 가지고 있다.

명 도

명도value는 색의 밝고 어두운 정도를 말하는 것으로 반사되는 빛의 양에 의해서 결정된다. 빛을 가장 많이 흡수하는 어두운 색의 명도를 1로 하고, 빛을 가장 많이 반사하는 밝은 색의 명도를 9로 하여 9단계로 나타낸다. 즉, 순수한 검정의 명도는 1, 순수한 하양의 명도는 9로 표현한다. 색상환에 표시된 각 색상들은 표준명도를 가지고 있으며 각 색상의 밝기는 명도에 의해서 구분된다.

명도가 높은 색상을 실내공간에 사용하면 빛의 반사율이 커서 밝고 시원하게 느껴지며 실제보다 넓어 보이나, 아늑한 분위기를 조성하지 못하므로 목적에 맞게 적용시켜야 한다. 또 실내공간에 사용된 색상들 간에 명도의 차이가 적으면 침착하고 조용한 느낌의 실내공간이 되어 지루하게 느껴진다. 실내디자인에 있어서 색상의 선택 못지않게 명도에 대한 효과도 중요하므로 디자인 콘셉트에 맞추어 명도에 변화를 주도록 한다.

일정한 색상의 명도는 무채색이나 명도가 다른 본래의 색을 혼합시킴으로써 높이거나 낮출 수 있다. 또 같은 명도의 같은 색상이라도 자연채광이나 인공조명 또는 배경의 조건에 따라서 밝게 보이기도 하고 어둡게 보이기도 한다. 이와는 반대로 명도가 다른 색상이라도 배경색에 따라서 같게 보이기도 한다.

채 도

채도chroma는 색의 순수한 정도를 말한다. 다른 색상과 섞이지 않은 순수한 상태의 색상을 채도가 '높다' 또는 '강하다' 고 표현한다. 어떤 색상에 회색이나 대비색상 또는 다른 색상을 혼합시키면 채도가 낮아지며, 대비색상 계통의 조명을 하면 채도가 낮아 보인다. 반대로, 본래의 색을 더해 주면 채도가 높아지며 같은 정도의 채도라도 유사색상의 조명을 하거나 배경이 대비색상인 경우 채도가 높아 보인다.

색상, 명도, 채도에 의한 실내디자인 효과

색의 속성인 색상, 명도, 채도는 상호 관련성이 크고, 주위 환경, 계절이나 시간, 개인의 취향이나 감정에 따라서 나타나는 효과가 매우 다양하다.

색상에 의한 효과

따뜻한 색상은 자극적이고 동적인 분위기를 조성하고 시선을 집중시키는 효과가 있다. 빨강이나 주황 등의 따뜻한 색상은 진출하는 느낌을 주기 때문에 물체에 이용되면 외곽선이 부드럽게 보이고 실제보다 더 커 보이지만, 벽면이나 천장에 이용되면 공간이 좁게 느껴진다.

시원한 색상은 따뜻한 색상과 반대로 조용하고 침착한 분위기를 조성하는 데 효과적이나, 시각적으로 관심을 끌기 어렵다. 하양이나 파랑 계통의 시원한 색상으로 실내를 계획하면 공간이 넓어 보인다.

39 고명도의 흰색 외관으로 경쾌하게 느껴지는 건축물(프랑스 푸아시, 빌라 사부와, 르 코르뷔지에)

명도에 의한 효과

색상의 명도가 높으면 명랑한 실내분위기를 조성하며, 주의를 집중시키는 효과가 있어서 물체를 실제보다 커 보이게 한다. 명도를 대비시키면 물체의 윤곽이 뚜렷하게 보이고 물체가 돌출하는 느낌을 갖게 한다. 실내공간에 명도가 높은 색상을 이용하면 공간이 실제보다 넓어 보이는 효과가 있다. 실내의 벽과 천장을 흰색이 많이 들어간

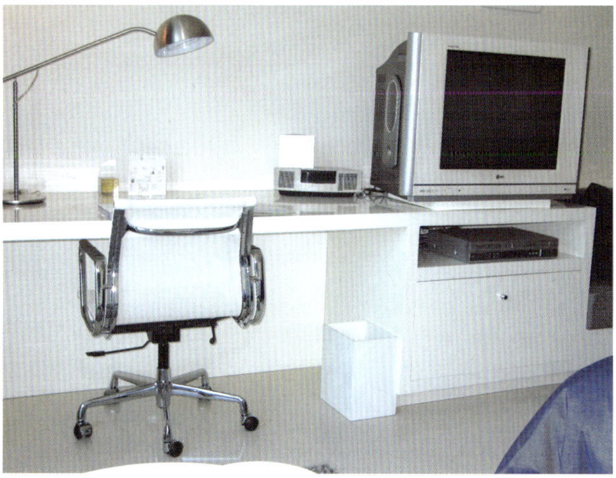

40 고명도의 흰색 가구로 넓어 보이는 실내(서울, W호텔 객실의 사무공간)

41 명도가 다른 검정과 회색 소파로 개성을 살린 실내(서울, W호텔 카페)

색상으로 계획하면 명도가 높아져 넓어 보이는 것이 그러한 예이다.

채도에 의한 효과

채도가 강한 색상은 시각적으로 주의를 집중시키며 물체를 크게 보이게 한다. 그러나 실내공간의 바닥, 벽, 천장에 높은 채도의 색상을 이용하면 모든 거리가 짧게 지각되어 결과적으로는 공간을 축소시켜 보이는 효과가 있다.

색채 조화

실내디자인의 효과는 형태, 질감, 무늬 등 여러 가지 디자인 요소들이 총체적으로 나타난 결과이지만, 인간이 시각적으로 가장 먼저 지각하는 것은 색채에 의한 효과이다.

색채 조화를 잘하면 아름다움과 개성을 표현하는 디자인 효과뿐 아니라 경제적으로도 이로운 점이 많다. 디자인의 요소인 형태, 질감으로 실내분위기를 바꾸려면 그 수준을 높일수록 소요되는 비용이 증가하지만 색상을 달리 선택한다고 해서 추가 비용이 더 드는 것은 아니므로 경제적이다. 실내공간에 명도가 높은 색을 사용함으로써 조명에 드는 비용을 절약할 수 있으며, 커튼이나 카펫의 색상을 현명하게 선택함으로써 어렵지 않게 시원한 분위기 또는 따뜻한 분위기를 연출할 수 있다.

색에 대한 인간의 반응은 개인에 따라 차이가 크고 시대에 따라 변화하는 것이 사실이며 색채를 아름답게 조화시키는 어떤 법칙이 정해져 있는 것은 아니다. 공간의 특성과 용도에 맞추어 창의적이고 개성 있게 색채 계획을 시도해 보도록 하자.

색채 조화의 방법에는 동일색상의 조화, 유사색상의 조화, 대비색상의 조화가 있는데, 어떠한 색채 조화를 시도하느냐에 따라 실내의 분위기가 많이 달라진다.

동일색상의 조화

한 가지 색상을 선택하여 명도와 채도를 변화시키거나, 질감, 무늬, 공간 구성으로 변화 또는 강조를 시도하는 색채 조화이다. 동일색상의 조화one hue color harmony는 통일감이 있고 공간이 넓어 보이며, 연속성이 강조되어 차분하고 조용한 분위기를 조성하는 데 효과적이나, 단조롭고 지루하게 느껴질 염려가 있다. 이런 경우에는 실내소품을 이용하여 대비색상의 조화를 부분적으로 시도하는 것이 좋다.

42 **동일색상의 조화를 시도한 차분한 분위기의 거실**(스페인 바르셀로나, 카사 밀라, 가우디)

유사색상의 조화

한 가지 색상을 중심으로 색상환에서 서로 가까운 위치에 있는 색상끼리의 조화이다. 예를 들면, 파랑blue을 중심으로 blue-green과 blue-violet으로 되어 있는 색채 조화그림 43(좌) 또는 보라violet를 중심으로 red-violet과 blue-violet으로 구성된 색채 조화그림 43(우)를 말한다. 일반적으로 한 가지 색상을 중심으로 색상환의 반 이상을 넘어가지 않으면 유사색상의 조화analogous color harmony라고 한다. 유사색상의 조화는 동일색상의 조화에 대해서 흥미 있게 느껴지고 통일성이 있으며 부드러운 분위기를 조성하여 실내디자인에 많이 이용된다.

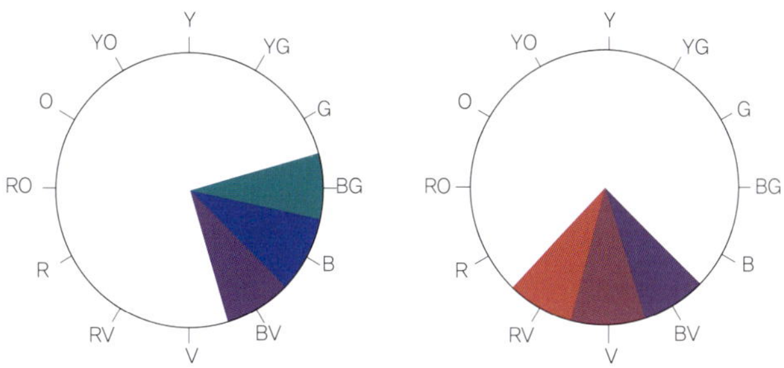

43 **유사색상의 조화**

44 유사색상의 조화를 시도한 건축물 외관(스페인 바르셀로나, 카사 바트요, 가우디)

45 고채도 기본 색상의 의자 디스플레이로 화려한 분위기가 조성된 가구 전시장(서울, 가구 전시장 웰즈)

46 저채도의 삼분대비색상의 조화를 시도한 건축물(충북 진천, 이원 아트빌리지)

47 조명효과로 명도를 높인 어린이 용품 매장의 외관(미국 캔사스 시티, 크레올라 전시장)

대비색상의 조화

대비색상의 조화complementary color harmony, 그림 48는 색상환에서 서로 마주 보고 있는 색상을 조화시키는 방법으로 생동감 있고 흥미로운 분위기를 연출하는 데 효과적이다. 대비색상의 조화에는 단순대비색상의 조화, 이중대비색상의 조화, 삼분대비색상의 조화, 사분대비색상의 조화가 있다. 대비색상의 조화는 강한 느낌을 주기 때문에 채도와 명도에 변화를 주어 세련된 색채 계획이 되도록 한다. 예를 들면, 주황orange과 파랑blue을 이용한 단순대비색상의 조화에서 두 가지 색상의 채도와 명도가 서로 다를 경우에 보다 안정감 있고 수준 높은 색채 조화를 이룬다.

대비색상의 조화에는 단순대비색상의 조화 이외에 두 쌍의 대비색상을 이용하여 대비색상의 범위를 확대시킨 이중대비색상의 조화가 있다. 또 대비색상 중 한쪽의 색상을 색상환에서 이분二分시킨 이분대비색상의 조화, 대비색상 중 한쪽의 색상 대신에 양옆으로 두 번째의 색상을 대비색상으로 한 삼분대비색상의 조화, 12색상환 중 세 번째의 색상을 택해 4가지 대비색상으로 조화시킨 사분대비색상의 조화가 있다. 이러한 색채 조화는 단순대비색상의 조화에 비하여 극단적인 대조를 피하게 함으로써 세련되어 보이면서 변화와 흥미를 준다.

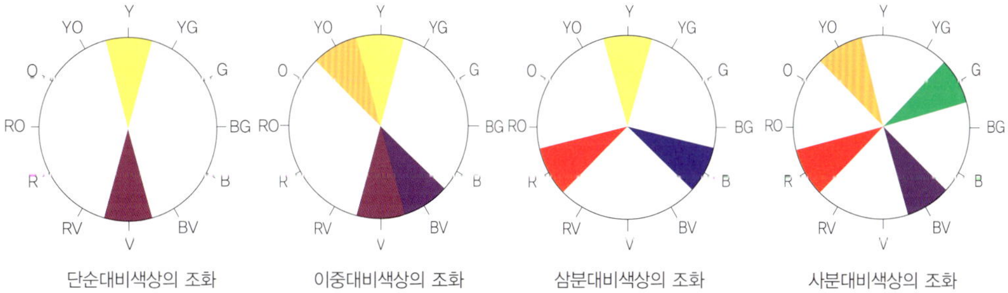

48 대비색상의 조화

공 간

사람들은 물리적 · 시각적 · 심리적으로 움직일 수 있다는 가능성을 가지게 될 때 공간감을 느낀다. 일정한 형태를 가진 물체와 달리 공간은 그 속에서 생활하는 사람이 이동함에 따라서 융통성 있게 변화되는 시공연속체space-time continuum이다. 인간은 넓은 공간을 원하는 동시에 때로는 안정감을 주는 폐쇄된 공간에서 보호받기를 원하므로 실내디자인 과정에서 이러한 인간의 심리적 욕구를 충족시킬 수 있도록 넓은 공간과 좁은 공간을 적절히 배치하여야 한다. 실내공간에 관한 문제는 공간이 너무 좁거나 넓은 데에서 기인하는데, 실내디자인의 요소인 선, 형태, 질감, 무늬, 색채 등을 잘 이용하면 착시를 일으켜 같은 크기의 공간이 넓게 또는 좁게 보이므로 이를 효과적으로 적용시키도록 한다. 이상적인 실내공간을 확보하려면 경제적으로 부담이 되므로 디자인의 효과로서 실제의 크기보다 넓게 또는 좁게 보일 수 있도록 하는 것이 중요하다.

실제보다 넓어 보이는 디자인

실내공간을 넓어 보이게 하기 위해서는 다음과 같은 디자인이 이용된다.

- 창이나 문 등의 개구부를 크게 하여 시선이 연장되도록 한다.
- 벽이나 바닥의 일부를 빈 공간으로 남겨두거나 유리, 아크릴 등의 투명한 재료로 만든 가구를 이용하여 시선이 차단되지 않도록 한다.
- 거울을 이용한다. 한 벽면의 바닥에서 천장까지 거울로 마감하면 공간을 넓어 보이게 하는 데 매우 효과적이다.
- 가구의 종류와 수는 되도록 적게 한다.
- 큰 가구는 벽에 부착시켜 공간이 분할되거나 시각적으로 차단되지 않게 하고, 크기가 큰 것보다 작은 가구를 선택한다.

49 **공간이 넓어 보이는 투명한 유리의자**(서울, W호텔 상담실)

50 **공간이 넓어 보이는 가벼운 느낌의 와이어 의자**(미국 캔사스 시티, 넬슨 애트킨스 미술관)

51 시선이 연장되어 실제보다 넓어 보이는 미술관 (미국 캔사스 시티, 넬슨 애트킨스 미술관, 스티븐 홀)

- 질감이 부드러운 재료를 선택한다.
- 무늬가 큰 것보다는 작은 것을 이용한다.
- 마감재료나 색채 계획은 동일 계통을 선택하여 통일감을 준다. 바닥, 벽, 천장의 마감재료를 같은 계통의 질감이나 색채로 하며, 바닥에는 부분적으로 까는 러그 대신에 바닥 전체에 까는 카펫을 이용한다.
- 시원한 색상, 명도가 높은 색상으로 색채 계획을 하고, 조명으로 천장을 밝게 하며, 소파나 침대 등 무거운 가구의 아래쪽을 밝게 한다.

아늑하고 안정감 있는 디자인

너무 넓어서 썰렁한 느낌을 주는 공간은 디자인에 따라 얼마든지 아늑한 공간으로 만들 수 있다. 공간이 넓은 경우에는 가구를 많이 이용하거나 키가 큰 가구를 배치하면 시각적 · 물리적으로 공간이 차단되어 아늑한 공간으로 보인다. 또 키가 서로 다른 가구를 배치하면 시각의 연속성이 방해되므로 공간이 아늑하게 보인다. 가구를 그룹group 지어 분산 배치하면 가구에 의해서 공간이 용도별로 분할되므로 안정감이 있게 느껴진다. 색채 계획에 있어서 대비색상 조화를 선택하고 질감이나 무늬도 서로 대비되는 것을 택하면 공간이 축소되어 보이는 효과가 있다. 또 광택이 나거나 매끄러운 질감보다 부드럽거나 거친 질감을 가진 재료로 마감을 하면 친근감 있고 아늑하게 느껴진다.

2 실내디자인의 원리

아름다운 자연경관이나 훌륭한 예술작품은 우리를 즐겁게 한다. 사람들은 아름다운 것을 보고 즐거워한다. 아름다운 것을 유심히 관찰해 보면 거기에는 어떤 원칙이 존재한다. 공간 속에 있는 어떤 물체는 서로 간의 비율, 질감 또는 색채 등에서 훌륭한 조화를 이룰 수도 있고 부자연스럽게 보일 수도 있다. 성공적인 실내디자인을 위한 일정한 법칙이 따로 있는 것은 아니지만 초보적인 단계에서는 다양하고 복잡한 실내구성 요소들을 결합시켜 시각적인 아름다움을 창조하기 위한 훈련이 필요하다. 이러한 훈련의 첫 단계는 디자인의 원리를 이해하는 것이며, 다음으로 이를 실제로 적용시켜 봄으로써 아름다움을 만들어 내는 기술을 연마하는 것이다. 마지막단계는 이러한 원리를 그대로 따르는 수준을 벗어나서 실내디자이너의 개성이 표현된 아름다운 실내공간을 창조하는 것이다.

균 형

수평저울에서는 같은 무게의 두 물체가 좌우 같은 거리에 있을 때 균형balance을 유지한다. 실제적인 무게보다는 시각적으로 어떻게 보이는지에 의한 균형감을 시각적 균형이라고 하는데, 실내디자인에서는 시각적 균형이 오히려 더 많이 적용된다.

시각적 균형의 예를 보면, 크기가 큰 물건은 실제 무게와 관계없이 시각적으로 무겁게 느껴지며, 작은 물건이라도 여러 개가 모여 있으면 시각적으로 무거워 보인다는 것을 들 수 있다. 물체의 비중 역시 시각적 균형에 영향을 미쳐서 돌로 만든 의자가 플라스틱 의자보다 시각적으로 무거워 보인다. 불투명한 것이 투명한 것에 비해서 무겁게 느껴지며, 채도가 낮고 차가운 색상이 채도가 높고 따뜻한 색상에 비해서 시각적인 무게가 무겁다.

질감이 뚜렷한 것, 무늬가 두드러진 것, 부정형의 독특한 것이 그렇지 않은 것에 비해서 시각적으로 더 무거워 보이는데, 이는 사람의 시선을 집중시키는 효과가 크기 때문이다.

52 **대칭균형으로 격조를 높인 계단**(미국 캔사스 시티, 넬슨 애트킨스 미술관)

실내공간의 균형감은 항상 일정한 것이 아니라 계속 변화한다. 완벽한 대칭균형으로 꾸며진 방에 사람이 들어가면 움직이는 위치에 따라서 또는 사람의 수에 따라서 균형감이 달라진다.

실내공간의 균형감은 인공조명이나 자연채광에 의해서도 변화된다. 일정한 실내공간의 한 구석에 국부조명을 설치하여 조도를 높여 주면 전체적인 균형감이 달라지며, 창을 통해서 들어오는 햇빛의 밝기가 변화됨에 따라서도 방에서 느껴지는 균형감이 변화한다.

시각적으로 균형 잡힌 실내공간은 안정감 있고 통일성 있는 분위기를 조성하여 아름답게 느껴진다. 실내디자인에서의 균형은 대칭균형, 비대칭균형, 방사균형의 세 가지로 분류된다.

대칭균형

우리 주변에서 대칭균형을 이루고 있는 것은 허다하다. 사람의 신체는 물론 옷장, 의자, 테이블 등의 가구, 세면대, 양변기 등을 예로 들 수 있다. 이와 같이 중심선 좌우에 같은 크기의 같은 형태를 이루고 있는 것을 대칭균형symmetrical balance이라 한다. 실내공간을 대칭균형이 되도록 디자인하는 것은 어렵지 않고 실제 생활에도 편리하기 때문에 많이 이용되는데, 식

53 **대칭균형이 아름다운 화조문 화각4층장**(서울, 국립미술관)

54 대칭균형으로 왕의 위엄이 느껴지는 조선 시대 건축물(서울, 창덕궁 인정전)

55 대칭균형으로 공식적인 분위기가 연출된 현대 건축물(독일 베를린, 정부청사)

56 공식적으로 보이는 대칭의 초고층 건축물(일본 도쿄, 도쿄 시청)

탁의 의자 배치가 그 대표적인 예이다.

실내에 대칭균형을 시도하면 안정감 있고 편안하게 느껴진다. 가구의 종류나 색채 선택에 따라서 다르기는 하지만 대칭균형은 일반적으로 위엄이 있고 공식적인 실내 분위기를 형성하는 데 효과적이다. 그러나 대칭균형이 지나치면 지루하게 느껴져서 관심을 끌기 어렵고 개성이 없는 실내공간을 만들 우려가 있다.

대칭균형은 다음과 같은 경우에 권장된다.

- 조용하고 엄숙하며 공식적인 분위기를 연출하고 싶을 때
- 가구, 벽난로, 창 등 실내의 특정 부분에 시선을 집중시키고 싶을 때
- 실내보다 외부의 아름다운 자연을 강조하고 싶을 때

비대칭균형

좌우가 실제로 균형을 유지하지는 않으나 시각적으로 균형이 잡힌 듯이 느껴지는 상태를 비대칭균형asymmetrical balance이라고 한다.

대칭균형이 단순하여 지루하게 느껴지는 데 비해서 비대칭균형은 실내분위기를 생동감 있고 동적으로 만들어 호기심을 유발시킨다.

비대칭균형은 비정형적이기 때문에 자유롭고 융통성 있게 보인다. 비대칭균형으로 가구를 배치하면 공간활용도가 높아지고 공간이 넓어 보일뿐 아니라 자유로운 개성 표현이 가능하다. 그러나 지나친 경우에는 산만한 분위기가 만들어질 수도 있다.

57 **비대칭균형으로 흥미를 유발시킨 의자**(벨기에 브루셀, 가구 전시장)

58 **자유로운 곡선의 비대칭균형을 시도한 석재 난간**(스페인 바르셀로나, 카사 밀라, 가우디)

59 **비대칭균형의 건축물 외관**(경기도 파주, 파주출판단지, 출판사 열린 책들)

60 **방사균형의 천창**(미국 뉴욕, 뉴욕 구겐하임미술관, 프랭크 로이드 라이트)

61 **방사균형이 시도된 쌍둥이 초고층아파트**(미국 시카고, 마리나 시티)

62 **비대칭 방사균형의 나선형 계단**(프랑스 푸아시, 빌라 사부와, 르 코르뷔지에)

방사균형

전등의 갓이나 원형 식탁, 나선형 계단 등과 같이 중앙을 중심으로 방사상으로 균형을 이루고 있는 상태를 방사균형 radical balance 이라고 한다. 방사균형은 접시, 컵, 대접 등의 식기에 많이 이용되는데, 실내 전체가 방사균형을 이루도록 디자인하는 예는 흔하지 않다.

방사균형은 개성 있게 보이며 호기심을 유발시키고 신선한 느낌을 준다. 같은 방사균형인 경우에도 원형 식탁 위에 천장등이 드리워져 있고 의자가 방사형으로 배치되어 있으면 안정감을 주지만, 빙글빙글 돌며 올라가는 나선형의 계단은 시선을 움직이게 하고 비대칭으로 방사균형을 이루고 있어 시각적 관심을 집중시키고 역동적인 분위기를 연출한다.

리 듬

실내구성 요소가 규칙적으로 반복되면 정돈된 느낌을 주고 조화를 이루는 동시에 동적인 느낌을 주는데, 이러한 것을 리듬감이라 한다. 실내디자인에서 리듬 rhythm 은 균형이 이루어진 상태에서 시도되어야 하며, 그렇지 않은 경우에는 오히려 산만한 분위기가 되어버린다. 실내디자인에서 리듬감은 실내구성 요소를 반복, 섬이, 대비시킴으로써 이루어진다.

반 복

실내디자인의 구성 요소인 선, 형태, 질감, 무늬, 색채 등을 일정하게 반복 repetition 하여 사용하면 규칙적인 리듬감이 생긴다. 반복에 의한 리듬감은

63 **빛조절조리개가 설치된 창의 반복으로 리듬감을 조성한 건축물**(프랑스 파리, 아랍문화원, 장 누벨)

64 돌출된 육면체의 반복으로 리듬감이 연출된 노인아파트(네덜란드 로테르담 근교, 보조코 노인아파트, MVRDV)

65 형태와 색상의 반복으로 리듬감이 조성된 디스플레이(서울, 가구전시장 웰즈)

66 빨간 색상의 반복으로 리듬감이 생긴 부엌 수납장(일본 도쿄, 부엌전시장 아낙스)

벽지, 카펫 등의 무늬나 색채, 창의 형태, 창살무늬에 많이 이용된다. 그러나 평범한 것을 지나치게 반복하면 지루하고 흥미를 잃게 되기 쉬우므로, 강조하고 싶거나 주요 특징이 되는 형태나 색채 등을 반복하는 것이 효과적이다. 반복에 의한 효과가 너무 적은 경우에는 통일감이 없어 보이고 분산된 느낌을 준다.

67 **돌출된 장식의 점진적 변화로 리듬감이 조성된 외벽**(일본 도쿄, 아사히 맥주 빌딩 파사드 상부)

점 이

형태, 질감, 무늬, 색채 등 실내디자인의 요소가 어떤 체계를 가지고 점점 커지거나 강해지면 동적인 리듬감이 생겨서 개성 있어 보이고 시선을 집중시킨다. 단순하게 패턴pattern의 크기만을 점차로 변화시킬 수도 있고, 같은 공간에서 사용된 색채의 명도나 색상으로 점이gradation효과를 줄 수도 있으며, 같은 디자인의 가구를 점진적으로 크게 또는 작게 만들어 리듬감을 줄 수도 있다. 점이에 의한 리듬은 사람들에게 부담감을 주지 않아 친근감을 느끼게 하고, 변화와 동일에 의한 조화미를 형성하므로 실내디자인에 많이 이용되는 편이다. 그러나 여러 요소에 점이에 의한 효과를 동시에 적용시키면 산만한 분위기가 될 염려가 있으므로 주의해야 한다.

대 비

실내구성 요소에 점차적 변화가 아닌 돌발적인 변화를 줌으로써 리듬감을 주는 것을 대비contrast라 한다. 사각형이 많이 이용된 거실에 배치된 전혀 다른 형태의 조형물, 동일색상의 조화를 시도한 원룸의 벽면을 장식하는 대비색의 실내소품, 모던한 분위기의 호텔 로비에 자리 잡은 전통 목가구, 철재 의자에 놓인 양털 방석 등은 형태, 색상, 분위기, 재료를 이용한 대비효과를 적용한 예이다. 흥미로운 리듬감을 형성하는 대비에 의한 리듬감은 단조로움을 기피하는 추세인 요즈음의 실내디자인에서 많이

68 강한 색의 사각형 그래픽 벽과 대비되는 곡선형 흰색 의자, Spoon(서울, 까사 에스디)

69 커튼월 유리벽과 대비되는 빨간색 출입문(서울, I Park Tower, 리베스킨트)

70 자연환경과 대비되는 원색의 사각형 조형물(충북 진천, 이원 아트빌리지)

시도되고 있다. 대비에 의한 리듬을 같은 공간에서 두세 번 반복 사용하면 보다 세련되고 통일된 분위기를 조성할 수 있다.

강조

실내공간을 디자인할 때에는 시각적인 관심을 끌 수 있는 어떤 것을 하나 정해 놓고 그것을 강조emphasis함으로써 정돈되고 통일된 분위기를 연출하는 것을 말한다.

실내디자인에서 강조의 원리를 이용하여 아름다움을 연출하는 예는 많다. 단순하게 처리된 넓은 벽에 그림을 하나 걸어두기, 큰 창을 만들어 전망을 강조하기, 아름다운 수집품을 진열하고 스포트라이트spotlight 비추기 등을 들 수 있다.

그러나 실내디자인에서 강조를 시도하기에 앞서서 전체 실내공간의 균형과 리듬이 기초가 되어야 높은 수준의 아름다움이 창조된다. 강조를 너무 많이 하면 오히려 그 효과가 떨어지며 산만한 분위기가 되기 쉬우므로 관심을 끌 수 있는 대상을 하나 강조하고 나머지는 부수적인 역할을 하도록 한다.

강조효과를 높이는 데는 조명이 효과적이다. 눈에 잘 띄지 않는 실내소품을 진열한 테이블에 조명효과를 이용함으로써 실내에서 가장 관심을 끄는 디자인 요소로 변화시키는 것이 좋은 예이다.

71 **유리 피라미드로 모던함이 강조된 박물관 입구**(프랑스 파리, 루브르 박물관, 아이 엠 페이)

72 **투명한 유리를 사용하여 원통형의 가죽이 강조된 소파**(미국 뉴욕, 현대미술관 MoMA, 'Chain' Armchair, 파비오레니)

스케일과 비례

스케일scale은 공간이나 물건의 크기에 대한 상대적인 크기를 나타내는 개념이다. 이에 비해서, 비례proportion는 한 물체의 부분과 부분 또는 물체 전체와 부분 간의 크기를 비교하는 개념으로 많이 이용된다. 어린이방에 성인용 가구가 있는 경우, 그 가구는 어린이방의 스케일에 어울리지 않는다고 하며, 테이블의 가로, 세로, 높이가 서로 어울리지 않으면 비례가 적합하지 않다고 한다.

실내공간이나 가구의 크기는 그 공간에서 생활하는 사용자의 인체치수에 적합해야 한다. 특히 신체의 많은 부분이 접촉하게 되는 의자와 침대는 인체공학적으로 사용자에게 적합한 형태와 치수를 기본적으로 갖추어야 한다. 다른 가구와 달리, 침대는 가구 자체의 비례보다는 인체치수를 고려한 스케일이 중요하다.

고대 그리스의 황금분할은 2 : 3, 3 : 5, 5 : 8, 8 : 13, …으로 표시되는데, 선이나 형태가 이러한 비례로 분할되면 아름답게 느껴진다. 의자를 관찰해 보면 전체 높이, 팔걸이까지의 높이, 다리 높이 등에서 여러 가지 비례가 발견되며, 양탄자나 벽지의 무늬에서도 다양한 비례를 찾아볼 수 있다. 황금분할에 의한 비례는 균형감과 함께 아름다움을 느끼게 하므로 이러한 원리를 적용시켜 보도록 한다. 실내는 다양한 요소로

73 비례가 완벽하다고 평가되는 고대 건축물(그리스 아테네, 파르테논 신전)

74 조각 작품과 같은 아름다운 형태와 비례미를 갖춘 현대 건축물(프랑스 롱샹, 롱샹 교회, 르 코르뷔지에)

75 아름다운 비례로 분할된 창(프랑스 롱샹, 롱샹 교회, 르 코르뷔지에)

구성되어 있기 때문에 이러한 요소들 간의 비례를 고려할 필요가 있다.

또 실제의 크기에서 오는 비례도 중요하지만 실내디자인에서는 실제보다 커 보인다든지 작아 보인다든지 하는 시각적 비례도 중요하다. 같은 비례로 만들어진 같은 크기의 물건이라도 선, 색채, 질감, 무늬 등의 디자인 요소에 의해 전혀 다르게 보이는 경우도 있다. 실내공간에서는 가구 자체의 크기뿐 아니라 가구의 배치방법이나 가구 사이의 간격이 스케일이나 비례에 영향을 미친다는 사실도 고려해야 한다.

조 화

조화harmony란 여러 가지 실내디자인 요소들이 통일미와 변화미를 균형 있게 보이며 아름다운 공간을 연출하는 것을 말한다. 색채, 형태, 무늬, 질감 등에서 지나친 통일성은 딱딱하고 단조로운 분위기를 만들고, 반대로 통일성이 너무 결여되면 혼란스럽게 느껴진다. 통일미와 변화미가 적절하게 표현될 때 조화된 아름다운 실내공간이 만들어진다. 실내디자인에서 통일성과 변화는 서로 대립적인 관계가 아니라 밀접하게 관련된 유기적인 관계이다. 즉, 통일성에서 느껴지는 아름다움을 유지하면서 적절한 변화를 시도함으로써 좀더 차원이 높은 아름다움을 추구하도록 한다.

통일성

통일성unity은 디자인 요소의 반복이나 유사성, 동질성에 의해 얻어지는 효과이다. 건물의 외관과 실내분위기에 통일성을 주기 위해서 색채 계획, 질감, 선, 형태 등을 비슷하거나 같게 디자인할 수 있다. 또 색채나 질감 등의 요소를 변화시키면서 각 요소에 공통적으로 일정한 무늬를 넣어 줌으로써 통일성을 주기도 한다. 그 밖에도 실내공간의 수납 가구들을 각기 다른 디자인으로 하지 말고 통일성 있는 붙박이장으로 계획하면 아름다운 공간을 연출하기가 비교적 쉽다. 그러나 지나치게 통일성을 강조하면 지루하고 미적인 효과가 감소될 수도 있다.

변화

실내디자인에 있어서 변화variety는 생명력을 주고 흥미를 유발시키는 효과가 있으나, 전체적인 계획을 고려하지 않은 채 변화를 강조하면 디자인의 질이 오히려 떨어진다. 실내디자인의 요소인 선, 형태, 질감, 무늬, 색채, 공간에서 모두 변화를 시도하면 흥미롭다는 느낌 대신에 시각적 분산을 일으켜 오히려 아름다움을 잃게 된다.

조화란 통일된 아름다움을 유지하면서 한두 가지의 변화를 통해 자연스럽게 얻어지는 효과이다. 조화미를 추구하기 위하여 특별한 방법이 있는 것은 아니나 디자인 원리를 적용시키는 훈련을 통하여 이루어질 수 있다.

76 형태와 색상의 다양함이 통일된 재료(타일)와 조화되는 건축물(오스트리아 비엔나, 훈데르트 바서 뮤지엄)

77 다양한 재료(벽돌, 돌, 유리)가 서로 조화되는 실내공간 (일본 도쿄, 마이시티 8층)

78 색상의 통일과 선(수직선, 수평선, 사선)의 변화로 조화를 이룬 실내(프랑스 푸아시, 빌라 사부와, 르 코르뷔지에)

79 색상의 통일과 재료의 변화로 조화를 이룬 실내(서울, 까사 에스디)

80 조화를 이루는 재료인 노출콘크리트, 목재 · 유리가 사용된 실내(서울, 리움, 램 쿨하스)

81 다양한 재료(유리, 금속, 석재)가 통일된 색상과 조화되는 실내(미국 캔사스 시티, 넬슨 애트킨스 미술관, 스티븐 홀)

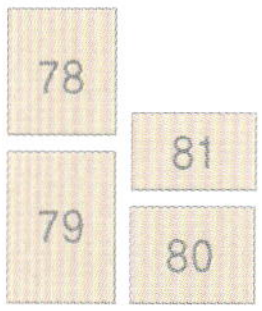

C·h·a·p·t·e·r

4

실내공간의 구성 요소

대부분의 건물은 바닥, 벽, 천장 등의 기본 구조로 구성된다. 이 요소들은 상호 작용하며, 각각에 주어지는 다양한 힘은 서로에게 전달되어 분산된다. 이러한 구조적 요소에 문, 창, 계단, 가구, 조명, 실내소품 등의 요소들이 포함되어 이상적인 실내가 완성된다.

이 단원에서는 먼저 실내를 구성하는 기본 골조인 구조적 요소에 대한 사항을 알아보고 이어서 기타 실내에 부가되는 요소들에 대한 기능과 종류에 대한 내용을 이해함으로써 실제적인 실내디자인 작업에 도움이 될 수 있도록 한다.

1 바닥 · 벽 · 천장

건물을 구성하는 구조적 기본 요소는 바닥, 벽, 천장이다. 이 세 가지 요소는 개별적으로는 평면이지만, 세 가지가 동시에 조합되면 입체적인 공간을 형성한다. 바닥, 벽, 천장은 실내디자인의 배경이 되고, 넓은 면적을 차지하기 때문에 이 세 가지 요소의 처리는 실내 전체의 분위기를 결정하는 데 중요한 역할을 한다.

바닥의 특징과 종류

바닥의 특징

바닥은 차갑고 습기 찬 대지와 실내를 차단시켜 그 위에서 사람들의 생활이 이루어지고, 공간에 부수되는 벽, 칸막이, 가구, 기물들이 놓이게 되는 곳이다. 또한 바닥은 천장이나 벽과는 달리 우리의 몸과 직접 접촉하는 곳이며, 특히 우리나라와 같이 실내에서 신을 벗고 생활하는 습관에서는 그 촉감도 매우 중요시되는 부분이다. 바닥은 이러한 여러 가지 특성 때문에 수평을 유지하는 것이 일반적이다.

또한 바닥은 동선의 흐름을 유도해 줌으로써 공간에 특성을 주는 매우 강한 건축적 요소이며 한 단 또는 두 단의 차이를 주면 동일한 개방공간에서 서로 다른 영역을 만들 수 있다. 그리고 동일한 공간에 서로 다른 바닥재를 붙이는 것으로 영역을 분리시키고 동선을 유도할 수 있다.

재료와 구조에 따른 바닥의 종류

목재 바닥 구조

목재 바닥은 장선joist이나 보 위에 넓은 판재가 덮이는 구조로 이루어져 있다. 장선

1 바닥의 높이와 색채 변화로 영역을 분리시킨 어린이집 실내

은 제재목, 합성판재를 절단한 부재로서, 보통 60cm를 넘지 않는 가까운 간격으로 균등하게 배열되고 합판이나 목재 널판 또는 얇은 콘크리트판으로 덮인다. 보는 바닥의 구조를 이루는 수평 부재라는 측면에서는 장선과 같으나 장선보다 훨씬 넓은 간격으로 배열되고 그 위에 두꺼운 판재가 걸쳐진다.

스틸 바닥 구조

스틸 바닥은 주로 비거주용 건물에서 쓰인다. 스틸은 목재보다 장력과 압축력이 월등히 강하나 고온에 노출되면 녹을 수 있기 때문에 반드시 내화성이 있어야 하고 콘크리트를 입혀야 한다. 스틸 구성품들은 규격화된 크기로 대량 생산되며 스틸 부품들은 용접이나 볼트로 고정된다.

콘크리트 바닥 구조

콘크리트 바닥은 지면 위의 슬래브slab나 복층 건물의 바닥에 쓰이는 구조이다. 현장에서 콘크리트를 바닥판과 내력보에 부어서 만들거나, 규격화된 제품을 현장에서 조립한다. 슬래브는 콘크리트가 부어지는 방식과 지지 방식, 형태에 따라 여러 유형이

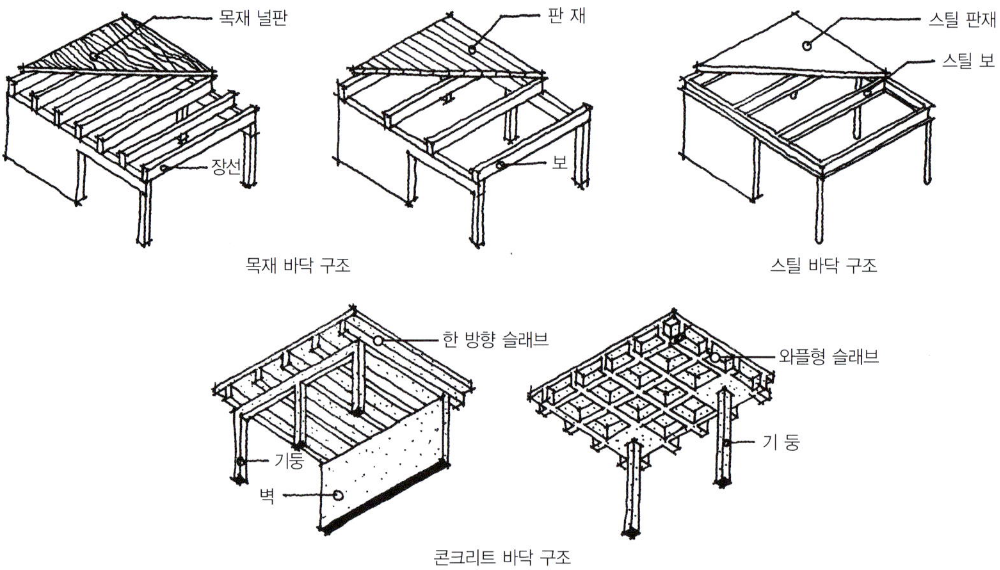

2 바닥의 구조

있다. 콘크리트는 불에 타지 않아 불연재이지만, 콘크리트 내부에 넣은 보강재가 고온에서는 녹을 수 있으므로 이 강철을 보호하는 처리가 필요하다.

특수 바닥 구조

특수 바닥이란 건물 내부의 특수기능을 수용하기 위해서 만드는 바닥이다. 예를 들면 액세스access 바닥은 전선, 에어 덕트, 배수관 등을 손쉽게 설치하기 위해 기존 바닥 위에 얹는 모듈화된 높임 바닥이다. 이러한 유형의 바닥은 우선적으로 사무공간과 컴퓨터실에 적용되며, 이 구조는 유지 관리와 수선, 부품 교체를 위한 여유공간이 필요하다.

벽의 특징과 종류

벽의 특징

벽은 바닥과 천장을 이어주는 수직적인 지지 역할과 건물의 내부와 외부를 구획하는 역할을 한다. 따라서 건물 내 · 외부의 연결을 위해서 벽에는 문과 창이 설치된다. 바닥과 천장은 한 면인 데 비해 벽은 네 면을 차지하므로 구조체 중에 면적이 가장 넓고, 시선이 많이 머무르는 곳이다. 어떤 공간에서는 벽이 바닥이나 천장으로 연결되어 있기 때문에 벽의 경계를 규정하기가 어려운 경우가 있다. 벽은 단순한 배경적 요소 이상으로 바닥 천장과 함께 건축물을 둘러싸고 있는 필수적인 한 부분이다.

구조에 따른 벽의 종류

벽은 건축의 구조적인 역할에 따라 상부의 무게를 지지하는 내력벽bearing wall과 지지력과는 관계없이 칸막이 역할을 하는 비내력벽으로 나뉜다.

내력벽

내력벽은 고정되어 있어 그 위치를 옮기는 것이 불가능하며 두껍고 튼튼하여 차음성이 있고 프라이버시 확보에 유리하다.

비내력벽

비내력벽은 시선, 빛, 소리의 차단을 조절하며 공간의 영역성을 확보해 준다. 다른 형태로는 벽과 수납장의 기능을 동시에 하는 월 캐비닛 시스템wall cabinet system이 있다. 이것은 공장에서 제작하고 현장에서는 조립만 하기 때문에 설치가 쉽고 기존의 경량 칸막이처럼 위치 이동이 자유롭다. 아울러 공간 구획과 동시에 수납기능을 겸할 수 있다는 점에서 효율적이며 경제적이다.

천장의 특징과 종류

천장의 특징

천장은 지붕과 안팎의 관계를 가지므로 건물 외부에서는 지붕이고 내부에서는 천장이 된다. 천장의 기능은 건물의 윗부분에서 인간을 외기로부터 보호해 주는 역할을 하며, 그 형태와 색채의 다양성을 통하여 빛과 음을 반사, 흡수함으로써 실내의 분위기를 좌우하는 역할을 한다. 그러나 천장은 바닥이나 벽에 비해서 우리의 신체와 접촉하는 기회가 거의 없고 시선도 잘 닿지 않아 소홀히 취급하기 쉬운 부분이다.

천장의 높이는 실내분위기를 좌우하는 중요한 요인이다. 높은 천장은 통풍이 잘 되고 개방감과 우뚝 솟은 느낌을 주며, 낮은 천장은 아늑하고 친밀한 공간을 만들어 낼 수 있다. 주거공간에서 바람직한 천장의 높이는 2.4m이고 최소 2.2m는 되어야 하며, 상업공간에서는 2.7m 이상이 바람직하다.

구조와 형태에 따른 천장의 종류

평천장

평천장은 가장 일반적인 천장으로 단순하여 시선을 거의 끌지 않는다. 보통 판재를 붙이거나 석고를 입히거나 페인트, 벽지로 마감한다. 들보를 노출시키거나 덧대기도 하는데, 나무색을 그대로 둠으로써 선을 강조하는 경우도 있다.

경사천장

경사천장은 한쪽이 기울어진 형태의 천장이다. 천장면이 넓어서 공간을 커 보이게 하고, 사선의 효과가 있어서 동적인 느낌을 주며 시선을 끌게 한다. 경사천장은 다락방에서 흔히 볼 수 있는데, 다락방의 경우 너무 낮아서 제대로 설 수 없는 부분에는 붙박이 수납장을 만들면 공간 활용에 좋다. 높이가 낮은 경사천장의 경우에는 천창天窓을 뚫어서 공간감을 얻을 수 있다.

코브천장

코브천장coved ceiling은 벽과 천장이 만날 때 직각을 이루는 것이 아니라 곡선을 이루는 천장이다. 천장의 가장자리를 돌아가면서 상향 조명을 매입시켜 천장 표면을 밝게 비춰지도록 할 수 있다.

볼트천장

궁륭천장이라고도 하며, 아치를 수평으로 이동하여 생기는, 완전히 곡면으로 이루어진 천장이다. 볼트천장vaulted ceiling은 조적식 건축 구조에서 발전되었으며 서양건축의 중요한 천장 구조 방식이다.

코퍼천장

격자천장이라고도 하며, 과거 많이 쓰였던 형태이다. 코퍼천장coffered ceiling은 주로

3 **천장의 종류**(위에서부터 시계방향으로 경사천장, 볼트천장, 코브천장, 코퍼천장, 내림천장)

목재의 격자 구조체로 만들어지며 몰딩이나 선큰sunken 장식패널로 이루어져 있다.

내림천장

천장의 일부나 전체를 아래로 내린 형태로 실내공간을 수평으로 분할하며, 사이 공간에 조명을 설치하여 간접조명의 효과를 볼 수 있다.

2

문과 창

건물에 벽과 천장만 있고 문과 창이 없다면 건물의 내부와 외부는 완전히 차단된다. 폐쇄된 벽의 일부를 뚫어 건물의 내·외부를 소통할 수 있게 만든 것이 문과 창이다. 문과 창의 기능상의 차이는 문은 건물의 내부에서 외부로, 또는 한 공간에서 다른 공간으로의 출입을 가능하게 하는 데 비해, 창은 출입의 목적이 아니라 전망, 환기, 채광을 목적으로 하는 점이다. 그러므로 문의 위치를 결정할 때에는 출입 동선, 문이 열릴 때 필요한 여유 공간, 통행을 위한 공간, 가구를 배치할 공간 등을 염두에 두어야 한다.

문의 특징과 종류

개폐방식에 따른 문의 종류와 특징

문은 여닫는 방식에 따라 종류가 다양하고 개구부의 크기와 열었을 때 여유 공간의 정도에 따라 문의 종류와 크기가 정해진다. 또한 문에 따라 작동하는 방법이 다르므로 공간의 용도에 적합한 문을 선택하여 설치하도록 한다.

여닫이문

여닫이문은 한 짝이나 두 짝으로 만들며 개구부가 모두 열릴 수 있으나, 문의 개폐를 위한 여분의 공간이 필요하므로 개구부가 클수록 문을 위해 많은 공간이 필요하다. 여닫이문은 미세기문이나 미닫이문보다 작동이 용이하고 간단한 철물로 조작되므로 현대 건축에서 가장 일반적으로 사용되는 문이다. 또한 가구의 문을 여닫이문으로 하면 문의 안쪽에 거울을 붙이거나, 선반이나 막대를 달아 주어 여러 가지 물건을 수납할 수 있도록 하면 편리하다.

미세기문

미세기문은 두 짝, 세 짝, 네 짝 등으로 만들어지며, 문짝을 다른 문짝 옆으로 밀어 여닫는 문이다. 여닫는 데 여분의 공간을 필요로 하지 않으므로 공간이 좁을 때 사용하면 편리하나 언제나 문짝이 세워지는 부분은 열리지 않으므로 개구부가 완전히 열리지는 않는다. 미세기문은 우리나라 전통주택의 창호지문에서 많이 사용되던 형식이다.

4 **여닫이문이 설치된 미용실**(독일 베를린)

미닫이문

미닫이문은 문짝을 벽 쪽이나 벽 속의 문집 속으로 밀어 여닫는 문이다. 미세기문의 일종인 포켓문의 경우, 벽 속에 문집을 따로 만들어 문을 열었을 때 문이 벽 속으로 들어가므로 개구부가 완전히 개방된다.

접이문

접이문은 문을 몇 쪽으로 나누어 병풍과 같이 접어가며 열 수 있는 형식으로, 개구부가 클 경우에 이용하면 좋다. 개구부가 큰 차고車庫나 창고, 면적이 큰 가구의 문을 두 짝 여닫이문으로 하면 문의 동선을 위한 공간이 너무 많이 필요하고, 미닫이문이나 미세기문으로 하면 문을 여닫기에 힘이 들기 때문에 접이문이 효율적이다. 접이문의 문짝을 잘게 하여 응용한 것으로 아코디언문이 있다.

회전문

회전문은 주택보다는 대형 건물에 많이 사용하는 문으로, 문이 돌아가면서 각 칸마다 한 사람씩 출입하기 때문에 출입하는 사람들끼리의 충돌을 방지하고 개구부가 완전히 열리지 않아 실내를 냉·난방했을 때 에너지 낭비가 적은 장점이 있다.

5 접이문이 설치된 거실

자재문(자유문)

자재문은 주택보다는 호텔, 백화점, 은행, 관공서 등의 대형 건물 현관문으로 많이 사용되는데, 문의 개폐방향이 건물의 내 · 외 방향으로 모두 열리게 되므로 많은 사람들이 출입하기에 편리하다.

들 문

들문은 평상시에는 접이문의 형식이나, 필요에 따라 문을 천장 쪽으로 들어 올려 매달 수 있게 만든 문이다. 이것도 역시 우리나라 전통주택 중 상류주택의 대청이나 방문에서 흔히 쓰였다.

평소에는 네 짝의 접이문으로 사용하다가 여름철에는 문을 들어 올려 천장에 달린 들쇠에 걸어 매달아 놓으면 개구부가 완전히 개방되어 최대한으로 시원한 공기를 받아들일 수 있다.

자동문

자동문은 전기를 이용하여 손을 대지 않고도 자동적으로 문을 여닫게 만든 것으로, 문 앞뒤의 일정거리 안에 사람이 서면 문이 작동하게 되어 있어 장애인이나 짐을 많이 들고 출입하는 상점 건물에 사용하면 편리하다.

외양과 구조에 따른 문의 종류와 특징

문은 구조와 외부 디자인에 따라 종류가 다양하다. 서양식 문은 구조와 몸체에 결합되는 재료에 따라 그 종류가 다양하며, 우리 전통문은 표면의 장식적인 무늬에 따라 아름다운 많은 문이 제작되었다. 전통문살무늬는 창살에도 공통적으로 사용되므로 창호무늬라고 하며, 오늘날까지도 전통의장자료로서의 중요성을 인정받고 있다.

서양식 문

서양식 문은 그 외양과 구조에 따라 플러시flush문과 패널panel문으로 크게 분류된다.

◆ 플러시문

속이 차거나solid-core 속이 빈hollow-core 구조로 되어 있고, 표면은 얇은 판재 위에 무늬목이나 합성표면재 등으로 마감된다.

◆ 패널문

평평한 패널 구조이거나 가로대와 세로대가 결합된 구조로 되어 있고 가끔 유리가 끼워지기도 한다. 오늘날 패널문은 합판, 원목, 루버, 스크린 망, 유리와 같은 재료가 혼합 사용되며, 새시문sash door, 유리문, 루버문louver 등이 있다.

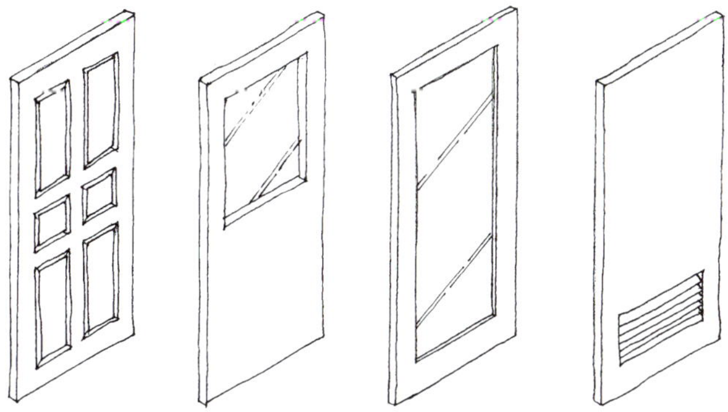

6 패널문의 종류

한국 전통문

한국 전통문의 문살무늬는 우리나라를 비롯하여 중국, 일본 등의 동양식 문에서 창호지를 바르기 위한 기본 틀로 사용되던 것으로, 각 나라마다 약간씩 다른 특징이 있다. 우리나라의 창호무늬는 중국이나 일본보다는 한결 그 종류가 많은데, 그 주종을 이루는 것은 세살문, 완자문, 아자문, 혼화문 등이다.

◆ 세살문

세細살문은 문살을 촘촘히 끼운 것으로, 그 문살의 짜 나가는 양식에 따라 우물 정자로 짜여지는 정자井字문정방형과 장방형이 나타남, 띠문문의 상 · 중 · 하에 띠무늬가 나타남, 빗살문문살을 빗짜서 만든 것, 솟을빗살문빗살문에 수직적인 무늬를 가한 것 등으로 나뉜다.

◆ 완자문

완자문은 문살이 卍자형으로 된 것이지만 문살에서 확실한 卍자 본래의 무늬를 남기고 있는 것은 드물고, 아자문亞字文과 그 구별이 불분명해지기 쉽다. 완자문은 문살 하나하나가 모두 일직선으로 된 것이 아니고, 직각으로 된 부분이 있어 그 무늬 속에서 직각 부분이 돌출한 무늬를 말한다. 완자문은 극히 동적이고 화려하며 우아하기 때문에 궁궐이나 상류층의 주택에서 많이 사용하였다.

◆ 아자문

아자문은 완자문과 달리 문살이 모두 직선부재로 되어 있으며, 그 직선부재가 서로 짜여져 만드는 크고 작은 정사각형으로 구성된다. 그러므로 완자문에 비해서 돌출부가 없고, 그 느낌이 훨씬 안정되고 정적이며 견고하기 때문에 일반 주택이나 난간에 많이 쓰였다.

◆ 혼화문

혼화문은 완자문이 주는 동적인 변화성과 아자문이 주는 정적인 안정감을 함께 갖추어, 이 양자의 어느 것에서도 찾아볼 수 없는 멋을 주는 무늬이다. 혼화문은 상징적인 기념건물 및 상류주택 문의 대부분을 차지하였다.

◆ 기 타

이상의 창호무늬 이외에도 모양에 따라 거북이 등 모양으로 된 귀갑문과 꽃모양으로 된 꽃살문 등 여러 가지가 있다.

7 띠살문
8 빗살문
9 정자문
10 아자문

창의 특징과 종류

본래 창문은 환기와 빛을 제공하기 위해 벽에 만들어지는 단순한 개구부에 불과했다. 그러나 오늘날은 자연적인 제 요소로부터의 보호, 사생활 제공, 시각적 즐거움이나 전망을 주는 디자인 요소로서 다양한 부가적 기능을 한다.

창문과 이 위에 덧대는 구조물이나 장식물을 결정할 때 실내디자이너는 기후, 건물의 방위, 바람의 방향, 조망 그리고 건축적 양식과 같은 여러 가지 외적 요소를 고려해야 한다. 또한 창문을 통한 태양열 확보와 에너지 보호를 위한 방법도 고려해야 할 것이다.

개폐방식에 따른 창의 종류와 특징

개폐방식에 따라서는 고정식 창과 이동식 창으로 나뉘며, 고정식 창은 채광과 조망을 위한 것이고, 이동식 창은 위의 두 가지 기능 이외에 환기의 목적을 더 가지는 것이다.

고정식 창

고정식 창은 열지 못하게 되어 있어 유리벽과 비슷한 성격을 가진다. 고정식 창은 표준화된 크기가 없어 자유롭게 디자인할 수 있으며, 칸막이나 철재 틀이 필요 없다. 고정식 창은 창의 크기를 바닥에서 천장까지 크게 설치하면 마치 창이 없는 듯한 효과를 주어 시각적으로 내·외부 공간을 연장시켜 주므로 실내공간을 실제보다 훨씬 더 넓어 보이게 한다.

이것은 건물 밖의 전망이 좋을 때 사용하면 효과적이고 또 상업공간에서는 실내를 거리낌 없이 외부에 공개함으로써 지나가는 행인들에게 구매의욕을 일으키는 효과도 있다. 그러나 이 창은 환기를 할 수 없고, 빛과 열을 조절하기 어려우며 청소하기 어렵고 부딪칠 위험이 있다는 단점이 있다.

이동식 창

◆ **여닫이창**

여닫이창은 창이 두 짝으로 된 쌍여닫이창과 한 짝으로 된 외여닫이창이 있다. 개구부 전체가 열리기 때문에 환기에는 이로우나 창문이 열리는 공간만큼의 여유공간이

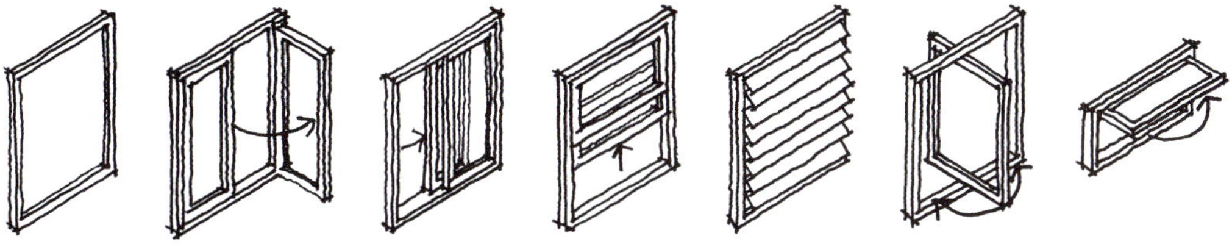

11 개폐방식에 따른 창의 종류

필요하다.

◆ **미세기창**

미세기창은 우리 주변에서 가장 흔히 볼 수 있는 창으로 두 짝, 세 짝, 네 짝으로 만드는데, 항상 수평으로 개구부의 1/2이나 1/3만 열린다. 요즈음에는 고정식 창과 혼합하여 세 짝 창으로 하여 중간 부분은 환기용으로 여닫을 수 있도록 설치하는 경우도 있다.

◆ **오르내리창**

오르내리창은 미세기창과 같은 방식이나, 이를 수직으로 설치한 것이다. 보통 두 짝으로 설치하고, 창의 폭보다는 길이가 길다. 고전 양식의 건물이나 기차의 창에서 흔히 볼 수 있다.

◆ **빗살창**

빗살창 또는 루버louver창은 루버를 달아서 열리게 하므로 루버의 각도를 조절하면 개구부가 완전히 열릴 수 있고, 또한 창의 개폐에 필요한 공간도 없으므로 환기창으로 많이 쓰인다. 루버를 불투명한 재료로 만들면 창을 열어도 프라이버시가 확보되므로 화장실의 환기창으로 효과적이다.

◆ **피벗창**

피벗창은 여닫이창과 유사하나 여닫이창 양측면의 경첩 대신 창문의 중심부에 부착된 상하 피벗 경첩으로 작동된다. 유리 부분의 피벗이 움직여 환기를 돕고, 유지 관리가 쉬우며, 창문이 지상 여러 층에 위치할 때 특히 좋다.

◆ **들 창**

들창은 상부에 경첩이 달려 있으며, 크랭크나 밀대로 여닫는다. 안쪽이나 바깥쪽으로 회전하여 환기를 시키기 좋으며, 열려 있을 때에도 비를 막아 준다.

설치 위치에 따른 창의 종류와 특징

창은 설치되는 위치에 따라 측창, 천창, 고창, 경사창으로 나뉜다. 천창, 고창, 경사창은 측창보다 채광성이 좋기는 하나, 접근성이 나빠 청소가 어렵다는 단점이 있다.

측 창

측창은 수직창이라고도 하며 일반적인 벽면에 설치되는 창으로, 지면과 수직적인 위치에 있다. 일반적으로 창이라고 하면 측창을 말하는 경우가 많다. 접근이나 창의 조작이 쉬우나, 채광효과는 천창, 고창, 경사창에 비해 떨어진다.

천 창

천창은 천장에 창을 설치하는 방식으로, 창의 종류 중에서 가장 채광효과가 우수하므로 자연 채광이 중요시되는 미술관에서 흔히 채용된다.

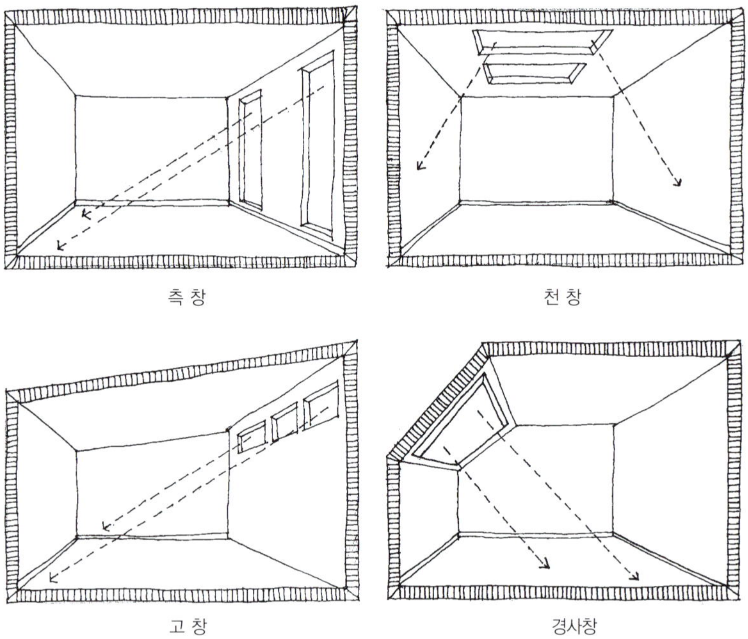

12 설치 위치에 따른 창의 종류

고 창

고창은 벽의 상부에 설치하여 전망효과는 없으나 채광과 프라이버시 확보는 쉽다. 중세의 성당건물에서 흔히 사용되어 신비한 분위기를 연출하던 창이고, 현대에는 프라이버시를 요하는 욕실이나, 외부의 전망이 좋지 않을 때 유용하게 쓰인다.

천창과 고창은 벽의 상부에서 빛을 받으므로 다른 종류의 창보다 채광효과가 우수하고 교차환기cross ventilation에도 좋으며 가구배치에도 전혀 지장을 주지 않는다.

13 경사창과 고창이 설치된 거실

경사창

천창과 고창을 절충하여 만든 경사창은 채광효과는 두 창의 중간이고, 건물에서 흔히 쓰이지 않는 사선효과가 있으므로 시선을 끄는 중요한 요소가 될 수 있다.

장눈 설지물의 종류

창에는 채광 조절, 프라이버시의 확보, 열기 · 냉기의 조절, 분위기 연출 등을 위하여 여러 가지 처리방법을 사용하는데, 이러한 방법들은 기능적인 목적 이외에도 거주인의 미와 개성을 살릴 수 있는 장식적인 목적으로도 중요시되고 있다.

구체적인 창의 장식방법으로는 커튼, 드레이퍼리, 셰이드, 블라인드 등이 있다.

커 튼

커튼curtain은 창에 가장 흔히 쓰이는 처리방법으로 그 역할은 빛의 조절뿐만 아니라 소리를 흡수하기도 하고 보온성, 장식성, 프라이버시 또는 벽이 분리되지 않은 곳에서 공간 분리 등의 역할을 한다. 보편적 유형으로는 셔어shirr, 러플ruffle, 카페cafe 커튼이 있ㅇ며, 자유자재로 변형시킬 수 있고 결합시킬 수 있다. 두꺼운 직물로 된 커튼

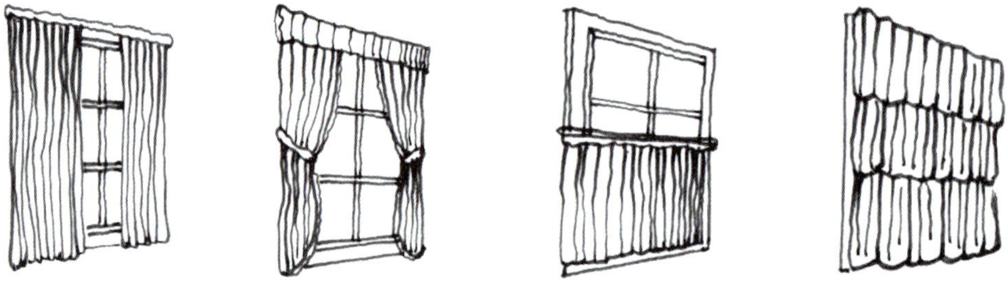

셔어 러플 카페 계단식 카페

14 커튼의 종류

을 한 경우에는 외부로부터 차단된 효과를 주지만, 레이스와 같이 반투명한 직물을 사용한 경우에는 경쾌한 느낌을 주고, 밖에서는 안이 들여다보이지 않아 프라이버시 확보용으로 사용된다.

드레이퍼리

드레이퍼리drapery는 창에 드리우는 모든 천을 지칭하는 용어로, 일반적으로 주름이 잡히고 봉에 매달리는 직물로 되어 있다. 대부분의 경우 천장에 설치되거나 창문틀 상부 바로 위에 설치되며, 무겁고 불투명한 직물, 약간 불투명한 직물 혹은 반투명 직물로 제작된다.

셰이드

셰이드shade의 목적은 빛을 완전히 차단하거나 새어나오게 함으로써 빛을 조절하는 것이다. 다양한 유형이 생산되고 있고, 직물, 비닐, 대나무, 목재널로 제작된다. 주된 형태로는 롤러 셰이드roller shade, 오스트리안 셰이드Austrian shade, 로만 셰이드Roman shade, 주름 셰이드pleated shade, 풍선형 셰이드balloon shade 등이 있다.

롤러 셰이드 오스트리안 셰이드 로만 셰이드 주름 셰이드 풍선형 셰이드

15 셰이드의 종류

16 드레이퍼리와 셰이드가 설치된 주거공간의 식당
17 버티컬 블라인드가 설치된 학생방
18 베니션 블라인드가 설치된 욕실

발

발은 셰이드의 일종으로 보통 대나무, 갈대 등으로 만들며, 얇은 종이를 엮어서 만든 지사紙絲발도 있다. 주로 여름에 프라이버시 확보용이나 빛의 조절용으로 쓰인다. 발은 기능적인 목적 이외에도 창에 드리우기만 하여도 시각적으로 시원한 느낌을 주기 때문에 그 자체가 여름에는 훌륭한 창 장식품이 된다.

블라인드

블라인드blind는 알루미늄이나 합성수지 제품으로 날을 만들어, 이를 수직 또는 수평으로 배열하여 만든 것이다. 날이 수평으로 되어 있는 것을 베니션 블라인드venetian blind, 수직으로 되어 있는 것을 버티컬 블라인드vertical blind라고 부른다. 베니션 블라인드는 빛의 조절이 자유롭고, 버티컬 블라인드는 커튼과 같은 분위기를 줄 수 있는 것이 특징이다.

블라인드는 종전에는 사무실용으로 많이 사용되었으나, 요즈음에는 가정용으로도 사용하여 산뜻하며 세련된 분위기를 줄 수 있다.

문과 창의 부착물

문과 창에는 개폐, 보안, 수납 등을 위해 하드웨어와 소형 가정용품이 부착되며, 다양한 스타일과 재료의 기능적 제품이 생산되고 있다.

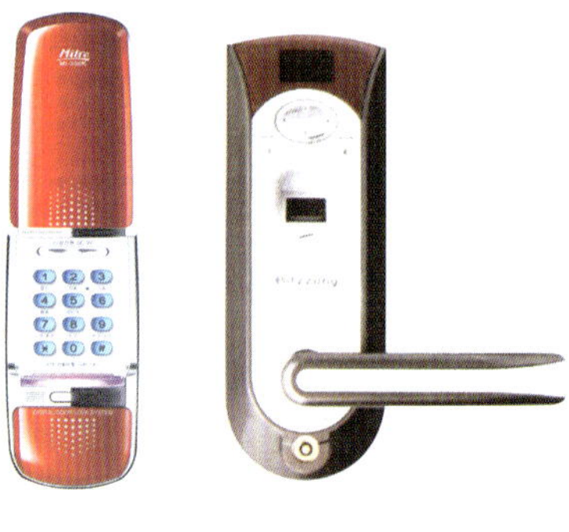

19 **디지털 열쇠와 지문 인식 열쇠**(사진 : 밀레, 엔담)

개폐를 위한 부착물

문과 창에는 기본적으로 문을 열고 닫는 데 편리하도록 손잡이를 부착한다. 실외와 면하는 문의 손잡이는 주로 철재이나, 실내 문이나 창문의 손잡이는 목재, 플라스틱, 금속, 자기류 등 그 재료가 매우 다양하다. 둥근 형태가 일반적이지만 손 힘이 약한 노인이나 환자에게 더욱 편리한 레버lever식, ㄷ자식도 있으며, 표면의 일부에 홈을 내어 개폐를 돕기도 한다. 손잡이는 문 전면의 이미지에 영향을 주므로 문의 형태 및 재료와 이질감이 나지 않도록 선택한다. 이 외에 문이 부드럽게 닫히도록 도와주는 도어 체크door check를 문의 상부에 달기도 한다.

보안을 위한 부착물

자물쇠와 열쇠가 대표적이고, 자물쇠는 구조에 따라 막대 자물쇠, 실린더 자물쇠, 전자 자물쇠 등이 있고, 열쇠는 재래식 방법 이외에 카드를 사용하거나 미리 입력된 번호를 사용하여 문을 여는 디지털 열쇠digital lock와 같은 제품이 개발되어 있다.

또한 문을 열지 않고도 밖에 있는 사람을 내다볼 수 있는 보안과 도난방지 시스템으로는 문에 낸 작은 구멍에 돋보기 장치를 하여 밖을 볼 수 있는 도어 아이door eye, 문이 완전히 열리지 않도록 문 안에 체인을 건 채로 문을 조금만 열고 밖의 사람과 용무를 볼 수 있는 도어 체인door chain, 실내에서 문 밖의 사람과 통화할 수 있는 도어폰door phone, 문 밖에 있는 사람을 TV 화면으로 확인할 수 있는 홈 오토메이션home automation 시스템 등이 있다.

수납을 위한 부착물

대문이나 아파트 현관문에는 배달되는 편지나 우유를 수납하는 편지통, 우유통 등이 부착된다. 이들은 문의 안쪽으로 달려 있어 밖에서는 보이지 않는 것이 좋고, 보안을 고려하여 디자인, 부착 위치와 방법 등이 결정되어야 한다.

3 계 단

계단은 오르내림을 돕는 기본 기능 이외에 공간 속에서 시각적 움직임을 유도하고, 실내 전체의 디자인적 특징을 반영한다. 계단은 수많은 통행인을 충분히 수용할 만한 넓이를 확보해야 한다. 상업공간이나 공공공간에서는 각 층마다 두 개 이상의 계단을 설치하는 것이 상례인데, 이는 화재와 같은 비상 시 계단이 차단될 경우에 다른 계단이 비상탈출구로 사용되기 때문이다. 신체장애인을 수용하기 위해서는 계단 대신 경사로ramp, 리프트lift, 장애인 전용 엘리베이터 등이 설치되며, 이것은 건축법규로 규제하고 있다.

계단의 구성 요소

계단의 한 단은 디딤면, 챌면, 계단코로 구성되어 있고, 시작과 끝 지점에는 기둥이 설치되어 있으며 긴 측판과 난간으로 전체적인 형태와 구조가 이루어진다.

대개 상업공간의 계단에서 챌면 높이는 175mm 이하가 바람직하며, 디딤면의 깊이는 275mm 이상이 권장된다. 주거공간에서 계단 챌면의 높이는 보통 200mm까지 가능하며 디딤면의 깊이는 최소 225mm 정도 되는 것이 좋다.

계단을 이루고 있는 부분에 대해 살펴보면 다음과 같다.

◆ 디딤면

사람이 디디는 계단의 수평 부재로, 챌면 표면에서 다음 챌면 표면까지의 거리를 말한다.

◆ 챌 면

계단 한 단의 수직 부재로, 디딤면에서 다음 디딤면까지의 거리를 말한다.

◆ 계단코

챌면 앞으로 돌출되어 있는 디딤면의 일부이며 최소 25mm는 돌출되어야 한다.

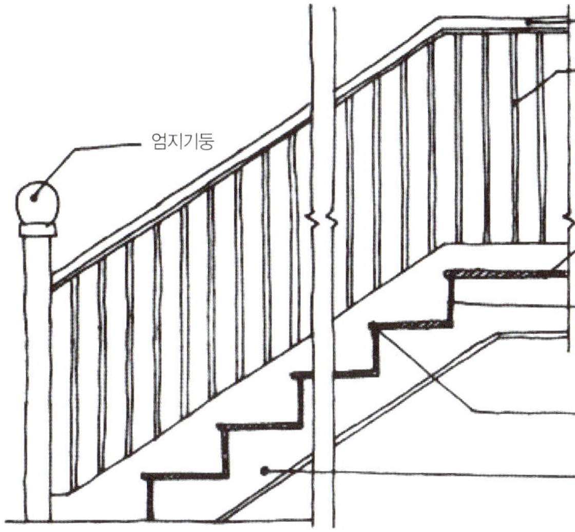

20 계단의 부분 명칭

◆ **계단 동자**

난간을 지지하고 물건이나 사람이 떨어지는 것을 막기 위해 설치하는 기둥을 말한다.

◆ **엄지 기둥**

난간의 끝부분을 지지하기 위해 계단의 상부나 하부에 설치하는 기둥을 말한다.

◆ **난 간**

계단의 경사나 높이를 따라 설치하는 가로대를 말한다.

◆ **계단 측판**

계단의 양 측면이나 중앙 쪽의 한 측면에 부착되어 계단을 지지하는 구조적 요소를 말한다.

계단의 종류

계단은 건물 구조의 일부로 계획되며 다양하게 디자인되는데, 계단 전체의 수평거리와 계단참에 따라 6개의 기본 유형으로 분류되는 것이 일반적이다.

곧은 계단

가장 일반적이며 제작하기 쉽다. 계단의 곧은 수평거리는 계단참 없이 3.6m까지로 제한되며, 이보다 거리가 길어질 때에는 피로를 감소시키기 위해 중간에 계단참을 놓는다.

L자형 계단

공간의 모서리에 종종 사용되며 계단의 연속된 단들과 계단참의 각 변이 동일하거나 서로 다르다.

U자형 계단

계단의 수평거리나 연속된 단들이 계단참의 각 변과 동일하거나 서로 다르고, 고층 건물의 여러 층 사이에서 연속적으로 사용될 때 많이 쓰인다.

돌음 계단

위험하므로 주로 주거공간에서만 사용된다. 대부분의 건축 법규에서는 출구 계단으로 허용되지 않으며, L자형 계단을 설치할 공간이 없을 때 사용된다.

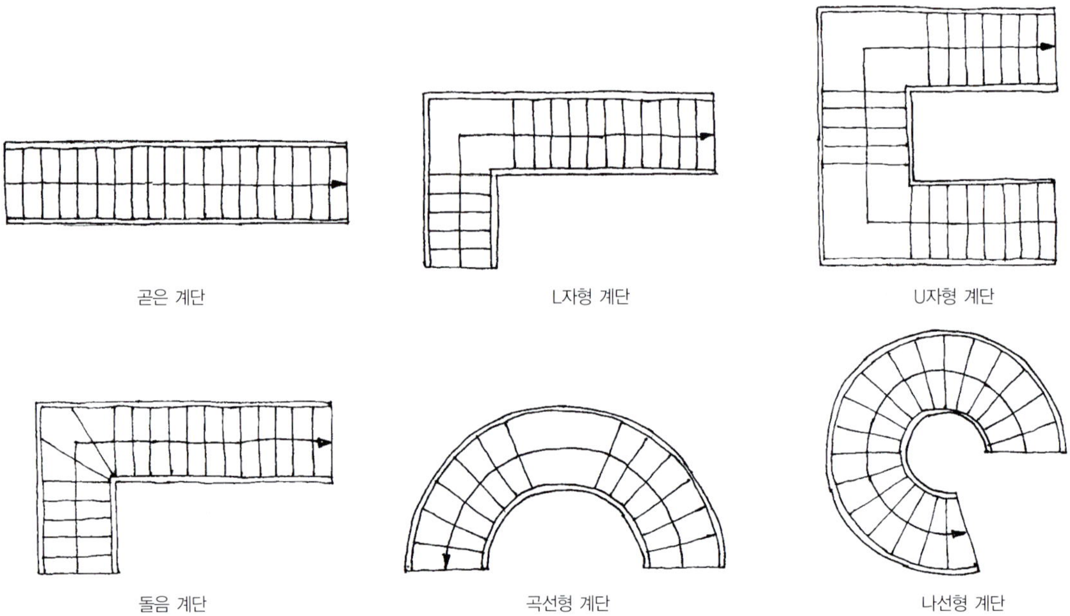

21 계단의 종류

곡선형 계단

일부 주거공간과 특수한 디자인이 필요할 때 사용되며, 기준치 이상의 내경을 갖춘 경우에는 비상용 계단으로 허용될 수 있다.

나선형 계단

최소한의 공간에 채택되며, 대부분 비상용으로는 허용되지 않는다. 사용량이 적은 공간이나 주거공간에 사용된다. 계단 반경이 작을 경우 큰 물건을 오르내리기 어렵고, 반경이 클 경우 곡선형 계단과 유사해질 수 있다.

4 가 구

가구란 실내에 놓이는 모든 도구류를 지칭하는 용어이다. 영어에서의 가구 furniture 는 '실내에 갖추어진 물건' 이란 뜻이고, 프랑스어의 가구 meuble 와 독일어에서의 가구 mbel 는 '움직일 수 있는 물건' 을 뜻한다.

가구는 인간의 필요에 의해 개발, 사용되기 시작하여 인간과 건물을 연결해 주는 매개체로서 중요한 역할을 담당하였다. 가구는 실내공간을 구성하는 데 중요한 요소의 하나로, 기능 면에서 인간생활을 편리하게 할 뿐만 아니라, 형태나 재료, 크기, 배치방법에 따라 공간의 분위기가 크게 달라지므로 실내요소로서 중요한 역할을 한다.

수많은 가구는 통상적으로 그 기능과 용도에 따라 의자류, 탁자류, 침대류, 수납장류, 사무용 가구류로 분류된다. 그러나 인체의 접촉 정도에 따라 인체계 가구, 준인체계 가구, 비인체계 가구로 분류되기도 하고, 건축물 및 실내공간과의 물리적 결합 정도에 따라 독립형과 붙박이형으로 유형이 구분되기도 한다. 또한 주재료에 따라 목재 가구, 철재 가구, 플라스틱 가구 등으로 분류하기도 한다. 이 절에서는 기능과 용도, 재료에 따른 가구의 종류를 알아보도록 한다.

가구의 종류

용도와 기능에 따른 가구의 종류

가구는 용도와 기능에 따라 의자류, 탁자류, 탁자와 책상류, 수납장류, 침대류, 사무용 시스템 가구류로 분류된다.

의자류

◆ 의 자

의자는 좌판의 높이 및 깊이, 등받이의 각도 및 크기, 팔걸이의 길이 등이 고려되어야 하며, 어떤 가구보다도 사용자의 인체치수를 고려하여 제작되어야 한다. 휴식용과 작업용에 따라 차이는 있으나 좌판은 너무 깊지 않아야 편안하고, 등받이는 자연적으로 들어간 척추의 곡선을 유지하기 위해 등 아랫부분을 받쳐 주어야 하며, 탄력성도 적당해야 한다. 의자는 용도와 형태에 따라 몇 가지로 분류된다. 암 체어arm chair와 사이드 체어side chair는 일반적으로 휴식, 식사, 담소, 독서용으로 사용된다. 암 체어는 보통 사이드 체어에 팔걸이를 단 것이며, 사이드 체어는 암 체어보다 무게나 크기가 작고 팔걸이가 없다. 이들 의자는 등받이가 비교적 위로 세워져 있다. 라운지 체어lounge chair는 반쯤 기댄 자세에서 휴식을 취하거나, 독서하기 편하도록 등받이 높이와 좌판의 높이가 비교적 낮게 디자인된 것이다. 데스크 체어desk chair는 책상이나 탁자에서 하는 작업에 맞추어 디자인된 의자로, 등받이 각도 조절 및 좌판의 높낮이 조절이 용이하고 회전 기능을 갖고 있는 것이 많다. 그 밖에 스태킹 체어는 가볍고 쉽게 쌓을 수 있도록 디자인된 것이고, 폴딩 체어는 접어 포갤 수 있는 것으로 수납하기 좋다.

22 라운지 체어

23 스태킹 체어

◆ 소 파

소파는 주택의 거실, 규모가 큰 개인 사무실, 호텔의 로비 또는 대기 공간에 놓여지는 의자의 종류다. 곡선이나 직선형의 다양한 형태를 가지며 병렬형, ㄱ자형, ㄷ자형으로 배치되어 2명 이상 8~9명이 대화할 수 있도록 제작된다. 소파는 1인용, 2인용, 3인용이 있고, 보통 1인용 소파는 암 체어라 부르고, 두 사람이 앉을 수 있는 소파를 러브 시트love seat라 한다. 이 밖에 1인용 좌석을 모듈module화하여 필요에 따라 장소와 형태를 바꿔 가며 배치할 수 있는 섹셔널sectional 소파노

24 폴딩 체어

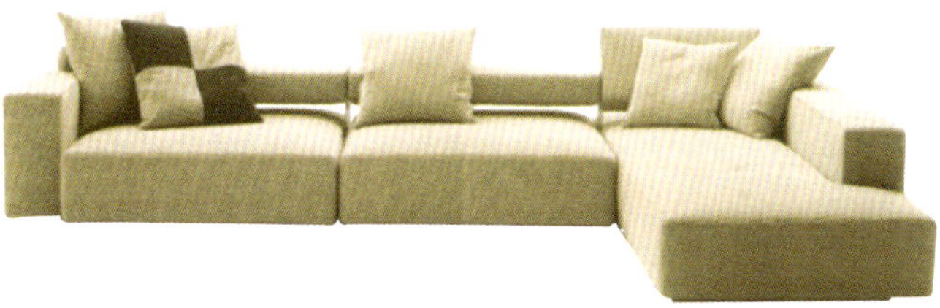
25 섹셔널 소파

26 러브 시트

있는데, 이는 시스템 좌석류로 공항이나 로비, 라운지와 같이 대중을 위한 넓은 공간에 적합하다. 장소의 성격에 따라 직선, 사선, 곡선형으로 다양하게 배치할 수 있으며, 좌석의 끝과 코너에 조명등이나 탁자 상판을 끼워 넣을 수도 있다.

탁자와 책상류

◆ 탁 자

탁자는 식사, 작업, 전시 및 회의, 스포츠 등 다양한 기능에 따라 식탁, 차탁자, 작업대, 회의용 탁자, 당구대나 탁구대 등 다양한 유형이 있다. 탁자의 상판 구조와 마감은 습기, 열, 마찰, 충격에 견딜 수 있도록 견고하고 수평이 맞아야 한다. 받침 역시 상판의 크기 및 형태에 비례하는 견고한 구조로 디자인되어야 한다. 만약 받침이 너무 작거나 무게에 맞지 않으면 흔들리거나 떨릴 수 있다.

◆ 책 상

책상은 공부방용 학생 책상에서부터 다목적 작업용 책상, 그리고 회의공간의 책상까지 다양하며, 업무 기능과 활동 범위에 따라 형태 및 수납 기능을 조절하여 제작할 수 있다. 최근 많이 사용되는 책상은 책상과 서랍장을 분리한 형태로, 필요에 따라 서랍장을 하나나 둘로 놓고 쓴다. 또한 보조 상판을 ㄴ자로 연결하여 그 위에 컴퓨터와 키보드, 모니터 등을 놓는 경우도 많다. 이 밖에도 좁은 작업공간에서 컴퓨터 작업을 원활하게 할 수 있도록 모든 컴퓨터 장비를 한 곳에 모을 수 있는 컴퓨터용 책상이 다양한 형태로 출시되고 있다. 일반적으로 책상의 높이는 720mm 정도이며, 키보드 작업에는 650mm 높이가 적절하지만 인체치수에 따라 적정치수에 차이가 있으므로 사용자의 키와 앉은 키에 따라 높이 조절이 가능한 책상이 바람직하다.

수납장류

◆ 옷 장

의류나 이불을 보관하는 장은 주로 안방이나 침실 안에 독립적으로 놓이는 이동형 옷장, 붙박이장, 워크 인 크로젯walk-in-closet 등이 있다. 기존의 혼례용 옷장은 크기와 구조가 비효율적으로 디자인되어 공간을 낭비하는 경우가 많았는데, 요즈음은 사용자들에게 최대의 효과를 제공하기 위해 내부 설계는 물론 외부의 천장 여유공간까지 활용하는 등 공간의 효율성을 극대화하는 방법으로 개선되어 가고 있다.

◆ **거실장**

거실장은 사용자의 취향과 용도, 거실의 크기에 따라 작은 독립형 수납장에서부터 시스템 가구 등 규모와 형태가 다양하다. 시스템 거실장은 회전이 되는 텔레비전 받침대가 놓이기도 하고, 음향 기기와 장식물 설치를 위해 특수 설계되기도 하는데, 공간을 가변적으로 활용할 수 있는 디자인도 선호도가 높은 편이다.

27 워크 인 크로젯 내 · 외부

침대류

침대는 일반적으로 프레임 위에 매트리스를 올려놓은 것이나 완벽한 취침 환경을 위해 머리판headboard, 발판footboard, 캐노피canopy, 보조 탁자, 조명, 수납공간 그리고 조광기dimmer 등을 갖춘 경우도 있다. 매트리스는 스프링, 폼foam 또는 라텍스latex ; 고무로 만들어지며, 공기나 물로 채워질 수도 있다.

침대는 매트리스의 크기에 따라 다양한 치수로 제작된다. 매트리스 규격은 서양인과 동양인의 인체치수 차이 때문에 일정하지는 않으나 일반적인 치수는 아래 표와 같다.

침대를 선택하고 설치할 때에는 우선적으로 침대가 놓일 공간을 고려해야 한다. 접

매트리스의 치수

유 형	폭(mm)	길이(mm)
유아용 침대	750	1,325
싱 글	900~1,000	2,000
더 블	1,350	2,000
퀸	1,500	2,000
킹	1,600~2,000	2,000

28 머피 베드

29 트런들 베드

는 침대나 벽장으로 접어 들어가는 머피 베드murphy bed는 원룸 아파트나 그 밖의 좁은 공간에 적합한 해결안이며, 바퀴가 달려 사용하지 않을 때에는 침대 밑으로 밀어넣을 수 있는 트런들 베드trundle Bed 역시 제한된 공간에 적합한 침대이다. 이 밖에도 공간이 좁거나 짧은 수면에는 쉽게 침대로 바꿀 수 있는 소파 베드가 적합하다.

사무용 시스템 가구류

사무공간에서 사용되는 시스템 가구류에는 수납 시스템과 패널 시스템이 있다. 시스템 가구는 워크스테이션workstation으로 일컬어지는 작업공간을 형성하는데, 수직의 칸막이 패널과 상판, 시스템 수납장, 조명 기구나 기기 사용을 위한 전선 통로, 액세서리 등으로 이루어진다. 수납 시스템에는 선반류, 도어장류, 파일류가 있고, 워크스테이션은 개인의 작업 영역에 설치할 수도 있으나, 큰 개방형 사무공간에서 사용자 간의 대화와 작업 능률 향상을 위해 몇 개가 함께 결합되기도 한다. 사무용 시스템 가구는 가변성이 뛰어나므로 공간의 활용도와 사용자의 작업 능률을 높일 수 있다.

패널 시스템은 앉았을 때 개인 공간을 보장하는 한편 서 있는 사람과 대화를 나눌 수 있는 낮은 패널750~1,200mm, 완전히 밀폐되지 않은 상태에서 시각적 차단을 할 수 있는 중간 높이의 패널1,500mm, 벽 없이 최대한의 개인공간을 보장하는 높은 패널1,800~2,100mm로 높이가 다양하다.

30 사무용 워크스테이션

재료에 따른 가구의 종류

가구는 주재료에 따라 목재 가구, 금속재 가구, 플라스틱 가구, 직물 씌운 가구, 유리 가구, 종이 가구로 분류된다.

목재 가구

목재 가구는 가장 오래 전부터 사용되었고, 촉감이 부드러우며 가볍고 친근감이 있다. 또 나무의 천연무늿결이 아름다워 어느 곳에나 잘 어울리고, 특히 일반 가정용 가구로 가장 많이 쓰이고 있다.

금속재 가구

금속재 가구는 일반적으로 목재 가구보다 강도가 강하나, 무겁고 촉감이 차가우며 종류와 특성에 따라 작업방법이 다양하다. 금속재 가구는 가정용보다는 사무용 가구로 많이 쓰이고, 종류로는 철재, 구리합금, 알루미늄 가구가 있으며 특히 알루미늄 가구는 가볍고 녹슬지 않아 옥외용 가구나 장식용 가구로 쓰인다.

플라스틱 가구

플라스틱 가구는 무게가 가장 가볍고 형태와 색채를 다양하게 할 수 있다. 녹슬지 않고 값이 싼 편이므로 실내용 가구뿐만 아니라, 옥외용 가구로도 많이 쓰인다.

직물 씌운 가구

직물 씌운 가구는 주로 직물과 가죽 등의 표면재와 내부의 탄력재로 이루어져 있는데, 내부의 탄력재로는 기본 뼈대를 감싸는 기초 탄력재와 속재료패딩과 쿠션가 있다.

이러한 재료들로 만들어지는 가구는 시대와 제작 기술 등에 따라 제작방법이 변화하여 최근에는 강철 파이프 골조에 형틀을 씌우고 발포 우레탄폼을 사출하여 성형하는 방법 등 다양한 방법으로 가구가 생산되고 있다.

유리 가구

유리 가구는 디자인과 용도에 따라 두께, 농담과 색상 그리고 마감처리를 다양하게 할 수 있다. 보통 2~50mm 두께의 평유리나 곡유리가 가구에 사용되며, 투명 유리, 젖빛 유리, 색유리 등이 목적에 따라 가구에 응용된다. 특히 표면이 마치 조각된 것처럼 보이도록 하거나 회화적 효과를 내고 싶을 때에는 유리 표면에 모래를 분사sand blasting시키거나 산화 처리를 하며, 유리판의 모서리를 특정 각도로 깎거나 둥글게 마무리하고자 할 때에는 가공 후 광택을 낸다.

종이 가구

종이 가구는 주로 두꺼운 판지로 제작된다. 이러한 가구는 마름질, 자르기, 접기, 끼우기 등의 단순한 과정을 거쳐 만든다. 또한 질감과 색채 등이 자연스러워 표면 마감이 필요 없으며, 접착제나 연결철물이 없어도 되므로 제작방법이 매우 간단하다. 신문지를 이용한 가구도 있는데, 이 경우 수없이 많은 신문지를 쌓고 접착제로 붙여 큰 덩어리를 만든 후 불필요한 부분을 절단하고 제거하여 원하는 형태를 얻을 수 있다. 한지는 풀죽을 만들어 성형하거나 한장 한장의 한지를 판지나 틀에 붙여 성형하는데, 하중을 이겨야 하는 인체계 가구보다는 작은 문갑이나 소품류의 가구에 이용되고 있다.

공간에 따른 가구의 종류

가구는 사용되는 장소에 따라 거실 가구, 식당 가구, 부엌 가구, 침실 가구, 어린이방 가구, 사무실 가구로 분류된다. 주택의 경우 서로 다른 기능을 가진 여러 개의 방이 있으므로 각 방에 놓일 가구의 종류도 달라지기 마련이다. 아울러 같은 용도의 공간에 같은 기능을 가진 가구를 선택한다 해도 그 디자인은 사용자의 취향에 따라 크게 달라질 수 있다.

거실 가구

거실은 가족의 휴식과 단란의 기능을 가진 공간으로 접객, 독서, 물건 수납 등의 역할도 한다. 거실에 놓이는 가구로는 소파, 안락의자, 스툴, 의자, 티 테이블, 사이드 테이블, 음향기기, TV세트, 게임용 테이블, 책장, 장식장, 장식용 가구 등이 있다.

거실은 가족 공용이고 손님들에게도 그 집 가족들의 취향을 가장 잘 나타내 주는 공간이며, 놓이는 가구의 수도 많은 곳이므로 너무 자극적이거나 어느 한 사람의 취향을 강조하기보다는 전체적으로 통일성을 주는 가구를 선택하는 것이 좋다.

가구의 형태가 고전적 유형인가 현대적 유형인가, 또는 색채배합이 단색배색인가, 인근색 또는 보색배색인가, 가구의 재료가 목재인가, 천 또는 가죽인가에 따라 통일성은 크게 달라진다. 거실의 크기가 좁을수록 가구의 형태, 색채, 재료 등을 단순화시키고 지나친 장식은 절제하는 것이 바람직하다.

식당 가구

식당은 식사, 식기 수납, 간단한 접객, 가사 처리 등의 기능을 가진 공간이므로 식당에는 식탁, 식탁 의자, 왜건wagon, 식기장, 선반 등의 가구들이 필요하다.

부엌 가구

부엌은 조리, 식기의 세정, 식품과 식기 수납 등의 기능을 가진 공간으로 이를 위해 부엌 작업대와 선반, 식기장 등이 필요하다. 부엌 가구는 기능성을 위주로 하여 선택하되, 다른 방의 가구디자인도 고려하는 것이 좋다. 최근에는 식당과 부엌이 하나의 공간으로 개방되어 있는 경우가 많으므로 부엌과 식당의 가구는 서로 연관성이 있는 가구를 선택하는 것이 조화를 얻기 쉽다. 또 거실까지도 개방된 LDK 공간의 경우에는 거실 가구까지도 하나의 개념으로 선택하는 것이 좋다.

침실 가구

침실은 수면과 휴식, 몸치장, 화장, 탈의, 의류와 침구의 수납을 위한 공간으로 침대, 옷장, 이불장, 서랍장, 화장대, 나이트 테이블, 스툴 등이 필요하고, 공간의 여유가 있으면 휴식을 위한 안락의자와 티 테이블 등을 함께 두어도 좋다.

침실 가구는 침착하고 안정성 있는 분위기로 휴식에 방해가 되지 않도록 배려하고,

31 거실 가구
32 부엌 가구
33 침실 가구
34 식당 가구

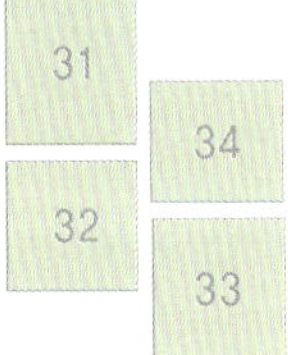

의류와 침구의 수납을 위해서는 수납장 내부의 선반 높이가 수납용품의 종류에 맞도록 합리적이고 융통성 있게 설치된 것을 선택한다.

어린이방 가구

어린이방은 어린이의 놀이, 공부, 수면, 장난감, 소지품 수납 등의 기능을 가진 공간으로 침대, 책상, 의자, 책장, 수납장, 옷장 등이 필요하다.

어린이방의 경우에는 장난감이나 소지품을 보관할 수 있는 수납장이나 선반도 함께 갖추도록 하고, 가구의 높이는 어린이의 키에 맞아야 한다.

어린이방의 모든 가구를 선택할 때 가장 중요한 점은 안전성과 내구성에 대한 고려이다. 따라서 복잡한 디자인보다는 단순한 것이 좋고, 가구의 모서리는 둥글리는 것이 부딪칠 위험이 적으며, 함부로 다루어도 쉽게 망가지지 않도록 튼튼한 것이 좋다. 또 필요에 따라서 해체, 조립이 가능한 조립식 가구가 더욱 바람직하다. 두 사람이 공동 사용하는 아동실의 경우에는 두 개의 침대를 따로 배치하면 바닥면적이 많이 필요하므로 공간 절약을 위한 2단 침대, 접이식 침대, 서랍식 침대 등을 활용하면 좋다.

사무실 가구

사무공간은 주거공간보다는 기능이 간단하므로 가구선택이 덜 복잡하다. 대부분의 사무공간에는 작업용 공간과 휴식용 또는 손님과의 대담을 위한 접객공간이 마련되므로 이에 따른 가구들을 선택한다.

각 공간에 적합한 가구는 주택의 서재, 거실용 가구와 비슷하게 선택하면 되지만,

35 어린이방 가구

36 사무실 가구

가구의 디자인에 있어서는 주택용 가구보다 일반적이고 단순하며, 기능성을 위주로 선택하는 것이 좋다.

가구의 배치

가구는 그 가구가 놓일 공간의 용도, 거주자의 생활습관과 취향에 따라 배치되어야 하며, 그 공간의 기능과 사용 목적을 최대한으로 살릴 수 있도록 고려되어야 한다. 환경심리학자들의 연구에 의하면, 직사각형의 테이블에서 회의할 때보다 원탁에서 회의할 때 원만하고 민주적인 분위기를 자아내며, 그 결과도 좋다고 한다. 또한 이야기를 나눌 때 의자를 마주보게 놓는 경우와 직각으로 놓는 경우, 또는 일렬로 놓는 경우에 따라서도 상대방과의 친근감의 정도가 다르게 느껴진다고 한다. 이러한 것들은 가구배치의 중요성을 강조하는 좋은 예라 할 수 있다.

가구 배치 시 유의점

- 가족의 생활태도를 고려한다. 공간 사용자의 생활습관, 주행위에 맞아야 한다.
- 동선을 짧게 배치한다.
- 실내 전체에 리듬감을 주고, 통일감, 균형미를 준다.
- 실내공간에 알맞는 크기를 선택한다.
- 공간의 기능에 맞아야 한다.

집중적 배치

집중적 배치는 비교적 장소를 적게 차지하고 정돈된 느낌과 형식적인 느낌을 주는 것이 특징이다. 따라서 행동이나 목적이 분명하고, 집중적인 작업을 하는 공간, 즉 서재, 식당, 침실 등의 가구 배치에 적당하다.

분산적 배치

분산적 배치는 흩어진 듯한 느낌을 주어 장소를 보다 많이 차지하고 덜 정돈된 듯한 느낌을 주나, 자유분방하고 비형식적인 것을 좋아하는 현대인들의 생활방식에 잘 어울린다. 따라서 휴식을 위한 공간, 즉 거실, 오락실 등에는 분산적 배치방법을 사용하는 예가 많다. 그러나 이러한 가구 배치방법은 공간의 넓이, 개인의 취향에 따라 달라질 수 있다. 그리고 같은 공간에 같은 가구를 배치할 때에도 배치방법에 따라서 그 공간의 분위기가 크게 달라지는 점을 감안하여, 한 가지 배치방법을 계속 유지하는 것보다는 가끔 위치를 바꾸어 새로운 분위기를 연출해 보는 것도 좋다.

소파 배치의 기본형

- 대면형 : 테이블을 두고 마주 앉는 형. 시선이 마주치므로 느낌이 딱딱하고 어색한 분위기가 되기 쉽고, 형식적인 느낌이 강하다.
- ㄱ자형 : 단란한 분위기를 준다. 비교적 면적을 적게 차지한다.
- ㄷ자형 : 단란한 분위기를 주며, TV 시청이나 여러 사람과의 대화 시에 적합하다.
- ㅇ자형 : 테이블을 중심으로 둘러앉는 형태로, 분위기가 부드럽고 평등한 느낌을 주어 대화 장소에 적합하다.
- 一자형 : 가장 면적을 적게 차지하여 좁은 공간에 사용된다. 그러나 3인 이상인 경우에 대화에 무리가 있다.
- 복합형 : 비교적 넓은 장소에서 여러 가지 형을 복합하여 혼합 배치한다. 가구군을 1개 이상 두어 소그룹으로 나누어 준다.

37 가구의 배치방법(좌 : 집중적 배치, 우 : 분산적 배치)

5 조 명

빛은 일차적으로 우리의 활동을 가능하게 하는 시각적 환경을 제공해 주지만, 실내공간 안에서 분위기를 만드는 중요한 디자인 요소이므로 그 특성과 적용방법을 이해해야 한다. 실내에 설치되고 조절되어야 하는 빛에는 자연채광과 인공조명이 있다. 채광창을 통하여 실내에 유입되는 자연채광은 건축물의 설계단계에서 이미 결정되는 경우가 많고, 실내디자인의 단계에서는 채광을 조절하는 방법에 역점을 두는 것이 일반적이다. 이에 대해서는 앞의 창 부분에서 다루었으므로 여기에서는 인공조명에 대해서만 다루기로 한다.

광원의 종류

실내디자이너가 조명 계획을 할 때에는 주어진 상황에 적절한 광원이 무엇인지에 대하여 이해해야 한다. 일반적으로 흔히 쓰이는 전기 광원에는 백열등과 형광등이 있다. 이 두 가지는 빛을 발하는 원리가 다르고 그 구조에도 차이가 있다. 광원을 선택할 때에는 종류, 에너지 소비량, 수명, 색채 등의 기능적 측면과 장식적 · 심리적 효과를 고려해야 한다.

백열등

백열등은 물질 가열에 의한 발광원리로 빛을 낸다. 모든 물체에 열을 가하면 빛을 내는데, 적색광보다는 백색광이 온도가 더 높다. 백열등의 구조는 유리 구 안에 텅스텐 필라멘트를 넣고 텅스텐 코일의 산화방지를 위하여 가스를 넣은 것으로, 전기를 통하여 텅스텐 필라멘트가 가열되면 빛을 발하게 된다.

백열등은 구조가 간단하고 발광원리도 간단하며, 소켓 이외에는 특별한 부속기구가 필요 없다. 그리고 따뜻하고 백색광을 만드는 데 필요한 모든 스펙트럼을 포함하고 있어 태양광과 유사한 빛을 낸다. 그러나 형광등에 비하여 점등시간 동안 열이 많이 발생하고 전력소모도 많은 편이어서 대형 업무공간, 공장 등의 전반조명으로는 거의 쓰이지 않고, 가정의 일반 조명이나 소매점포의 디스플레이를 위한 하이라이트 조명으로 사용된다.

백열등은 표준 백열등과 할로겐램프의 두 가지로 나뉜다. 표준 백열등은 니트로겐이나 아르곤을, 할로겐램프는 할로겐 가스를 사용하며, 이들 모두 기능에 따라 다양한 크기와 형태의 램프가 생산되고 있다. 할로겐램프는 표준 백열등보다 더 밝은 빛을 내고 수명이 길다.

형광등

형광등은 백열등과는 달리 전자의 운동을 이용한 방전등의 일종으로 발광 시에 열이 발생되지 않는다. 내부에는 선線 형태의 방전관과 양쪽 끝에 필라멘트가 달려 있고, 형광물질이 입혀 있으며 수은 증기가 봉입되어 있다. 형광등에 전기를 통하면 안정기에서 고압전류를 발생시켜 전자의 운동을 일으키고, 이때 발생된 전자가 수은 증기에 부딪쳐 자외선을 발생시킨다. 이 자외선이 다시 형광물질에 닿아서 비로소 빛을 발하게 된다.

형광등은 발광을 위해서 이러한 복잡한 과정을 거치므로 방전관 이외에도 점등관과 변압기 역할을 하는 안정기가 더 필요하다. 형광등은 백열등에 비해서 전력소모가 적어 백열등의 1/3 수준이다. 형광등의 원래 광색은 청백색이나, 방전관 내부에 바르는 형광물질의 종류를 바꿔 주면 다양한 색상을 얻을 수 있어 주광원으로 우수하며, 광원이 커서 눈부심도 적다. 그러나 전원 전압이 낮으면 점등이 잘 안 되는 것

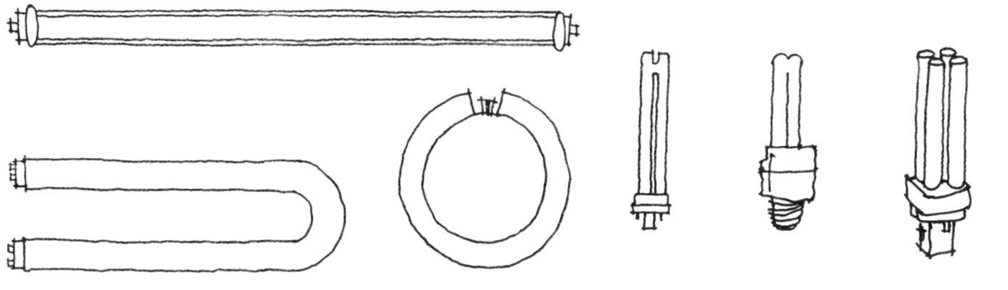

38 형광등의 종류

이 단점이다. 전구의 형태는 긴 막대 모양의 선형, 원형, U자형, 램프형 등 크기와 모양이 다양하다.

형광등과 같은 원리로 실내에 많이 사용되는 전기 방전등에는 고밀도 방전등HID 램프과 네온이 있다. 고밀도 방전등은 형태가 백열등과 유사하나 일반적으로 훨씬 크며, 연색성이 좋지 않고 눈부심과 소음이 크다는 단점이 있지만 형광등의 2배, 백열등의 10배 효율이 있고 수명이 매우 길어 공공공간이나 천장이 높은 공간의 간접조명으로 유용하게 쓰인다. 네온은 수명이 매우 길고 다양한 색을 표현할 수 있으며 어떤 모양으로도 구부릴 수 있어 디스플레이와 실내의 장식적 목적으로 사용된다. 또한 에너지 소비가 적고 발광량을 조절할 수 있으며 고광도를 발할 수 있다.

LED

LEDLight Emitting Diode, 발광다이오드란 전기가 통할 때 발생하는 전자가 에너지 레벨이 높은 곳에서 낮은 곳으로 이동하며 특정한 파장의 빛을 내는 반도체 소자를 말한다. LED는 어떤 화합물 반도체GaP, GaAs를 쓰느냐에 따라 빛의 색이 다른데, 적색이나 녹색 빛을 내는 LED는 수십 년 전에 개발되어 각종 다양한 산업 및 생활가전 등에 폭넓게 쓰여 왔다. 용도에 따라 sign/display, 간접조명, 모바일용, 자동차용 등으로 나뉘어지고, 도심 빌딩 위에 설치된 대형 전광판, 실내·외의 간접조명, 컴퓨터 본체에서 하드디스크가 돌아갈 때 깜박이는 작은 초록색 불빛이나 핸드폰의 반짝이는 불빛 등 다양한 용도의 빛을 만들어 낼 때 사용된다. LED는 기존 전구와는 달리 전력 소비량이 1/12 수준으로 매우 적으며 수명은 전구의 100배 이상, 전기에 대한 반응 속도도 1,000배 이상 빨라 기존 백열등이나 형광등을 대체할 새로운 발광체로 주목받고 있다. 그리고 최근 급격한 성능향상과 가격 하락으로 인해 기존의 단순한 사인 조명에서 벗어나 실내의 일반 광원으로까지 그 영역이 확장되고 있다.

조 도

조도란 물체의 표면에 떨어지는 빛의 양, 즉 단위 면적에 비춰지는 빛의 세기를 광속으로 나타낸 양으로 우리나라에서는 럭스lux라는 단위를 사용한다.

공간의 용도와 활동에 따른 조도 범위

장소 · 활동		조도 분류
주 택	가사실, 작업실 전반	G
	거실 전반	D
	공부방, 서재 전반	E
	단란, 오락	F
	침실 전반	C
	현관 전반	E
	계단, 복도 전반	D
	부엌 전반	E
	욕실, 화장실 전반	D
간이음식점, 레스토랑	전반	E
	조리실	G
	세척	E
	식탁	G
분위기 위주의 바	전반	C
전시관	전반	E
호텔, 여관	객실 전반	E
	연회장	G
도서관	전반	F
학 교	교실(칠판)	G
	강당, 집회실	F
사무실	세밀한 일	G
	회의실	F
은 행	일반	E
	금전출납 창구	G

주 : 조도는 정도에 따라 A~G로 분류되나 실내에 주로 적용되는 C~G만 정리하였음
자료 : KS A 3011 산업표준 조도 기준에 의하여 재정리

조도 분류와 일반 활동 유형에 따른 조도값

활동 유형	조도 분류	조도 범위(lux)	조명방법
어두운 분위기의 공공 장소	C	15-20-30	공간의 전반조명
잠시 동안의 단순 작업장	D	30-40-60	
작업이 빈번하지 않은 작업장	E	60-100-150	
고휘도 대비 혹은 큰 물체 대상의 작업장	F	150-200-300	작업용 조명
일반휘도 대비 혹은 작은 물체 대상의 작업장	G	300-400-600	

조도는 공간의 용도, 사용자의 연령, 업무의 중요성, 난이도 등에 따라 그 수준이 정해진다. 즉, 작업실, 서재, 부엌 등 작업을 하기 위한 공간은 일정 수준 이상의 조도를 유지해야 함은 물론 가능한 한 균질하고 음영이 적어야 한다. 특히 조도를 높이기 위해 국부조명을 설치할 때에는 작업면과 그 주변과의 조도차가 너무 크면 눈의 피로가 쉽게 오므로 전체조명과 국부조명을 병행하는 것이 바람직하다.

심미적 측면이 중시되는 상업공간, 휴식공간, 주택의 침실 등은 섬세한 작업을 위한 곳이 아니므로 조도가 높을 필요는 없으며, 공간의 분위기에 맞도록 조명의 밝기, 색채, 조명 기구의 디자인을 결정하도록 한다. 또한 같은 장소인 경우에도 때와 사용자의 기분에 따라서 조광기dimmer를 설치하여 조도를 조절하는 것도 분위기를 변화시킬 수 있는 한 방법이다.

조명방법

조명방법은 빛의 확산방향, 설치 및 부착방법에 따라 다양하게 분류된다.

배광방식에 의한 분류

조명 기구를 배광방식에 따라 분류하면 직접조명, 간접조명, 반직접조명, 반간접조명, 전반확산조명 등이 있다.

직접조명

직접조명은 광원에서 나오는 빛의 90~100% 정도가 직접 하향하는 방법으로, 벽이나 천장색의 영향을 비교적 적게 받고 전력소모가 적으며 조명 기구도 간단하다. 그러나 조명 기구에 따라서는 직접광 때문에 눈이 부시고 실내에 골고루 균일한 조도를 얻기가 어려우며, 물체에 강한 그림자를 만드는 것이 단점이다.

직접조명의 기구는 전등의 상부에 불투명한 반사갓을 씌우고 갓의 반사면에는 알루미늄 연마판이나 법랑을 칠하여 대부분의 빛이 아래로 비추도록 만든다. 이것은 조명방법 중 가장 경제적이고 효율이 좋아서 작업실에 많이 쓰인다.

간접조명

간접조명은 하향출광률이 0~10%로 대부분의 빛이 반사광이다. 효율은 떨어지나 눈이 부시지 않고 조도가 균일하며 그림자가 없는 부드러운 빛을 낸다. 침실이나 병실 등 휴식을 위한 공간에 적합하다. 그러나 먼지가 앉기 쉽고 조명률이 낮다는 단점이 있으며 조도가 너무 균일하여 입체감이 적어 실내에 활기를 감소시킬 수도 있다.

간접조명의 기구는 전등의 하부에 불투명한 반사갓을 씌우고, 빛이 대부분 천장 면으로 반사되도록 만든다. 따라서 간접조명은 천장이나 벽의 재질, 색조의 영향을 많이 받는다.

반직접 · 반간접조명

반직접과 반간접조명은 서로 비슷한 방법이나, 하향출광률에 있어서만 차이가 있다.

반직접조명은 하향출광률이 60~90%로, 10~40%의 빛은 천장으로 반사되어 내려오는 반사광이다. 반직접조명의 기구는 전등 상부에 반투명의 반사갓을 씌워 일부의

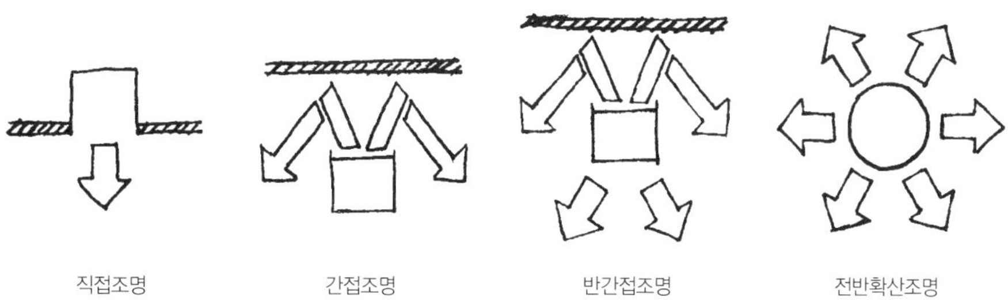

39 배광방식에 따른 조명의 종류

빛이 천장면에 비추도록 만든다. 효과는 직접조명과 비슷하나 눈부심이 덜하고 효율도 떨어진다.

반간접조명은 하향출광률이 10~40%이고, 60~90%의 빛은 천장에 반사되어 내려오는 반사광이다. 반간접조명의 기구는 전등의 하부에 반투명의 반사갓을 씌우며, 효과는 간접조명과 비슷하다.

전반확산조명

전반확산조명은 하향출광률과 상향출광률이 40~60%로 서로 비슷하고, 조명 기구는 반사각 대신에 전구에 글로브globe를 씌워 빛이 전체적으로 고루 퍼지게 만든다.

부착방법에 의한 분류

조명 기구를 부착방법에 따라 분류하면 천장등, 팬던트등, 브래킷등, 이동식 등, 트랙등 등이 있다.

천장등

천장등ceiling light은 천장면에 조명 기구를 직접 부착하는 방법으로, 가장 일반적이다. 천장등을 천장면 위에 노출시키는 경우와 천장면을 파고 매립시키는 경우다운라이트, downlight의 두 가지가 있다.

팬던트등

팬던트등pendant light은 천장에서 끈을 매달고 조명 기구를 늘어뜨리는 방식으로 식탁 위의 조명등에 주로 이용된다. 줄 대신에 파이프 속으로 전선을 넣어 늘어뜨리는 파이프 팬던트등pipe pendant light도 있는데, 이는 여러 층의 공간이 하나로 개방되어

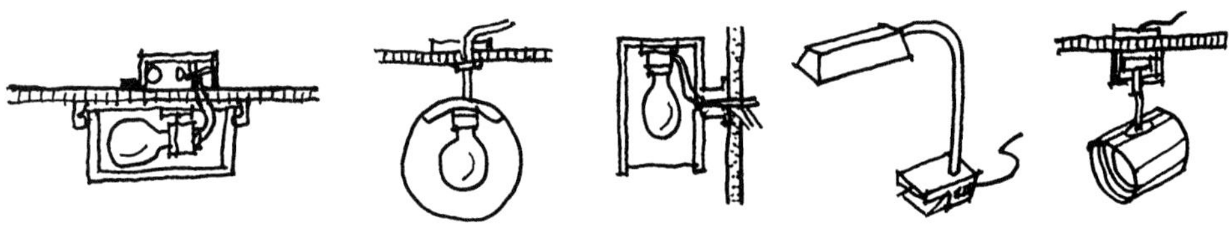

천장등 팬던트등 브래킷등 이동식 등 트랙등

40 조명기구의 종류

있을 때, 공간에 특징과 장식적 효과를 주는 데 적합하다.

브래킷등

브래킷등bracket light은 벽에 붙여서 설치하는 조명방법으로, 그림을 비추거나 보조용 등으로 사용하는 경우가 많다.

이동식 등

이동식 등portable light은 조명 기구가 한 곳에 고정되지 않고 필요에 따라 설치 장소를 이동할 수 있는 것으로 플로어 램프floor lamp와 테이블 램프table lamp가 있다.

41 반간접조명방식과 간접조명방식의 벽 브래킷, 직접조명방식의 다운라이트가 설치된 실내

트랙등

트랙등track light은 그리드 방식의 선로 위에 여러 개의 조명등을 한꺼번에 연결한 것으로, 조명등의 위치나 방향을 임의로 조절할 수 있어 편리하다.

건축화 조명의 종류

건축화 조명architectural lighting은 천장, 벽, 기둥 등의 건축적 요소가 조명 기구의 역할을 하거나 건축의 일부에 광원을 매입시키는 방식으로 다양한 유형이 있다. 이 방법은 빛을 내는 부분이 넓고 조명 기구가 직접 노출되지 않으므로 눈부심을 적게 유발하고 실내의 분위기를 만들기 쉬워 디자인적 효과가 크고 현대적 감각을 주므로 공공건물이나 상업공간에 많이 사용된다.

그러나 건축화 조명은 건축 계획 시부터 조명 계획이 함께 수립되어야 하고, 설치 비용도 많이 드는 단점이 있다.

광천장 조명

천장의 구조에 조명을 설치하고 그 아래에 루버나 빛 확산을 위한 반투명 소재의 유리나 아크릴판을 부착하는 것으로 빛이 아래로 고루 분산된다.

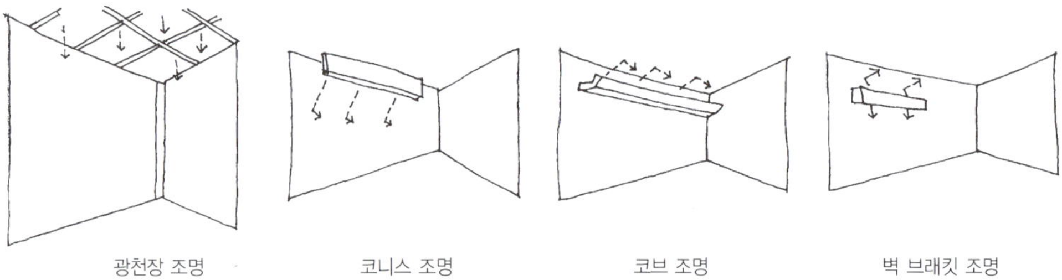

42 건축화 조명의 종류

코니스cornice 조명

천장과 벽의 경계부분에 불투명 판을 설치하고 그 뒤에 조명 기구를 감추는 방식으로 빛이 아래쪽으로 타고 내려온다.

코브cove 조명

천장 가까이의 벽이나 천장과 수평으로 불투명 판을 설치하고 조명 기구를 감추는 방식으로 보통 아래가 막혀 있고 위가 뚫려 있으므로 빛은 천장을 비춘 후 아래로 반사한다.

43 광천장 조명이 설치된 노인시설의 로비(경기도 분당, 자르디인팰리스)

44 코브 조명이 설치된 오픈 카페 open café

벽 브래킷bracket 조명

코니스 조명과 비슷하게 불투명 판을 벽에 설치하는 방식이나 위와 아래가 모두 뚫려 있어 상하로 빛이 비춰진다.

조명 계획과 적용

조명 계획을 할 때에는 특정 공간의 구조적 형태, 공간 안에서 이루어질 활동, 가구 배치, 자연채광의 이용 정도 등을 분석하고 이를 기초로 하여 조명원과 조명 기구를 선택한 후 설치를 하도록 한다.

주거공간의 조명 계획

현 관

현관은 그 집의 첫인상을 주고 손님을 맞이하는 곳이므로 천장이나 벽에 밝은 조도의 전반조명을 설치하여 환영하는 듯한 느낌을 주는 것이 좋다. 현관에 타이머가 부착된 스위치를 달아 두면 외출 시에도 일정 시간 이후에는 자동적으로 불이 꺼지므로 편리하다.

거 실

거실은 주로 휴식이나 가족 단란, 손님 접대, TV 시청 등이 이루어지는 공간이므로 조도가 높을 필요는 없지만, 전반조명이 있어야 하며, 직접조명과 간접조명을 병행할 수 있다. 아울러 장식물을 강조하거나 대화의 분위기를 좋게 유도하기 위해서는 적절한 국부조명을 설치하는 것이 바람직하다.

예컨대 중앙의 전반조명으로는 형광등을 사용하고, 샹들리에나 기타 국부조명으로는 백열등을 병행해도 좋으며, 독서나 대화를 위한 공간에는 소파나 안락의자 옆에 플로어램프를 배치하는 것도 효과적이다.

식 당

식당에는 주로 직접조명방식으로 식탁 위 1m 정도까지 펜던트램프를 늘어뜨리는데, 백열등을 사용해야 음식물의 색채가 돋보여 식욕을 돋울 수 있다. 그러나 백열등이 머리 위에서 직접 비추면 뜨거우므로 필요에 따라 높이를 조절할 수 있는 스프링이 달린 기구를 설치하면 좋다.
식사하는 사람들의 얼굴에 그림자가 지는 것을 막기 위해서는 벽에 브래킷등을 함께 설치하는 것이 바람직하며, 특별한 경우 전구 대신에 촛불을 조명원으로 대신하면 독특한 분위기를 연출할 수 있다.

부 엌

부엌에는 직접조명방식으로 천장의 중앙에 전반조명을 설치하고, 상부 수납장의 아랫부분에 국부조명을 설치하여야 조리작업 시 그림자가 생기는 것을 방지하여 작업능률을 올릴 수 있다. 부엌은 가사작업을 위한 공간이고 불을 켜는 시간이 길기 때문에 전력 소모가 적은 형광등을 이용하는 것이 좋다.

부엌에서는 전기 기구를 사용하는 일이 많으므로 콘센트를 다른 공간보다 많이 설치할 필요가 있다.

욕 실

욕실에는 천장의 중앙에 전반조명을 설치하고, 거울 위에는 면도나 화장을 위하여 국부조명을 설치한다. 그러나 욕실이 좁을 때에는 중앙조명을 생략할 수도 있다. 욕실에는 습기방지를 위하여 방수등을 사용하며, 사용 시간이 짧고 자주 껐다 켰다 하므로 직접조명방식으로 백열등을 사용하는 것이 좋다.

침 실

침실에는 간접조명방식으로 전반조명을 설치하고, 침대 옆에는 직접조명방식으로 국부조명을 설치하여 누운 채로 껐다 켤 수 있게 한다. 이때 전반조명으로는 형광등을, 국부조명으로는 백열등을 이용하는 것이 좋다.

리모컨이 달린 기구를 사용하면 취침 시 작동이 편리하다.

복도와 계단

복도와 계단에는 조도가 높은 조명은 필요하지 않으나, 위험방지를 위한 안전등이 설치되어야 한다. 천장에 전반조명을 설치하고 삼로三路 스위치를 달면 복도나 계단 양쪽 끝의 어느 쪽에서든지 편리하게 껐다 켰다 할 수 있다. 어린이나 노인이 있는 집

45 **주거공간 각 영역의 조명**(a : 현관, b : 거실, c : 침실, d : 식당, e : 부엌, f : 욕실)

에서는 계단의 발밑 부분에 조명을 설치하여 안전성을 높여야 한다.

옥 외

옥외조명은 정원이나 앞마당, 테라스 등에 설치하는데, 옥외에 불을 켜면 밤에 바깥의 경치가 창문을 통하여 보이므로, 실내공간의 크기가 실제보다 더 커보이게 하는 효과가 있다. 그러나 공간이 넓고 장시간 불을 켜두는 곳이므로, 백열등이나 형광등보다는 전력소모가 적고 효율이 높은 수은등이나 나트륨등을 이용하는 것이 좋다.

특히 대문등의 경우에는 자동적으로 밤에 어두워지면 켜지고, 아침에 밝아지면 꺼지는 자동 점멸장치가 되어 있는 기구가 편리하다.

업무공간의 조명 계획

업무공간에서 조명을 설치하는 주 목적은 작업자의 업무 효율을 높이고 생산성을 향상시키기 위한 것이다. 일반적으로 업무공간에서는 눈부심이 없는 전반조명과 함께 책상이나 작업대 위에 충분한 양의 작업조명을 제공해야 한다. 형광등의 직접적인 눈부심은 파라볼릭 루버parabolic louver와 반사판reflector을 사용하여 조절할 수 있다.

다양한 활동이 일어나는 회의실에서는 융통성 있는 조명 계획이 요구된다. 기본적

46 복도에 전반조명이 설치된 실내(미국, 제링 인테리어사)

으로 눈부심이 없는 양질의 조명이 회의탁자 위에 떨어져야 하고, 프레젠테이션, 디스플레이, 정밀한 작업 등 목적에 따라 조명환경이 바뀌어야 한다면 스위치를 분리시키거나 조광기를 벽에 부착하여 원하는 조도로 맞추도록 한다. 아울러 강조시키기를 원하는 물품이 있거나 아름다운 분위기를 연출하기 위해서는 국부조명을 보조로 설치하는데, 트랙조명이나 월워싱wall washing 등이 주로 사용된다.

상업공간의 조명 계획

상점이나 식음료공간과 같은 상업공간에서는 훌륭한 조명환경을 제공함으로써 매출을 늘릴 수 있다. 상업공간의 통로나 쇼윈도의 디스플레이 영역은 주위보다 조도를 높여 주위를 집중시키도록 한다. 이에 필요한 조도는 일반 영역보다 3~3.5배 정도 높아야 하며, 특정 목적을 위해서는 5배까지 높을 수도 있다. 아울러 양질의 조명으로 디스플레이된 상품이나 음식의 색을 정확하게 알 수 있도록 하고 더욱 돋보이도록 한다.

상업공간에서는 전반조명과 함께 주변조명, 악센트 조명을 함께 제공하는 것이 바람직하다. 전반조명으로 전반적인 가시조건을 만들고, 주변조명으로 벽면 전시에 시선을 끌도록 하거나 공간의 분위기를 고조시키며, 악센트 조명으로 고객의 시선을 끌도록 한다. 광원으로는 백열등, 형광등, 고밀도방전등HID 등이 쓰이며 각각마다의 특징이 있으므로 공간의 성격과 경제적 관점 등을 고려하여 적절한 조명방식을 선택한다.

47 각도 조절 천장등, 트랙 조명, 월 워싱이 설치된 실내(유나이티드 체어사 쇼룸)

6 실내소품

실내소품accessary이란, 실내디자인에 있어서 기능을 더해 주거나 미적 효용성을 더해 주는 물품을 말한다. 소품의 선택은 공간에 통일된 분위기와 부분적 악센트accent를 주어 미적 충족과 예술적 효과를 강화하는 실내디자인의 마지막 단계이다. 그러나 실내소품을 선택하는 데는 몇 가지 고려해야 할 점이 있다.

장식적인 소품

장식적 소품은 단지 미적인 효과만을 갖는 소품을 말하며, 실용적인 면은 없으나 사람의 감각이나 심리적 · 정신적 생활을 윤택하게 해준다. 장식적 소품의 종류에는 그림, 조각, 골동품, 사진, 포스터, 꽃꽂이 등이 있다.

그 림

그림은 서양화와 동양화 또는 구상화와 추상화, 진품과 복사품 등의 다양한 종류가 있는데, 그 중에서 실내분위기와 개인의 취향에 맞는 그림을 선택해야 한다. 현대적인 분위기의 실내에는 추상화가 잘 어울리지만, 고전적인 분위기에는 구상화가 더 잘 어울린다.

선택된 그림을 진열할 때에는 틀에 끼우는 방법, 그대로 벽에 붙이는 방법, 이젤isel에 세워두는 방법 등을 이용할 수 있으나, 대체적으로 진품은 조각되어 있는 틀에 끼워 진열하고, 복제품의 경우에는 지나친 장식의 틀보다는 간단한 틀에 끼워 진열하는 것이 더 잘 어울린다. 동양화의 경우에는, 액자를 이용하는 방법 이외에도 족자로 표구하는 방법도 이용할 수 있다.

그림을 벽에 걸 때에는 유리의 반사 때문에 그림이 잘 안 보이는 경우가 있으므로,

이를 고려하여 트랙 조명을 설치하면 효과적이다. 여러 개의 그림을 한 벽에 진열할 때에는 그림들끼리 중심축을 맞추거나, 액자의 위쪽 또는 아래쪽 선을 맞추어 걸면 통일성을 얻을 수 있다. 또한 무게 중심을 맞추기 위해서 큰 그림 하나에 대해 작은 그림 여러 개를 그룹으로 대비시켜 거는 방법도 사용할 수 있다.

48 **장식적인 소품**(원 피치트리 센터 복도)

그림을 거는 배경이 되는 벽은 되도록 연한 무채색이나 무늬가 눈에 잘 띄지 않는 벽지를 사용하여 그림이 돋보이도록 배려한다.

조 각

조각은 시선을 끌 수 있고 사방에 공백이 있는 곳에 배치하여 감상할 수 있게 한다. 적당한 음영이 지도록 조명을 설치해야 하고, 조명 기구는 스포트라이트spot light를 이용하면 조각을 강조하는 데 효과적이다.

골동품

골동품은 대부분 값이 비싸고 희소한 물건인 경우가 많다. 크기가 작고 정교한 골동품의 경우에는 유리 진열장 안에 배치할 수도 있다.

비교적 부피가 큰 골동품에는 고전 가구가 있다. 이러한 고전 가구의 경우에는 파손의 우려 때문에 기능성보다는 장식성을 위주로 진열해 두고 감상하는 경우가 많다.

사 진

사진은 실내의 분위기를 유도하는 중요한 장식품으로 간주된다. 사진의 소재는 예술적인 것도 있지만, 가족들의 모습이나 평상시의 생활상도 내용으로 삼을 수 있어 다른 예술품보다는 더욱 친근감이 있고 접근하기 쉬운 예술품이다. 사진의 진열방법은 그림을 진열하는 방법과 같다.

꽃꽂이

꽃꽂이는 생화, 건화, 조화를 이용하는 방법이 있다. 생화는 가장 비용이 많이 들지만 생명력이 있어서 흔히 쓰인다. 건화는 말린 꽃으로, 꽃이 귀한 계절에 오래 두고 볼 수 있어 경제적이다. 조화는 가장 값이 싸지만 곧 싫증이 나기 쉬우므로 특별히 꽃을 구하기 어려운 경우나 경제성을 고려하는 경우에 쓰인다.

꽃꽂이는 선을 강조하는 동양식 꽃꽂이와 양을 강조하는 서양식 꽃꽂이가 있다. 이러한 꽃꽂이 방법의 선택도 전체적인 실내분위기와 조화가 되도록 하는 것이 좋다.

실용적인 소품

실용적인 소품은 미적인 기능과 더불어 일정한 용도를 갖는 소품을 말하는데, 예를 들면 도자기, 공예품, 식물, 식탁용 소품 등이 있다. 실용적인 소품은 실제로 사용하는 소품이므로 장식적인 소품에 비하여 재료, 촉감, 형태 등이 보다 신중히 고려되어야 한다.

도자기

도자기는 흙을 재료로 하여 형태를 빚은 후 고온으로 구워서 만든 것으로, 우리 주변에서 사용하는 대부분의 식기, 화병, 화분 등이 여기에 속한다. 도자기는 굽는 온도에 따라 토기, 사기, 자기로 나눌 수 있다.

토기는 거친 흙으로 빚어서 비교적 낮은 온도에서 굽는데, 무겁고 통기성이 있으며 방수가 되지 않고 쉽게 깨진다. 토기는 주로 화분으로 사용된다. 사기는 좀더 높은 온도에서 구워내어 매끈하고 통기성이 없으며 방수가 되고 견고하다. 일반적인 식기는 모두 사기이다. 자기는 특별한 진흙으로 가장 높은 온도에서 구워내어 매끈하며, 두드리면 선명한 소리가 나고 강도도 강하다. 고급 그릇이나 예술품으로 많이 쓰인다. 사기나 자기를 합하여 흔히 도자기 또는 차이나china라고 부른다.

공예품

실내소품으로 이용되는 공예품에는 시계, 재떨이, 전화기, 가구 등이 있다. 이들은 모두 기능이 중요시되면서도 실내디자인에 미치는 영향이 크므로 놓이는 공간과 조화되며, 아름답게 디자인된 것을 선택해야 한다.

49 **실용적인 소품**(카림 라시드 스튜디오)

식 물

식물은 장식품 중에서 유일하게 생명이 있고, 따라서 시간이 경과함에 따라 성장하여 형태가 변하는 소재이다. 특히 최근에 주거공간이 좁아지고 공동주택이 일반화되면서 개인적인 뜰을 가질 수 없는 경우가 많아져, 정원 대용으로 실내원예가 애용되는 추세이다. 식물을 창 앞에 매달아 늘어뜨리거나, 바닥에 놓아두는 방법으로 아름다운 창을 꾸밀 수 있다. 더욱이 정원을 가질 수 없는 아파트나 고층건물 창 앞의 작은 공간에 화분을 두면 관엽식물의 푸르름을 즐기거나 사철 번갈아 피는 꽃을 즐길 수 있어 거주인은 물론 그 집 앞을 지나는 행인들에게도 행복감을 줄 수 있다. 창 앞의 화분은 시각적인 즐거움뿐만 아니라 집 안이 직접 들여다 보이는 것을 막아 주어 프라이버시 확보에도 도움이 된다.

식물은 시각적인 아름다움 이외에도 신선한 공기를 만들어 주는 공기정화의 역할도 한다. 식물이 놓이는 공간의 일조조건과 넓이 등에 따라 그 조건에 맞는 적절한 식물을 선택하여 기르도록 한다.

C·h·a·p·t·e·r

5

실내건축자재의 종류와 적용

건축의 실내에 사용되는 자재는 건축의 구조에 반드시 필요한 구성재일 수도 있고 구조를 감싸는 표면마감재일 수도 있다. 실내디자이너는 재료의 물성과 미적 효과에 대해 충분한 지식과 감각이 있어야 실내요소에 적합한 재료를 선택할 수 있으며, 이를 통하여 최상의 디자인을 창출할 수 있다.

이 장에서는 바닥, 벽, 천장, 문, 가구 등 실내구성 요소를 위해 사용되는 재료의 종류별 특징과 적용 방법, 그리고 선택방법을 살펴봄으로써 실무에 대비하여 기초 지식을 습득하도록 한다.

1 실내건축자재의 선택

실내디자이너는 공간의 용도가 정해지면 디자인 초기부터 추구하는 분위기에 따라 자재 선택과 적용에 대하여 세심한 조사와 실행과정을 거쳐야 한다. 실내마감공사는 건축의 완료 시점에 시작될 수도 있으나 건축과 함께 병행되어야 하는 경우도 있기 때문이다. 따라서 재료의 선택과 적용은 시점이 매우 중요하며, 디자이너는 재료에 대한 특징과 실제적인 가치에 대한 충분한 지식이 있어야 한다.

재료를 선택할 때에는 공간의 목적, 사용 대상, 디자인 콘셉트 등에 따라 중요 정도가 다르기는 하나, 기능성, 심미성, 경제성, 친환경성 등이 공통적으로 고려되어야 한다.

기능성

기능적인 자재란 일차적으로 공간의 용도, 즉 주된 목적과 부가적인 목적에 적합하며, 공간의 안전성, 내구성, 내화성, 단열성, 방음성을 충분히 고려한 자재이다. 실내마감재료는 실내의 한 영역에만 사용될 수도 있으나 여러 영역에 사용될 수 있으며, 동일한 재료라 할지라도 공간의 기능에 따라 적합한 정도가 다르다. 자재의 기능성은 유지관리의 용이성과도 관련이 있는데, 많은 노력과 경비를 들이지 않고도 건축 본래의 기능을 유지할 수 있어야 한다. 예컨대 유치원의 실내건축자재를 선택해야 한다면, 어린이의 안전사고를 예방하고 화재 시 유독가스가 덜 발생하며 유지관리가 용이한 재료를 우선적으로 선택해야 할 것이다.

이를 위해 관련 법규에 따라 미끄럼을 방지하고, 가능한 한 천연소재를 사용하여 열에 노출되어도 유해가스를 배출하지 않으며 마모에 강함은 물론 더러움이 덜 타고 세척이 쉬운 자재를 골라야 한다.

실내구성 요소별 사용 가능 자재

	바 닥	벽	천 장	문, 창문	가 구
천연목재	●	●	●	●	●
합성목재	●	●	●	●	●
석 재	●	●			
콘크리트	●	●	●		●
철 재				●	●
알루미늄				●	●
구리합금					●
유리 · 거울		●	●	●	
타 일	●	●			●
합성수지재	●	●	●		●
직 물		●	●		
카 펫	●				
섬유질판		●	●		
석고보드		●	●		
회반죽		●	●		
고 무	●				
코르크	●	●			●
종 이		●	●	●	●
가 죽					●

심미성

심미적인 자재란 의도한 공간의 분위기에 적합한 자재이며, 색채, 촉각적 · 시각적인 재질감과 같은 표면적인 특성이 디자인 콘셉트에 맞는 재료이다. 실내디자이너가 심미적인 공간을 디자인하기 위해서는 공간의 조형성은 물론 바닥, 벽, 천장, 가구 등의 크기와 비례를 고려하여 재료를 선택해야 한다. 이러한 사항은 재료의 면적비, 빛의 반사 및 흡수 정도와 밀접한 관계가 있으므로 디자이너는 이를 염두에 두고 적절한 재료를 선택하는 감각과 미적 판단력을 가져야 한다. 예컨대 가볍고 매끈한 질감과 반사하는 특징을 지닌 자재는 넓은 하이테크한 분위기의 미용실에는 적합하지만 고급스럽고 안락한 분위기의 레스토랑에는 어울리지 않는다.

경제성

경제적인 자재란 가격이 저렴하고 유지관리가 쉬우며 수명이 길어 대체 시까지 드는 비용이 적은 자재이다. 재료의 가격은 매입, 운반, 설치에 드는 비용 모두를 포함한 것이며, 유지관리 비용이란 위생적으로 청결하게 유지하기 위한 인건비와 재료비에 대한 것으로 자재의 수명과도 관계가 있다. 따라서 자재의 초기 구매 가격이 저렴하다고 해서 반드시 경제적인 자재가 아니며, 자재의 수명이 다하여 새로운 자재로 대체할 때까지 드는 총비용을 모두 산정해 보아야 경제성을 평가할 수 있다. 예를 들면 공공공간의 홀이나 복도와 같이 보행량이 많은 바닥재의 경우, 초기 구입 비용이 다소 많이 들더라도 내구성이 커서 수명이 길고, 설치가 간편하며, 내오염성이 큰 자재가 경제적인 자재이다.

친환경성

친환경자재란 제품의 전 라이프사이클life cycle에 걸쳐 환경에 주는 피해가 적은 자재이다. 즉, 원자재를 추출할 때 자연을 훼손시키거나 고갈시키지 않고, 제품 생산과정에서 지나치게 연료를 많이 사용하거나 공기를 오염시키지 말아야 한다. 그리고 설치 시와 사용 중에 인체에 무해하고, 공기를 오염시켜서는 안 되며, 사용 후에는 분리수거가 쉽고 재활용할 수 있어야 한다.

구매자가 직접 친환경자재를 선택할 경우 일반적으로 아래의 사항에 대하여 꼼꼼히 살펴보도록 한다.

다양한 친환경재료

a : 분쇄 유리 재활용 테라초
b : 폐타일 재활용 타일
c : 폐유리 재활용 바닥재
d : 타이어 재활용 고무바닥
e~f : PET병 재활용 카펫과 직물
g : 도료 재활용 라미네이트
h~i : 폐신문지 재활용 흡음타일과 집섬 보드
j : 알루미늄 재활용 패널
k : 폐목재 재활용 판재
l : 폐유리 재활용 바닥재
m~n : 고철 재활용 철강
o : 폐벽돌 재활용 벽돌
p : 플라스틱 접착제 재활용 파티션 직물

- 원자재가 자연환경을 보전할 수 있을 정도로 자원소모율이 낮은가 ?
- 국내산 원자재를 사용한 제품인가?
- 제조과정에서 자원소비와 관련하여 폐자재를 사용하였는가?
- 제품에서 발생하는 휘발성유기화합물(VOCs)의 방산량이 기준에 적합한가?
- 포름알데히드와 살충제로 분류되는 농약 성분이 금지 기준에 적합한가?
- 합성수지 바닥재의 경우 수지첨가재로서 유기주석 화합물, 납 화합물, 카드뮴 화합물 등 유해물질이 사용금지 기준에 적합한가?
- 제품의 구성 원료로서 석면을 사용하지 않은 제품인가?
- 폐기 후 유기적 분해가 가능한가?
- 폐기 후 재사용이나 재활용이 가능한가?

2 실내건축자재의 종류

재료는 건축가와 실내디자이너가 건물을 만들고 실내공간에 형태와 차별성을 부여하기 위해 사용하는 매우 중요한 구성 물질이다. 또한 재료는 사용자에게 그 공간에 대한 물리적 구조와 형태를 인식하게 하고 분위기를 전달해 준다.
이 절에서는 실내를 구성하는 바닥, 벽, 천장, 문과 창문, 가구에 사용되는 자재의 종류와 특성에 대해 살펴보도록 한다.

바닥의 재료

바닥에 적합한 재료를 선택하기 위해서는 바닥의 기능과 요구 조건을 먼저 파악해야 한다. 바닥은 그 위에 여러 가지 물건을 올려놓고 보행하는 부분이므로 바닥재는 튼튼하고 안정감이 있으며 동시에 내구성과 내마멸성, 내오염성, 흡음성, 유지관리의 용이성 등이 있어야 된다.

바닥재로 사용되는 주요 재료로는 목재, 석재, 타일 등의 딱딱한 재료와 합성수지재, 카펫 등의 부드러운 탄성재료가 있다.

목 재

목재는 자체의 색채, 무늬, 질감이 우리에게 매우 친근하여 바닥 마감재 중에서 오래전부터 가장 많이 쓰이던 재료이다. 주성분은 천연목재이지만 원목마루를 제외하고는 대부분이 바탕재로 합판이나 고밀도섬유판HDF : high density fiberboard을 사용하고 있어 원목과 합성목재로 제품이 구성되어 있다고 할 수 있다. 따라서 생산과정에서 첨가되는 물질이 인체에 해가 될 수 있어 친환경 용제와 접착제를 사용하여 안전성을 높이고 있는 추세이다.

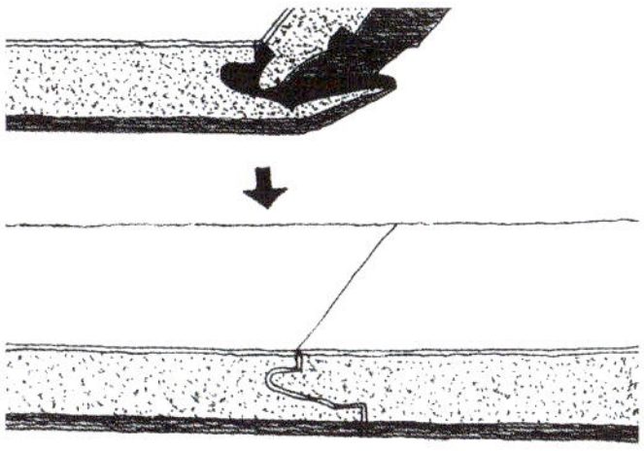

1 클릭형 마루의 단면과 시공 후

2 강화마루로 시공된 거실

목재를 주 성분으로 하는 바닥재에는 원목마루, 합판마루, 강화마루, 온돌마루 등이 있다. 원목마루는 천연 원목으로 만들어지고, 정사각형의 나무조각을 연결하는 방법과 긴 쪽마루를 연결하는 방법이 있으며 후자의 경우, 긴 직선의 반복으로 공간이 더 넓어 보인다. 합판마루는 합판 바탕재 위에 원목 단판을 접착하고 도장한 것이다. 강화마루는 고밀도섬유 바탕재 위에 목재 무늿결의 라미네이트laminate를 붙여 표면 강도를 높인 것이며, 온돌마루는 고밀도섬유 바탕재 위에 천연무늬목을 붙이고 표면을 투명하게 마무리한 것이다.

원목마루에 비해 다른 제품들은 가격이 다소 저렴한 편이나 어떤 형태의 무늬든지 만들 수 있다는 장점이 있다. 내구성은 강화마루와 원목마루가 좋으나 강화마루는 물기에 약하고, 원목마루는 긁힘에 다소 약하다.

마루를 까는 방법은 접착제를 사용하는 방법과 접착제를 사용하지 않고 유닛unit을 끼우는 클릭click식이 있는데, 접착제는 종류에 따라 실내공기질을 크게 좌우하여 근래에는 공기질 저하에 큰 문제가 없고 분리수거가 용이한 클릭형 마루를 많이 사용하고 있다.

합성수지재

합성수지 바닥재는 걸을 때 촉감이 부드럽고 소음이 적으며 색채와 무늬가 다양할 뿐 아니라 시공과 유지관리도 간편하여 일반적으로 많이 사용되는 재료다. 그러나

3 다양한 색채와 질감의 합성수지 타일 바닥재

우리나라에서는 원자재인 원유를 전량 수입에 의존하고 생산과정에서 다양한 종류의 환경저해물질을 첨가하기 때문에 환경에 주는 충격이 커 친환경 측면에서는 그리 권장되지 않았다. 이러한 문제를 극복하기 위해 국내 제품의 경우, 생산과정에서 인체와 환경저해물질을 최대한 낮추고 숯, 천연옥, 황토, 나노은 등을 첨가하여 항균력, 내오염성, 인체의 혈액순환을 높이는 친환경 제품을 출시하고 있다.

합성수지 바닥재는 비교적 단단한 촉감을 가진 타일류와 부드러운 촉감을 가진 두루마리 형태의 시트sheet가 있다. 합성수지 타일이란 우리가 흔히 P타일이라 부르는 염화비닐 타일을 일컫는 것이며, 합성수지 시트란 비닐 장판, 혹은 PVC 장판으로 불리우는 염화비닐 시트이다.

내구성은 일반적으로는 비닐 장판류가 P타일보다 약해 심한 충격에 흠집이 생길 수 있다. 바닥에 설치할 때에는 친환경접착제의 사용이 권장되고 수명이 다해 폐기할 때에는 분리수거하여 재활용하도록 한다.

석 재

석재는 값이 비싼 고급재료이며 차가운 느낌을 주는 천연자재여서 더운 지방에서 더 많이 사용된다. 석재는 열 저항력과 내구성이 강해 고대부터 구조재와 마감재로 사용되어 왔고 현재에는 마감재로 주로 쓰인다. 원자재는 자연석이지만, 이를 가공하기 위해 절단, 분쇄, 세공, 광택작업을 하는 동안 먼지가 많이 발생하고 인체에 유해한 물질이 방출될 가능성이 있으므로 주의가 필요하다.

석재의 마감처리방법에는 크게 물갈기, 버너구이, 혹두기 이렇게 세 가지가 있다. 물갈기는 석재 표면에 광택이 나도록 매끈하고 반짝반짝하게 표면을 연마하는 것이며, 버너구이는 매끈하긴 하지만 광택을 없애기 위해 불로 굽는 것이고, 혹두기는 표

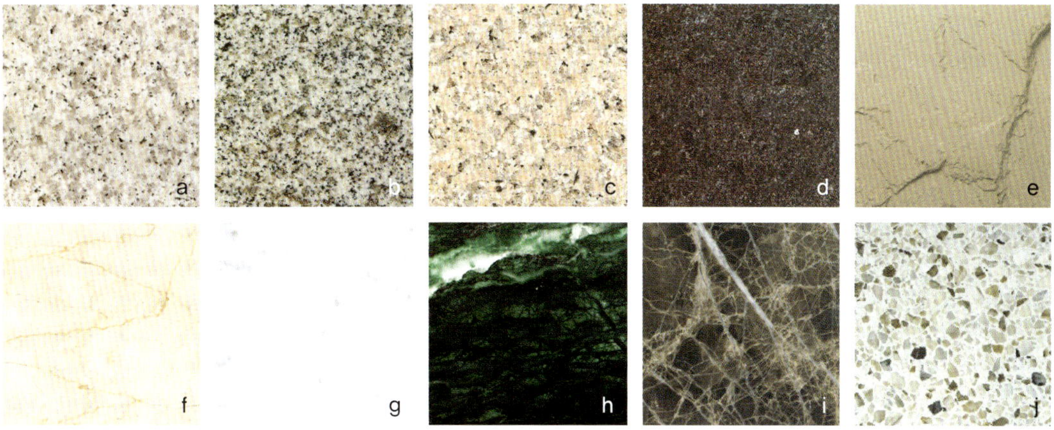

4 **석재 바닥재의 종류**(a : 포천석, b : 거창석, c : 문경석, d : 마천석, e : 샌드스톤, f : 보티치노, g : 비안코카라라, h : 그린마블, i : 마론엠페라, j : 테라초)

면의 거친 느낌을 그대로 살리는 것이다. 이처럼 석재는 표면처리를 어떻게 하느냐에 따라 매우 다른 느낌을 주므로 용도와 취향에 따라 가공한다. 일반적으로 매끈하게 다듬어서 사용하면 화려한 느낌을 주고 자연석을 그대로 사용하면 소박한 느낌을 준다.

내장재로 많이 쓰이는 석재에는 화강석, 사암, 대리석, 테라초 등이 있다. 우리나라에서 많이 사용하는 화강석에는 포천석, 거창석, 문경석, 마천석 등이 있고, 사암 종류로는 샌드스톤, 대리석으로는 보티치노, 비안코카라라, 그린마블, 마론엠페라 등이 있다. 테라초는 대리석 조각을 시멘트 모르타르와 혼합한 후 표면을 매끄럽게 간 것이다.

화강석은 보통 대리석보다 강하지만 내열성은 대리석보다 약한 편이고 대리석처럼 연마하면 아름다운 광택을 내며 특히 내후성썩지 않는 성질이 강하다. 사암은 석재 가운데 강도가 가장 약한 편이지만 밝고 아름다운 무늬와 색채를 지녀 바닥보다는 벽 내장재로 많이 사용된다. 대리석은 무늬와 광택, 색상이 아름답지만 석재 중에서 물에 약한 편이며, 빗물이나 공기 중의 아황산가스 등에 의해 광택이 없어지므로 외장재보다는 내장재로 많이 쓰인다. 석재를 가공할 때 나오는 조각은 수거 후 재활용이 가능하며, 폐기 시에도 분리수거하여 재활용하도록 한다.

타 일

타일은 점토소성재로, 유지관리가 간편하고 청결한 느낌을 주어 습한 곳이나 청결을

5 **대리석으로 마감된 실내 바닥**(미국, 에모리대학 박물관)

6 **타일로 시공된 욕실 바닥**

요하는 공간에 많이 사용되고 있다. 주 원료는 점토이므로 아직까지 사용 양이 풍족한 편이나 채취하면 재생이 불가능하고 지나치게 채취하면 토양의 침식과 환경파괴의 가능성이 있다.

따라서 생산과정과 시공 시 발생하는 부산물은 적극적으로 재활용하는 것이 좋으며 시공이 끝난 후에도 차후 보수를 위해 잔여제품을 보관할 필요가 있다.

타일은 붙이는 방법에 따라 다양한 디자인을 시도할 수 있다. 시공방법으로는 접착제로 붙이는 건식공법과 모르타르 위에 붙이는 습식공법이 있으며, 접착제로는 친환경접착제가 권장된다.

보통 타일은 벽타일과 바닥타일로 생산되며 벽타일보다는 바닥타일이 내구성이 강해야 한다. 또한 단단하고 차가우므로 바닥재로 사용할 때는 그 위에 탄력성이 있고 부드러운 러그rug를 깔아 주면 좋다.

카 펫

카펫carpet은 부드러운 촉감과 따뜻함, 탄력성, 흡음성이 뛰어나고 다양한 색채와 무늬를 살릴 수 있는 섬유재이다.

카펫의 재료는 천연섬유인 모, 면, 마로 된 것과 합성섬유인 아크릴, 나일론으로 된 것이 있다. 천연원자재 제품은 재생이 가능하므로 친환경적이라 할 수 있으나 이외의 석유화학제품은 일반적으로 환경 오염물질이 발생된다. 최근에는 페트PET병을 재활용한 친환경 카펫도 출시되고 있다.

천연섬유로 만든 카펫은 촉감이 좋고 알러지와 정전기를 일으키지 않지만, 값이 비싸고 내구성이 적다. 이에 비해 합성섬유 카펫은 정전기를 일으키지만, 내구성이 좋고 손질이 쉬우며 값이 싼 것이 장점이다.

카펫은 두루마리 형태의 롤roll 카펫과 유닛unit 형태의 타일tile 카펫이 있다. 까는 방법에는 '전체 깔기wall to wall carpet'와 '부분 깔기rug'가 있다. 전체 깔기는 롤 카펫이나 타일 카펫을 문과 기둥을 제외한 나머지 부분에 빈틈없이 까는 방법이며, 공간이 넓어 보이고 통일성이 있다. 부분 깔기는 필요한 부분에만 단위재로 생산되는 러그를 깔아주는 방법이며, 칸막이나 벽이 없어도 심리적으로 공간을 구분해 주는 효과가 있다.

좁은 공간에 러그를 깔면 답답하고 좁아 보일 수 있으므로 일반적으로 넓은 실내에는 부분 깔기를, 좁은 실내에서는 전체 깔기를 하는 것이 무난하다.

카펫 털pile의 모양과 길이도 실내분위기에 영향을 주는데, 대체적으로 털의 단면을 일정 높이로 자른 컷 파일cut pile이 털의 모양이 고리처럼 생긴 루프 파일loop pile 보다 포근한 느낌을 준다. 그리고 털이 긴 카펫이 짧은 카펫보다 흡음성이 좋고 아늑하며 부드러운 느낌을 주지만 먼지가 잘 끼므로 유지관리는 어렵다. 카펫의 색채와 무늬도 실내공간의 넓이에 따라 달라져야 한다. 색채와 무늬가 주변의 다른 요소들과 대조적인 경우에는 공간을 아늑하게 하지만 좁아 보이게 하고, 유사한 경우에는 그 반대효과를 준다.

카펫을 깔 때에는 휘발성 유기화합물VOCs이 덜 발생하는 접착제를 사용해야 하며 설치 후 2~3일 정도의 환기가 필요하다. 우리나라에서는 재활용률이 매우 낮은 실정이나 분리수거가 쉬운 편이므로 외국처럼 재활용률을 높일 필요가 있다.

7 컷 파일과 루프 파일 단면

벽의 재료

벽의 재료를 선택할 때에는 벽의 기능을 고려하도록 한다. 지지력이 필요한 내력벽은 내구성이 특히 요구되며 동시에 단열성, 차음성, 흡음성, 내화성도 요구된다.

칸막이벽은 장식성과 내오염성, 유지관리의 용이성이 요구되며, 특히 부엌이나 욕실의 벽은 내수성, 내화성도 요구된다.

일반적으로 벽의 재료로는 목재, 석재, 타일, 벽돌, 회벽, 합성수지재, 콘크리트, 벽지, 유리, 직물 등이 쓰이나, 여기에서는 바닥재와 중복되지 않는 재료만 설명하도록 한다.

벽 지

벽지는 벽에 가장 일반적으로 쓰이는 마감재료이며, 장식성, 시공성, 기능성이 우수하다. 원료에 따라 종이벽지, 발포벽지, 섬유벽지, 비닐벽지, 갈포벽지 등이 있다.

종이벽지의 원료는 펄프이므로 천연소재이지만 인쇄용 착색제는 대기오염 및 독성 침전물을 발생시킨다. 비닐벽지는 생산과정에서 염화비닐단량체vinyl chloride monomer 및 대기와 수질을 오염시키는 물질을 방출하고 곰팡이 방지를 위해 첨가하는 포르말린은 인체에 매우 유해하다. 따라서 요즈음에는 인체 유해물질을 덜 방출하는 고휘발성 유성잉크나 수성잉크를 사용한 제품을 생산하는 추세이며 시공 시에도 녹말풀이나 인체에 무해한 접착제를 사용한다. 또 국내제품의 경우 원적외선, 음이온, 게르마늄 등을 첨가하여 탈취, 방오, 공기정화기능을 높여 친환경 건축자재 인증마크HB마크와 환경마크EL마크를 받은 제품도 많이 유통되고 있다.

종이벽지는 종이에 무늬와 색채를 프린트한 것으로 비교적 값이 싸다. 최근에는 종이벽지 위에 플라스틱 기포를 뿜어서 만든 발포벽지가 많이 쓰이고 있다. 발포벽지는 종이벽지에 비해 탄력성이 있어 흡음성과 질감이 좋으며, 표면이 비닐이므로 물로 닦을 수도 있다. 기포의 크기에 따라 저발포, 중발포, 고발포로 구분되며, 기포가 클수록 성능이 좋으므로 값도 비싸진다.

섬유벽지는 흔히 비단벽지로 불리는 것으로, 색채, 무늬, 흡음성, 촉감, 분위기가 좋아서 고급내장재로 사용되지만 값이 비싸다. 비슷한 분위기를 내면서도 경제적인 것으로 인견rayon 벽지가 있다.

비닐벽지는 실용적이며, 방수성이 있어서 부엌이나 욕실에 타일벽의 대용으로 쓰인다. 또한 더러움이 쉽게 타는 어린이 방에 사용하면 물로 닦을 수 있어 편리하다.

갈포벽지는 종이벽지 위에 칡 섬유의 줄기를 붙여서 만든 것으로 질감이 거칠고 흡음성이 좋아서 아늑한 분위기를 만들어 준다. 그러나 표면이 거칠어 먼지가 잘 타므로 유지관리에는 불편하다.

벽지 가운데 내구성이 가장 좋은 것은 비닐벽지이지만, 비닐벽지조차 다른 종류의 실내마감재에 비하면 약하다. 벽지는 사용 후 재활용하기 힘들므로 제품의 수명을 연장하기 위해서는 내마모성, 내오염성이 좋은 제품을 권장하며, 낡은 벽지를 교체할 때 기존 벽지의 부착상태가 양호하다면 그 위에 시공하여 폐기물을 줄일 수 있다.

회반죽

회반죽석고, plaster은 석고가루를 물, 석회, 모래 등과 배합하여 반죽한 후 반 액체상태로 벽이나 천장에 바르는 방법으로, 중세부터 흔히 쓰였다. 보통 흰색으로 마무리하며, 매끄럽게 처리할 수도 있고 텍스처를 주어 표면적 효과를 나타낼 수도 있다. 모든 이음새나 흠집, 오염을 가려 주므로 통일된 마감효과를 얻을 수 있다.

8 목재와 회반죽으로 마감된 벽

유 리

유리는 최근에 커튼월공법의 건물이 발달되면서 벽의 재료로 쓰이는 대표적인 자재이다. 유리 제조에 쓰이는 주 원료는 규사이며 사암에서 추출한다. 유리는 재활용률이 가장 높은 자재이므로 친환경재이다. 그러나 색유리, 망입유리와 같은 유리는 기능이 보강된 대신에 성형과정에서 이물질이 첨가되었기 때문에 폐기 시 재활용이 어렵다.

벽재료로 쓰이는 유리는 거울, 판유리, 유리 블록으로 크게 나뉜다. 거울은 장식성이 강하고 시각적으로 넓은 느낌을 주어 예로부터 많이 사용되었다. 판유리는 투명성을 유지할 수도 있고 표면에 다양한 두께, 농담, 색채로 채색을 하거나 표면처리를 할 수 있다. 가장 흔히 쓰이는 투명거울 외에 회색, 붉은색, 엷은 청색을 띠는 거울이 시판되고 있다. 투명유리를 벽체로 쓸 경우에는 차음성, 단열성이 좋으면서도 채광과 시선의 연장이 가능하므로 불투명재료를 사용했을 때보다 공간이 더 넓어 보이는 효과가 있다.

안전사고 예방과 보안을 위해 개발된 유리로는 접합유리, 강화유리, 망입유리가 있다. 접합유리는 충격에 의해 유리 표면이 금이 가도 사이에 접착성이 있는 플라스틱층이 있어 안전하고 보온성이 뛰어나며, 강화유리는 깨지기 쉬우나 깨져도 조약돌 크기의 작은 조각으로 부서지므로 일반 유리보다 매우 안전하다. 망입유리는 일반유리만큼 잘 깨지나 고온의 열과 충격, 고압에 노출되었을 때 철망에 붙어 분산되지 않으므로 안전유리와 건물의 방화유리로 많이 쓰인다.

유리 블록은 두 개의 움푹 파인 반사유리를 함께 압축한 것으로 부분적으로 공기를 제거하거나 다른 종류의 기체를 주입하기도 한다. 반투명하므로 채광효과는 줄어들

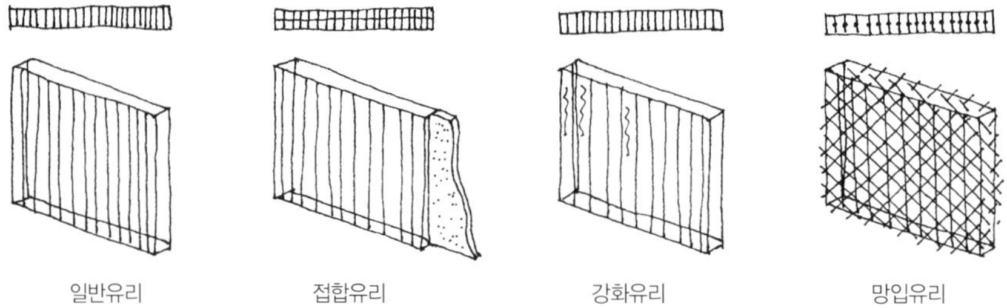

9 건축용 유리의 종류

10 영역 구분, 동선 유도, 장식적 용도로 설치된 유리 블록 벽

지만 차음성과 시선차단의 효과가 있어 프라이버시 확보가 가능하다.

콘크리트

과거에는 콘크리트가 마감재보다는 구조재로 쓰였고, 그 위에 다른 마감재로 치장하는 경우가 많았다. 콘크리트를 마감재로 쓰는 경우에는 콘크리트의 회색과 거푸집의 질감을 그대로 노출시킴으로써 재료의 특성을 살리는 경우와 그 위에 페인트를 칠하거나 다른 재료로 마감하여 콘크리트의 특성을 감추는 경우가 있다.

최근에는 재료 자체의 순수성을 살리는 현대적

11 노출 콘크리트 벽(일본 오사카, 빛의 교회, 안도 다다오)

인 디자인 경향 때문에 그대로 노출시키는 경향이 늘어가고 있는데, 대표적인 예가 안도 다다오의 작품들이다. 그는 콘크리트 블록을 유닛화하여 건축의 구조를 완성하고 이를 노출시킴으로써 구조의 형태가 재료의 순수성과 어우러진 건축가 특유의 작품을 내놓고 있다.

일반적으로 노출 콘크리트는 표면을 감싸는 또 다른 재료가 필요 없어 자재를 절약할 수 있고 폐기 후 수거가 간편하며 재활용할 수 있어 환경친화적 자재로 평가되고 있다.

타 일

타일은 점토를 소성하여 만든 것으로 외장 · 내장용 벽재료로 모두 쓰인다. 내장용 타일은 유약을 발라 굽게 되므로 때가 쉽게 묻지 않고 청소 등의 관리가 용이하다. 내장 타일은 공간의 분위기를 주도할 수 있을 정도로 개성적이며 아름다운 디자인이 많아 트렌디한 디자인의 공간에 많이 사용된다.

타일의 호칭과 재료, 용도

호 칭	재 료	용 도
내장 타일	자기, 석기, 도기	건물의 내장용
외장 타일	자기, 석기	건물의 외장용
바닥 타일	자기, 석기	바닥, 계단
모자이크 타일	자기	내장, 외장, 바닥

천장의 재료

천장에 적합한 재료를 선택하려면 공간의 기능이 우선적으로 고려되어야 하고 공간의 높이, 조명과의 관계가 파악되어야 한다.

일반적으로 천장은 손이 닿기 어렵기 때문에 내마모성이 크게 요구되지는 않으나 내오염성과 흡음성, 단열성이 요구되며, 대부분 천장 속으로 전선電線이 통과하므로 내열성도 요구된다. 특히 부엌 천장은 내열성이, 욕실 천장은 내습성이 중요하다.

12 흡음텍스로 마감된 주거공간의 천장

13 반투명 플라스틱 천장재로 마감된 놀이시설 천장

마감재의 질감과 색채는 빛과 음의 반사와 흡수에 영향을 미치고, 천장에는 조명기구를 부착하게 되므로 천장재의 색채나 질감은 실내 조도에 영향을 미칠 수 있다. 천장재의 색채는 밝을수록 빛의 반사효과가 크고, 질감은 매끄러울수록 반사효과가 크다. 이러한 특성을 잘 활용하면 전기 소비도 줄일 수 있다. 또 높은 천장에는 진한 색의 천장재를 사용하여 낮아 보이게 하고, 낮은 천장에는 밝은 색의 천장재를 사용하여 높아 보이게 함으로써 천장 높이를 시각적으로 교정할 수 있다. 벽 마감재와 천장 마감재를 같이 사용하면 서로 다른 재료를 사용했을 때보다 공간이 연장되어 더 넓어 보인다.

천장의 재료로는 목재, 벽지, 섬유질판, 석고보드, 콘크리트, 유리, 합성수지재, 플라스틱, 회반죽 등이 쓰인다. 여기서는 앞에 다룬 내용과 중복되지 않는 자재에 대해서만 설명하도록 한다.

섬유질판

섬유질판은 보통 흡음텍스tex라고 부르며, 부드러운 무기질 섬유mineral wool를 압축하여 만든 것이다. 이것은 가볍고 공기구멍이 많아 내수성·내구성은 적으나 최근에는 불연재로 생산하고 있고, 흡음성이 좋아서 방송실, 녹음실, 교실 등의 천장재로 많이 쓰인다. 판 형태로 시판되는 것과, 시공성을 높이기 위하여 타일 형태로 시판되는 것이 있다.

석고보드

석고보드gypsum board는 석고와 섬유를 압축하여 만든 것이며 다양한 두께로 생산된다. 단열성이 뛰어나고 여러 겹으로 붙여 사용하면 내화성도 높아진다. 기공이 많아 흡음성이 좋으나 표면이 매끈하지 않아 먼지가 쉽게 앉을 수 있다.

플라스틱

플라스틱 천장재는 가볍고 흡수성이 없어 내수성이 필요한 욕실의 천장재로 많이 쓰인다. 투명한 것과 반투명한 것이 있으며, 특히 자연채광이나 인공조명을 활용한 간접조명을 할 때 유용하게 쓰이는 재료이다. 반투명 재질 중 창호지와 같은 느낌을 주는 제품은 빛을 고르고 부드럽게 확산시켜 천창의 재료로 유리 대신에 많이 사용된다.

문과 창문의 재료

문과 창문의 재료로는 목재, 철재, 알루미늄, 유리, 종이 등이 사용된다. 문과 창문은 한 가지 재료를 사용하기도 하나 몇 가지 재료를 조합하여 완성하기도 하는데, 철재문의 일부에 스테인드글라스를 곁들여 디자인하거나, 목재문의 일부에 유리를 사용하는 예가 바로 그것이다. 또한 유리문의 경우, 문틀 없이 유리만으로 된 문도 있으나 나무나 금속재의 문틀을 사용하는 경우도 있다. 결국 동일한 형태의 문도 재료에 따라 전혀 다른 분위기의 문을 만들 수 있다.

목 재

문의 재료 중 가장 일찍부터 사용된 재료는 목재이다. 목재는 강도에 비해 무게가 가볍고 촉감이 좋으며, 친근감이 있어 어디서나 많이 사용된다.

목재문을 제작하는 방법으로는 원목을 그대로 사용하는 방법과 합판으로 플러시 도어flush door를 만드는 방법이 있으며, 종종 유리나 다른 재료가 부가되기도 한다. 원목문은 충분히 건조된 나무를 사용해야 뒤틀리거나 쪼개지지 않는다. 플러시 도어는 문의 앞 뒤에 합판을 사용하고 그 사이에 심재를 넣은 후 합판의 표면에 무늬목을

14 목재문에 이용된 철재 장식

붙이거나 조각된 나무를 붙여 장식한 문이며, 내부는 비어 있는 상태이고 특별히 방음을 필요로 하는 경우에는 문의 내부에 흡음재를 채워 소리를 흡수하도록 만든다. 플러시 도어는 원목문에 비해 값이 싸고 가벼워 많이 쓰인다.

모든 목재문이나 창문은 도장을 잘 해주어야 습기와 외기에 잘 견디고 썩지 않아 수명이 길어진다.

철 재

철재는 육중하고 무게감이 있어 내부보다는 외부용 대문이나 현관문의 재료로 많이 쓰인다. 종전에는 폐쇄적인 디자인의 철재 대문이 많이 쓰였으나 최근에는 내 · 외부가 투시되는 철재 대문이 많이 쓰인다. 대문에 투시성을 주면 공간이 확장되어 보이고 주택의 외부공간이 아름답다면 이를 내부로 유입시킬 수 있는 장점이 있다. 철재문을 외부에 사용할 때에는 방청제를 칠해 녹이 스는 것을 방지해야 한다.

알루미늄

알루미늄은 금속재 가운데 매우 가볍고 녹이 슬지 않으며 가공하기가 쉬워 철재 대용으로 많이 이용되는 금속이다. 문이나 문틀, 난간, 문 손잡이 등의 재료로 흔히 사용된다.

15 **전통주택의 안방에 사용된 불발기문**(경북 안동, 북촌댁)

종 이

종이는 우리나라 전통주택의 내부용 문과 창에 많이 쓰이는 고유한 재료로, 대표적인 것이 창호지이다. 창호지는 우리나라와 일본 등의 동양권에서 사용해 온 창의 재료로, 직사광의 투과율은 낮으나 빛을 균일하게 투과하므로 은은한 빛을 얻을 수 있어 동양적인 독특한 정취를 준다.

다른 재료와 달리 무게가 가볍고 통기성이 좋으나 외부의 한기와 소음을 차단하는 효과는 적으므로, 전통 창호의 경우 이중문으로 하여 안쪽의 문은 창호지문으로, 바깥쪽은 유리나 나무덧문으로 하는 경우가 많다. 종이를 발라서 만드는 문 중에는 나무로 문살을 만들지 않고 문의 내 · 외 양쪽에 두껍게 종이만을 발라서 만드는 '맹장지문' 과 맹장지의 한가운데 일부분만을 문살로 만들고, 거기에 얇은 창호지를 발라서 실내에 불이 켜진 것을 밖에서도 볼 수 있게 한 '불발기문' 이 있다.

유 리

유리는 현대 건축의 문과 창에 많이 사용되는 재료로, 20세기에 들어서 유리의 발달은 문과 창의 디자인에 큰 영향을 미쳤다. 유리로 만든 문이나 창문은 개방감이 있어 건물 내·외부 공간을 시각적으로 연장시켜 실내를 더 넓어 보이게 하는 장점이 있다. 유리를 이용한 문과 창문은 구분이 모호한 경우도 종종 있으나 문의 재료로 사용되는 유리는 안전과 보안을 고려해 창유리보다 더 높은 강도가 요구된다.

유리의 종류에는 일반투명유리, 안전유리, 단열유리, 열반사와 흡수유리, 장식유리 등이 있다.

일반투명유리

일반투명유리는 태양 직사광의 투과율이 높아서 채광효과가 가장 좋고 시야가 가려지지 않아 일반적으로 많이 쓰이고 있다.

안전유리

안전유리는 열이나 충격으로 쉽게 파손되는 것을 방지할 목적으로 여러 가지 방법으로 특수처리를 한 것이다.

강화유리는 판유리를 가열한 후 급랭하여 강도를 증가시킨 것으로, 같은 두께의 판유리에 비하여 3~5배 강하다. 파손 시에는 파편이 작은 알갱이가 되므로 큰 상처가 나는 것을 방지할 수 있다.

망입유리나 선입유리는 방화용이나 도난방지용으로 개발된 것으로, 유리 내부에 철망이나 철사를 넣어서 만들기 때문에 화재 시에도 유리의 파편이 흩어지지 않아 안전하다.

단열유리

일명 로이low-E 유리, 복층 유리pair glass라고도 하며, 건물의 에너지를 절감하고 외부의 소음을 차단하기 위한 용도로 개발되었다. 이 유리는 2~3층으로 분리된 유리판 사이에 6~12mm 이상까지 공기층이나 가스 공간층을 두고 접합한 것이다. 연구 결과에 의하면, 경량 콘크리트 700mm 두께가 얻을 수 있는 소음방지효과는 6mm짜리 유리 두 장 사이에 공기층 160mm를 둔 복층유리전체 두께 172mm의 효과와 같다고 한다. 이처럼 유리는 어떤 재료보다도 얇은 두께로 소음을 방지할 수 있는 우수한 재료이다.

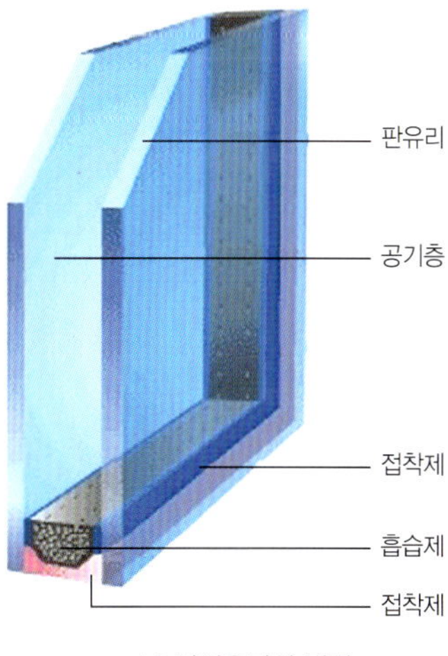

16 단열유리의 단면

17 벤틸로 의류 매장의 색유리 문

18 주택 주출입구의 장식유리 문

열흡수유리(색유리)

보통 색유리라 불리는 것으로, 유리에 브론즈, 그레이, 블루의 엷은 색을 넣어 태양의 반사 에너지를 유리로 흡수하여 냉방 부하를 경감시키거나, 건물외장 색채 계획의 디자인적 용도로 많이 쓰인다. 색유리는 채광효과가 무색유리보다 떨어지고 색이 진할수록 더 떨어지나, 유리에 색을 연하게 넣으면 실내에서는 밖이 잘 보이나 밖에서는 실내가 잘 들여다 보이지 않아 프라이버시 확보용으로 많이 쓰인다. 색유리는 자외선 방지효과가 있어 주택 이외에 상품 진열장에도 사용된다. 유리에 색을 진하게 넣으면 햇빛이 색유리를 통과하면서 내는 독특한 효과 때문에 신비한 느낌을 준다. 디자인한 색유리를 오려서 납땜으로 붙여 만든 것이 스테인드글라스이다. 스테인드글라스는 중세의 성당 건물 내부에 신비한 채광효과를 주기 위해 필수적으로 사용되었다.

열반사유리

보통 매직유리magic glass라 불리는 것으로, 유리 표면에 금속 산화막을 코팅하여 태양 에너지를 반사하고 냉방 부하를 경감시키는 유리이다. 낮에 옥외에서 보면 거울같이 보이는데, 이것은 이 유리가 일종의 반 거울효과를 갖고 있기 때문이다. 매직 유리는 어두운 쪽에서 밝은 쪽을 볼 때만 물체가 보이는 특수한 유리이다. 그러므로 낮에는 실내에서 실외가 잘 보이지만 밤에는 실내에 불을 켜므로 이와 반대현상이 일어난다.

벽 전체가 유리로 된 최신형의 유리건물에서 흔히 사용되는데, 낮 동안에는 사무실이 전혀 들여다보이지 않는다. 그러나 전망용 창에 매직유리를 사용하면 밤에는 밖의 경치를 감상할 수 없어 부적합하다.

장식유리

장식유리는 유리의 기능 외에 표면처리를 하여 장식성과 심미성을 높인 것으로, 일반 유리에 모래를 분사한 젖빛유리, 산화처리를 하여 문양을 넣은 에칭유리etching glass가 대표적으로 쓰이고 있다. 투명유리보다 직사광의 투과율은 낮으나 채광효과가 있으면서도 장식적 효과를 높이고 프라이버시를 확보할 수 있다. 장식유리는 주로 실내의 파티션, 욕실의 샤워실 문, 현관문 등에 사용된다.

가구의 재료

예로부터 가구를 만드는 데에는 우리 주변에서 흔히 구할 수 있는 재료들을 이용하였다. 고내로부터 사용되어 온 가구의 재료로는 목재, 석재, 금속재를 비롯하여 직물, 유리, 가죽 등이 있으며, 최근에는 합성수지 재료들도 용도에 맞게 다양하게 이용되고 있다.

목 재

천연목재 원목

가구의 재료로 사용되는 목재는 삼나무, 소나무, 노송나무 등의 침엽수와 졸참나무, 너도밤나무, 자작나무, 오동나무, 느티나무, 티크teak, 호두나무, 등나무, 마호가니 mahogany 등의 활엽수가 있다. 침엽수는 활엽수에 비해 비중이 가볍고 부드러우며 무른 편이다.

◆ 장 · 단점

- 가볍고 가공이 쉬우며 촉감이 좋다.

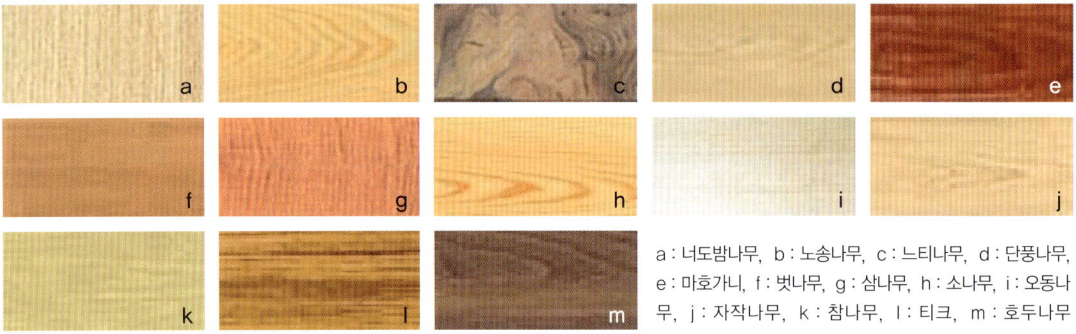

a : 너도밤나무, b : 노송나무, c : 느티나무, d : 단풍나무, e : 마호가니, f : 벚나무, g : 삼나무, h : 소나무, i : 오동나무, j : 자작나무, k : 참나무, l : 티크, m : 호두나무

19 천연목재의 종류

- 비중에 비하여 강도가 크며 열전도율과 열팽창률이 작다.
- 종류가 다양하여 각 나무별로 무늬도 다르고 우아하다.
- 산성이나 염분에 강한 편이다.
- 내화성이 작아 불에 타기 쉽다.
- 흡수성이 커서 습기가 많은 곳에서는 부식하기 쉽다.
- 직사일광을 쬐면 뒤틀려 변형된다.
- 충해를 입을 수 있고, 풍화로 인하여 내구성이 저하될 수 있다.

◆ 무늬

목재의 무늬를 결정하는 데는 나이테, 절단 방향, 심재心材와 변재邊材 등이 관계된다. 나이테는 수목의 성장연수를 나타내는 동시에 강도의 표준이 되고 춘재春材와 추재秋材로 이루어져 있다. 춘재와 추재의 한 쌍의 너비를 합친 것이 한 나이테이므로 한 나

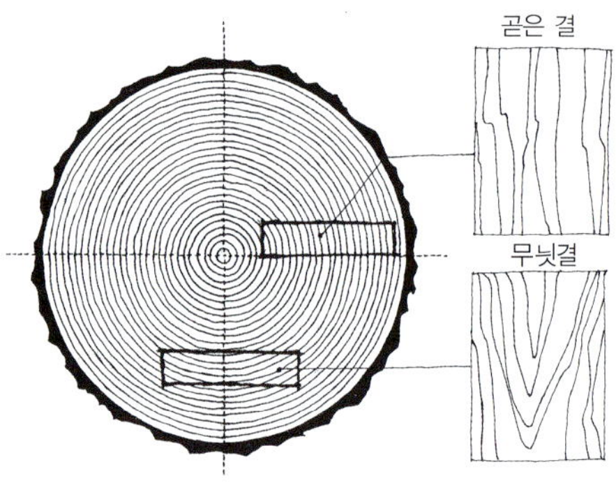

20 목재 절단방향에 따른 목재 무늿결

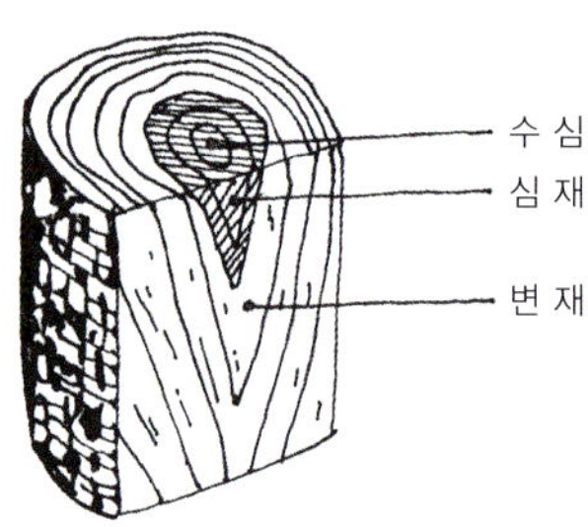

21 원목의 구성

이테가 만들어지는 데 1년이 걸린다. 춘재는 봄과 여름에 걸쳐서 성장한 세포로 성장 속도가 빨라 세포가 크고 세포막은 얇으며 유연하다. 추재는 가을에서 겨울에 걸쳐서 성장한 세포로 성장 속도가 느려 세포가 작고 세포막은 두꺼우며 견고하다. 나이테는 열대지방이나 한대지방보다는 사계절의 차이가 큰 온대지방에서 자란 나무의 경우에 더 뚜렷하다.

22 천연목재 벤치

◆ 절단방법

목재는 같은 종류의 나무라도 절단하는 방향에 따라 다른 무늬를 얻을 수 있다. 곧은결의 목재는 나이테에 직각 방향이 되게 자른 것으로 세로줄 무늬가 있으며, 주로 구조재로 쓰인다. 무늿결의 목재는 원목의 지름과 평행인 방향이 되게 절단한 것으로 무늬가 아름다우므로 주로 장식재로 쓰인다.

◆ 심재와 변재

나무의 심재와 변재는 색이 다르고 재질의 단단한 정도도 다르다. 심재는 목재의 수심 가까이 있는 부분으로 색이 진하고 세포가 견고하며 단단하다. 변재는 목재의 겉껍질 가까이 있는 부분으로 수액樹液의 유통과 저장 역할을 하고, 색과 세포가 연하다. 따라서 변재는 심재에 비하여 건조됨에 따라 수축과 변형이 심하고 내구성이 부족하여 충해를 받기 쉽다.

합성목재 가공목재

가구재로 쓰이는 목재에는 목재를 원목상태로 사용하는 경우도 있지만, 최근에는 목재를 원료로 여러 가지 가공을 하여 생산된 제품들이 함께 쓰이고 있다. 이러한 목재 제품에는 합판, 집성목재, 인조목재, 코어core합판, 섬유판, 파티클 보드particle board 등이 있다.

◆ 합 판

합판은 얇은 판을 한 장마다 섬유방향이 직각이 되도록 3, 5, 7, 9 등의 홀수 겹으로 붙여서 만는 판이다. 이때 한 장의 얇은 판을 난판veneer이라 하는데, 요스음에는 난판의

90% 정도는 주로 로터리 베니어rotary veneer로 만든다.

로터리 베니어는 통나무를 돌려가며 깎아서 얇은 판을 만드는 방법으로, 얼마든지 넓은 단판을 얻을 수 있고 원목의 낭비가 없으며 생산능률도 높다.

합판은 원목판재에 비하여 질이 고르고 단판을 서로 수직으로 붙인 것이므로 잘 갈라지지 않고 방향에 따른 강도의 차이가 적으며, 뒤틀림이 없어 팽창, 수축을 방지할 수 있다.

합판의 양쪽 표면에 아름다운 무늬목을 붙이면 훌륭한 가구재가 될 수 있다.

합판에 열처리를 하면 곡면목재bent wood를 만들 수 있다. 곡면목재는 원하는 곡선의 형태를 얻을 수 있기 때문에 최소한의 접합으로 원하는 모양의 가구를 만들 수 있는 장점이 있다.

◆ **집성목재**

집성목재는 두께 15~50mm의 판재를 여러 장 겹쳐서 접착시킨 판이다. 집성목재는 합판과는 달리 모두 섬유방향에 평행하게 붙이며, 붙이는 판재의 수는 홀수가 아니라도 된다. 이것은 보, 기둥에 사용할 수 있는 큰 단면의 판으로 만들 수 있다. 집성목재의 장점은 목재의 강도를 인공적으로 자유롭게 조절할 수 있으며 응력에 따라 필요한 단면을 만들 수 있다는 점이다. 또한 필요에 따라 아치arch와 같이 굽은 목재나 길고 단면이 큰 부재도 간단히 만들 수 있다.

23 합판 적층기법으로 제작된 라운지 체어

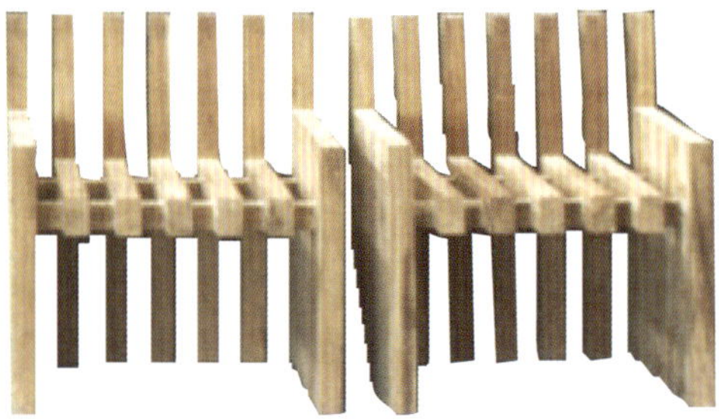

24 집성목재 의자

◆ 코어합판

코어core합판은 합판 사이에 얇은 격자나 침엽수 등의 경량 원목 심재 또는 종이, 알루미늄재의 코어를 맞대어 밀착한 합판으로 가볍고 강도가 높으며 넓은 판면을 얻을 수 있다.

◆ 섬유판

섬유판에는 연질 섬유판과 경질 섬유판이 있다. 연질 섬유판은 초목의 섬유를 원료로 하여 펄프로 만들고 이를 접착제, 방수제와 혼합하여 가압, 탈수, 성형, 건조시켜 만든 판이다. 표면은 황갈색이나 회갈색이며 가볍고 기공이 많아 흡음성, 단열성이 우수하다. 또한 강도가 약하고 흡수성도 커서 습기로 인하여 휘어지기 쉽다. 일반적으로 인슐레이션 보드insulation board 또는 텍스tex라고 부른다.

경질 섬유판과 반경질 섬유판은 원목에서 2cm 정도의 나뭇조각chip을 만들어 섬유화한 후 방수제 등을 첨가하여 가압·가열하여 성형하고 재단하여 만든 판이다. 실내의 벽이나 천장재로 쓰이기도 하고, 두꺼운 것은 바닥재, 테이블 상판으로도 쓰인다. 대표 제품으로는 하드보드hard board 또는 세미 하드보드semi hard board 등이 있다.

◆ 파티클 보드

파티클 보드particle board는 칩 보드chip board라고도 하며 목재를 두께 0.1~0.5mm, 너비 2~10mm, 길이 10~30mm로 꺾은 나뭇조각에 합성수지계 접착제를 섞어서 고압으로 성형, 재단한 판이다. 강도가 높고 변형이 거의 없으며 흡음성, 단열성도 좋다. 가공 시에 방부제나 방화제를 첨가하면 방부, 방화성을 높일 수 있다. 이 자재는 접착제나 첨가물의 포름알데히드 방출로 인한 공기질 저하가 문제시되어 친환경 측면에서 품질이 개선되고 있다.

◆ MDF

MDF Medium Density Fiber는 하드보드와 파티클 보드의 중간적 특성을 지녔으며, 고온에서 처리한 목재섬유에 접착제를 첨가하여 가열·가압시켜 만든 것으로, 표면에서 내부까지 동질성을 이루고 있고, 나뭇결이 없어서 마감처리에 따라 균일한 색상을 얻을 수 있다. 부드러운 표면과 우수한 가공성 때문에 가구, 건축, 내장용 재료 등으로 많이 이용된다.

석 재

석재는 열과 습기에 강하고 강도가 높으며, 촉감이 차갑고 석재 자체의 색채와 무늬가 아름답다. 고대부터 석재는 옥좌 등과 같이 권위를 나타내거나 오래 보관하기 위한 고급 가구재로 쓰였다. 현대에는 가구 전체를 석재로 하는 것보다는 테이블이나 카운터의 상판에 부분적으로 사용하는 경우가 많다.

대리석은 비교적 가공이 쉽고 광택, 무늬, 색채가 아름다워 가구재로 가장 선호되지만, 화강암도 많이 쓰이는 자재이다. 석재 가구는 따로 칠을 하거나 특별한 손질을 필요로 하지 않으므로 유지관리가 쉽다.

금 속

금속은 내열성이 있고 강도가 높으며, 구부려 쉽게 곡선을 만들 수 있다. 그러나 물에 닿으면 녹이 스는 금속재는 칠을 하여 부식을 방지해야 한다. 가구재로는 주철, 스테인리스스틸, 알루미늄 등이 많이 쓰인다.

주 철

주철은 탄소의 함량이 1.7% 이상인 철이며, 복잡한 모양도 쉽게 주조할 수 있다. 장식용 철물, 의자의 다리 부분, 창호용 철물에 주로 쓰인다.

스테인리스스틸

스테인리스스틸은 부식 방지를 위해 철에 크롬이 첨가된 것으로, 녹이 잘 슬지 않으며 광택이 강하다. 주로 실내용 의자의 다리나 팔걸이 등의 구조틀로 많이 쓰인다.

25 **대리석 티 테이블**(이에로 사리넨)

26 **철재 암 체어**

알루미늄

알루미늄은 은백색의 금속으로 열이나 전기의 전도율이 높고 부드러워서 가공이 쉽다. 가벼운 정도에 비하여 강도가 높으며 녹이 슬지 않으므로 이동하기 쉽고 비를 맞아도 좋은 옥외용 가구, 실내 소품, 커튼 레일 등에 쓰인다.

합성수지

합성수지는 석탄, 석유, 유지, 녹말, 섬유소, 고무 등의 원료를 인공적으로 합성시켜 만든 고분자물질로, 가소성이 있어서 플라스틱plastic이라고도 한다.

합성수지는 일반적으로 강도와 전기절연성이 높고 내충격성, 내약품성이 강하며 착색성着色性이 좋은 것이 특징이다. 합성수지의 종류로는 열가소성 수지, 열경화성 수지, 셀룰로오스수지, 우레탄 폼 등이 있다.

열가소성 수지

열가소성 수지는 열을 받아 어떤 온도에 이르면 녹거나 연화되어 가소성이 커졌다가 식으면 다시 굳어지는 성질을 가진 수지이다. 비닐계 수지, 아크릴수지, 폴리에틸렌수지, 폴리스티롤수지 등이 여기에 속하며 스크린, 칸막이, 조명기구, 블라인드 등의 재료로 쓰인다.

열경화성 수지

열경화성 수지는 가열하면 가소성이 되어 일정한 온도에서 굳어지고 그 후에는 다시 가열하여도 가소성이 생기지 않는 성질을 가진 수지이다. 페놀수지, 폴리에스테르수지, 요소수지, 멜라민수지, 실리콘수지, 푸란수지, 에폭시수지 등이 여기에 속하며, 일용품이나 장식품, 카운터 상판, 조리대, 냉장고, 실험대 등의 재료로 쓰인다.

27 **플라스틱 탁자류**(카르텔사)

셀룰로오스 수지

셀룰로오스cellulose 수지는 식물성 물질의 구성성분으로 자연계에 많이 있는 고분자 물질을 초산 등의 화학약품에 의해 변성시킨 것으로, 반합성수지이다. 셀룰로이드celluloid, 초산 섬유소 등이 여기에 속하며, 금속, 가죽, 목재 등의 접착제로 쓰이거나 시트sheet 등에 쓰인다.

우레탄 폼

우레탄 폼urethane foam은 합성수지를 기포氣包상태로 만들어 탄력성을 준 것으로 침대나 소파, 의자 등의 속재료로 쓰인다.

가 죽

가죽은 천연적인 소재로 촉감이 부드럽고 내구성이 커서 최근에 고급가구재로 많이 쓰인다. 가죽 중에서 소가죽과 양가죽이 주로 많이 쓰이며 의자나 소파의 마감재료로 이용된다. 그러나 천연가죽은 값이 비싸므로 합성수지를 이용한 합성가죽이 가죽 대용으로 사용되기도 한다.

28 **가죽 의자**(르 코르뷔지에)

직 물

직물은 촉감이 부드럽고 바느질이 쉬우며 다양한 무늬를 프린트하여 사용할 수 있어 일반적으로 많이 쓰이는 재료이다. 가구의 재료로 쓰이는 직물의 종류에는 면, 마, 모, 견silk 등의 천연섬유와 폴리에스테르polyester, 폴리아크릴polyacryl 등의 합성섬유, 그리고 천연섬유와 합성섬유를 혼합한 혼방섬유 등이 있다. 직물은 다양한 색채와 무늬를 이용하여 실내분위기를 연출하는 중요한 요소가 되기도 한다. 모섬유나 견섬유 이외의 직물은 물세탁도 가능하여 유지관리가 쉬운 편이다.

유 리

유리는 투명하고 매끄러우며 깨끗한 느낌을 주는 투명판유리와 반투명하거나 무늬

29 직물로 마감된 카우치와 원탁(비앤비 이탈리아사)

를 주어 빛을 확산시키는 장식유리가 가구의 재료로 흔히 쓰인다. 유리는 티 테이블의 상판재료로 흔히 쓰이는데, 좁은 공간의 실내에 투명유리로 된 가구를 사용하면 바닥이 투시되어 공간을 넓어 보이게 하는 효과가 있다. 그러나 유리는 취급 시 깨지기 쉬우므로 가구용으로는 일정 두께 이상의 강화유리를 써야 하며, 어린아이들이 있는 경우에는 더러운 손으로 만지면 얼룩이나 더러움이 쉽게 생겨 손질에 유의해야 한다. 요즈음에는 유리와 같은 느낌을 주나, 가볍고 깨지지 않는 투명 아크릴을 유리 대용으로 사용하는 경우도 있다.

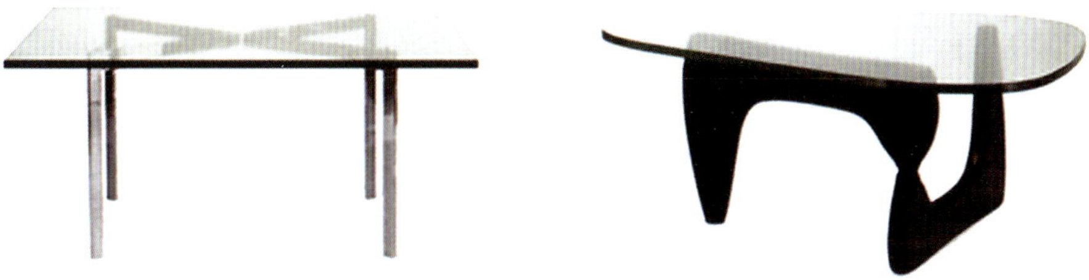

30 유리상판 티 테이블

C·h·a·p·t·e·r

6 실내디자인의 실제

실내디자인은 거주자가 효율성 있고 아름다우며, 쾌적하게 생활할 수 있도록 실내공간을 디자인하는 창조적인 작업이다. 실내디자이너는 실내디자인이 어떠한 과정을 거쳐서 진행되며, 디자인 결과를 표현하는 방법에는 어떠한 것이 있는지 알아야 한다.

실내디자인은 대상에 따라 주거공간 디자인, 상업공간디자인, 업무공간디자인, 교육공간디자인, 문화공간디자인으로 나누는데, 대상공간의 사용 목적, 공간사용자 등에 따라 적합한 디자인을 해야 한다.

또 지속 가능한 삶을 위한 디자인에 사회적 동의가 이루어지면서 실내디자인에 있어서 유니버설디자인, 친환경디자인은 중요한 이슈로 자리 잡고 있다.

1 실내디자인의 과정과 표현

기능적이고 쾌적하며 아름답고 개성 있는 생활공간을 창조하는 실내디자이너는 생활환경과 인체공학에 대한 이해, 예술적인 감각, 실내디자인의 결과를 표현하는 능력이 필요하다. 실내디자인의 과정과 실내디자인의 결과를 고객에게 전달하는 표현방법을 알아본다.

실내디자인의 과정

실내디자이너는 고객의 요구를 고려하여 과학적 지식과 예술적 감각을 살려 효율성 있고 아름다운 공간을 창조하는 전문인이다. 건축물을 대상으로 디자인 작업을 진행하는 실내디자이너는 건축에 대한 지식을 필수적으로 갖추어야 한다. 건축물의 외관에 비해서 실내공간은 사람들이 많은 시간을 지내게 되므로 실내디자이너는 건축가보다 인체공학적인 측면을 신중히 고려해야 하며 재료의 선택과 마감처리에 있어서 보다 세밀하게 배려해야 한다.

실내디자인은 프로그래밍, 디자인, 시공, 사용 후 평가의 4단계 과정을 거쳐서 진행된다. 프로그래밍 단계는 실내디자인 작업과 관련되어 있는 모든 정보를 수집하는 단계이며, 디자인 단계는 프로그래밍 과정에서 수집한 정보를 활용하여 대상공간에 대한 모든 계획을 도면으로 제시하여 고객이 실내디자인 프로젝트를 선택하게 하는 단계이다. 시공단계는 확정된 디자인 계획안이 실제 시공되는 단계이다. 사용 후 평가단계는 완공된 실내공간에서 공간사용자가 실제로 생활하면서 디자인이나 시공 결과를 평가하는 단계이다. 평가에서 밝혀진 문제점을 해결함으로써 실내디자인의 전 과정은 마치게 된다. 사용 후 평가의 결과는 차기 실내디자인 작업의 프로그래밍 단계에서 유용한 정보로 활용된다. 실내디자인의 과정을 좀더 구체적으로 알아보고 실제 현장에서의 업무에 도움이 되도록 하자.

프로그래밍 단계

프로그래밍 단계에서는 디자인할 공간에 대한 제반사항은 물론이고 고객과 완공 후의 공간사용자에 대한 정보를 수집한다. 프로그래밍 단계는 디자인 단계의 의사결정에 직접적인 도움을 주며, 디자인 진행상의 오류를 최소화시킨다.

프로그래밍 단계에서 수집해야 할 정보는 다음과 같다.

첫째, 공간사용자에 대한 정보로서 공간사용자의 요구, 라이프스타일, 취향, 가치관, 경제적 능력 등에 대한 정보를 수집한다. 주거공간이라면 전용주택인지, 재택근무공간을 겸용할 주택인지, 가족 중 신체장애인이나 거동이 불편한 노인이 있는지 등에 대한 정보를 수집한다. 의류판매점, 레스토랑 등의 상업공간이라면 고객의 연령, 직업, 경제력 등을 파악한다.

둘째, 배관, 배선, 냉·난방, 방음, 안전장치 등 시설에 대한 정보를 수집한다. 이러한 정보는 디자인 작업에 드는 시간과 경비를 절약하고, 디자인 변경이라는 번거로움을 줄여 준다.

셋째, 필요한 공간의 종류, 크기 등에 대한 정보를 수집한다. 전체 면적과 필요한 공간의 종류와 크기를 기준으로 조닝 계획을 한 후 공간 계획을 착수해야 한다.

넷째, 디자인할 공간이 소재한 지역, 대지 등에 대한 정보를 수집한다. 지역의 건폐율, 용적률, 대지면적 최소한도제 등의 법규 내용과 대지형태, 경사도 등을 파악한다.

다섯째, 고객의 경제적 능력과 대상공간의 경제적 타당성에 대한 정보를 수집하고, 경비를 최소화하기 위한 정보를 수집한다.

실내디자인 비용 최소화 방안

1. 단위면적당 시설비용이 많이 드는 공간의 면적을 줄인다.
2. 천장이나 벽면의 요철을 적게 한다.
3. 설비적 코어시스템 core system 으로 하여 시설비를 줄인다.
   - 배관시설을 인접시키거나 층이 다른 경우 같은 위치에 계획한다.
   - 배관과 배선시설을 공간의 중심에 두어 길이를 단축시켜 소요비용을 줄인다.
4. 표준화된 치수의 제품과 규격화된 기성품을 활용한다.
5. 시공비는 물론 유지관리비를 줄이도록 계획한다.

디자인 단계

디자인 단계는 기본 설계단계와 실시 설계단계로 나눈다. 기본 설계단계에서 실내디자이너는 프로그래밍 단계에서 수집한 정보를 분석하여 디자인 기본 원칙과 디자인 의도를 정한 후 계획안을 평면도, 입면도, 투시도 등의 도면, 재료, 가구, 색채, 조명 계획을 제시한다.

이러한 과정을 통해서 고객은 미래에 완성될 실내공간을 예측하며 의견을 제시하여 계획안에 반영한다. 실시 설계단계에서는 현장에서 시공하는 데 필요한 모든 설계도서를 완성하는 과정이다. 디자인 단계는 다음과 같은 순서를 거쳐서 구체화된다.

디자인 단계의 작업순서

1. 프로그래밍 단계에서 수집한 정보를 분석하여 실내디자인의 기본 원칙을 정하고, 디자인 의도design concept를 설정한다.
2. 공간을 활동별 또는 용도별로 조닝zoning 한다.
3. 공간의 중요도와 상대적 크기를 원으로 표시하고, 공간 간의 관계를 화살표로 나타낸다.
4. 디자인의 기본 원칙과 디자인 의도를 달성할 때까지 반복 시도하여 아이디어 스케치idea sketch 또는 기본 계획도schematic design를 완성한다.
5. 기본 설계도 중에서 평면도를 먼저 완성한다.
6. 평면도를 기본으로 하여 입면도, 단면도, 투상도를 완성한다.
7. 디자인 의도가 표현될 수 있는 스케치sketch, 투시도perspective, 렌더링rendering, 모형modeling을 제시하여 완성된 공간을 예측하는 데 도움을 준다.
8. 평면도, 입면도, 단면도, 투상도, 투시도, 렌더링, 마감재료 계획, 가구 계획, 조명 계획, 색채 계획 등을 패널panel에 제시한다.
9. 고객과 의견을 교환하여 기본 설계안을 도출한다.
10. 시공과정에 필요한 모든 실시 설계도면과 시방서, 내역명세서 등을 준비한다.

시공단계

시공단계는 계약, 시공, 감독의 세 과정을 거치게 된다. 계약이란 시공 희망자가 실내디자이너가 제시한 설계도서에 의해 산출한 견적서를 제출하고, 공사금액에 대한 협상을 통해 공사자를 선정하는 과정이다. 계약은 입찰과정을 거칠 수도 있고 수의계

프로그래밍 단계	디자인 단계	시공단계	사용 후 평가단계
• 정보 수집과 분석	• 디자인 의도 • 기본 계획도 • 기본 설계도 • 프레젠테이션 • 디자인 완성 • 실시 설계도	• 계약 • 공사 진행 • 설계 감리 • 감리 보고서	• 공간사용자의 평가 • 문제점 발견 및 해결 • 차기 작업에 활용

1 실내디자인의 과정

약에 의해 이루어질 수도 있다.

시공이란, 디자인의 마지막단계로 제시된 실시 설계도서를 바탕으로 실제로 디자인안을 구체화시키는 현장작업이다. 시공단계에서는 도면으로 제시된 계획안들이 현실화된다. 시공과정에서 실내디자이너는 전체 공사나 부분적인 제작과정이 실시 설계대로 시행되었는지를 감독·조사하고 디자인 또는 시공상에 문제점이 발견되면 해결할 수 있어야 한다.

시공단계에서 이루어지는 작업 내용은 실내공간의 구조 변경, 바닥, 벽, 천장의 시공, 마감재료의 교체, 가구의 선택과 배치, 붙박이 가구의 제작, 커튼, 카펫, 실내소품 등의 선택과 배치 등이다. 시공이 완료되면 실내디자이너는 감리보고서를 작성한다.

사용 후 평가단계

설계 감리 후 공간을 사용하게 되면 실내디자인에 대한 실질적인 평가단계에 들어서게 된다.

실내디자인이 잘 되었는지의 여부는 공간사용자의 경험에 의해서 판단되는 것이 가장 바람직하나, 제3자가 공간사용자의 생활을 관찰함으로써 문제점을 발견할 수도 있다. 공간을 실제로 사용한 후에 평가하는 과정은 매우 중요하다.

평가의 주체는 실내디자이너가 아닌 공간사용자 자신이어야 하며, 공간 구조적인 측면과 공간사용자의 태도나 만족도를 토대로 실내디자인 결과가 평가되어야 한다. 평가의 결과는 차기 실내디자인 프로젝트의 기초 자료로 활용된다.

실내디자인의 표현

실내디자이너는 자신의 디자인 의도와 계획안을 이해하기 쉽게 전달하는 능력이 필요하다. 말이나 글은 일반인들과의 의사소통 수단으로 효과적이지 못하기 때문에 시각적인 표현수단을 이용하는데, 아이디어 스케치, 평면도, 입면도 등의 설계도, 투상도, 투시도, 렌더링rendering, 모형modeling, 컴퓨터 설계CAD가 많이 이용된다.

아이디어 스케치를 반복한 결과, 자신의 의도에 맞는 디자인이 정해지면 설계도면을 작성한다. 설계도는 선, 기호, 문자를 이용하여 디자이너의 의도를 다른 사람에게 객관적으로 전달하는 표현 수단이므로 다른 사람이 이해하기 쉽게 구체적이고 정확하게 제도해야 한다. 설계도는 계획 설계도, 기본 설계도, 실시 설계도로 구분된다.

계획 설계도는 아이디어 스케치, 구상도, 기본 계획도, 동선도와 같이 제도를 하지 않고 아이디어를 표현한 것을 말한다.

기본 설계도는 계획 설계도를 바탕으로 하여 정확한 치수와 스케일로 제도한 도면으로, 설계의 내용을 고객에게 전달하기 위한 도면이다. 평면도, 입면도, 단면도, 투상도, 투시도 등이 기본 설계도로 이용된다.

실시 설계도는 시공에 필요한 도면으로, 도면을 보고 공사를 진행할 수 있도록 구체적이고 상세한 부분까지 정확하게 제도해야 한다. 실시 설계도에는 평면도, 입면도,

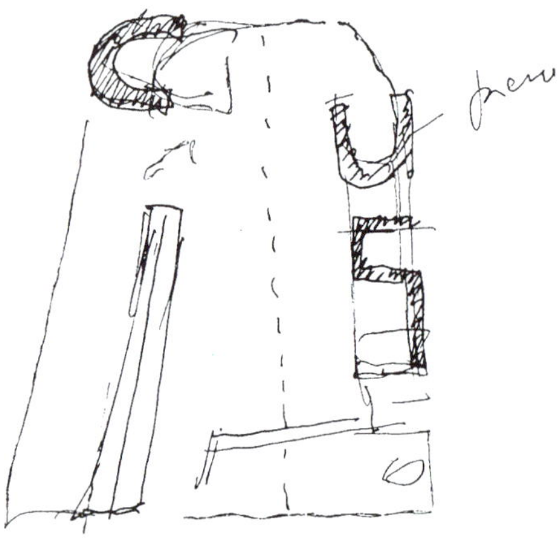

2 **아이디어 스케치**(롱샹 교회 평면, 르 코르뷔지에)

3 **아이디어 스케치**(롱샹 교회 입면, 르 코르뷔지에)

단면도, 전개도, 상세도, 투시도, 창호도, 구조 설계도, 설비 설계도가 포함된다.

실내디자인 표현기법을 익히면 디자이너와 고객 상호간의 의사전달이 정확하고 빠르게 진행되어 성공적인 결과를 가져오는 데 도움을 준다. 실내디자인을 표현하는 방법과 종류에 대하여 알아보자.

아이디어 스케치

아이디어 스케치idea sketch는 디자인 초기단계에서 많이 행해진다. 평면에 대한 아이디어 스케치로 시작하며 입면에 대한 아이디어도 스케치하고, 실내공간을 입체적으로 스케치한다. 아이디어 스케치는 떠오르는 아이디어를 놓치지 않기 위한 것으로 디자인 아이디어를 창출하고 발전시키는 데 중요하다. 제도대나 컴퓨터 앞에서 아이디어를 표현하다보면 정형화되기 쉽다.

반면에 아이디어 스케치는 자유로운 작업이므로 공간에 대한 고정관념을 깨뜨리고 개성 있는 디자인을 표출하는 데 효과적이다.

아이디어 스케치는 일반 종이, 모눈종이, 트레이싱페이퍼에 연필, 볼펜, 사인펜, 색연필, 매직펜 등을 사용하여 자유롭게 그린다. 모눈종이는 치수를 비교하기 쉬우며, 트레이싱페이퍼는 스케치 위에 겹쳐 놓고 그릴 수 있어서 아이디어를 수정하기 쉽다.

배치도

배치도plot plan는 대지의 모양과 크기, 대지 내 건물의 위치와 경계선, 인접도로의 내용 및 대지와의 관계, 대지 내 시설 계획 및 정원 계획 등을 표시한 도면이다. 배치도에 그려지는 평면도에는 자세한 내용이 표시될 필요는 없다.

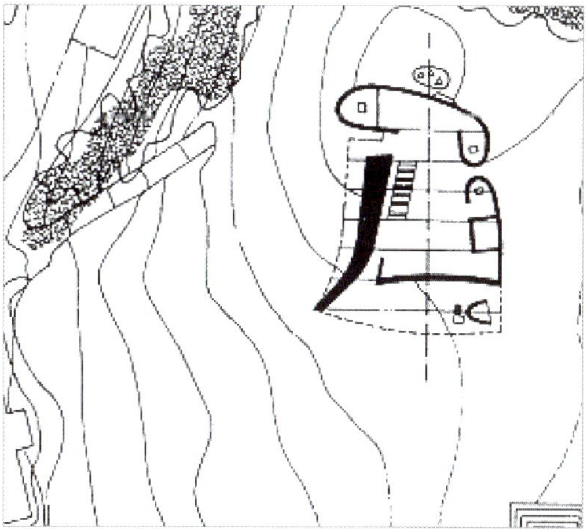

4 **배치도**(롱샹 교회, 르 코르뷔지에)

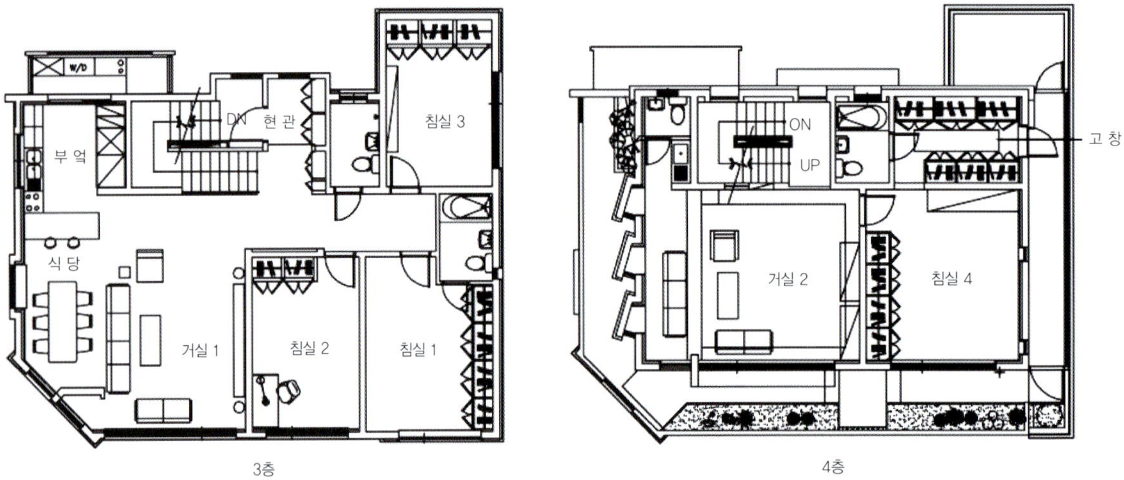

5 **평면도**(까사 에스디 3 · 4층)

평면도

평면도floor plan는 건물을 수평으로 잘랐다고 가정하고 위에서 내려다 본 수평 투영도로서, 가장 기본이 되는 설계도면이다. 평면도에는 공간의 배치 및 각 공간의 형태와 크기, 창과 문의 위치와 너비, 기둥, 바닥, 벽 등이 나타난다. 스케일에 따라 다르나, 바닥, 벽, 창호의 재료와 가구배치가 표시되기도 한다.

평면도의 스케일은 전체 면적에 따라 달라지나, 1 : 20, 1 : 50, 1 : 100이 많이 이용된다. 평면도에는 반드시 방위 표시를 해야 하며, 다층인 경우에는 각 층별 평면도가 필요하다.

입면도

입면도elevation는 건물의 외곽을 각 방향에서 보고 그린 것으로 정면도, 측면도, 배면도가 있으며 평면도와 함께 중요한 도면이다. 입면도에는 건물의 높이, 바닥 높이, 창의 위치와 크기, 천장 높이, 지붕의 모양 등 건물의 외관이 나타나며 스케일에 따라 마감재료의 종류가 표시되기도 한다.

- 정면도 : 건물 정면의 입면도를 말하며, 남쪽에서 보는 것이 보통이므로 남측면도라고도 한다.

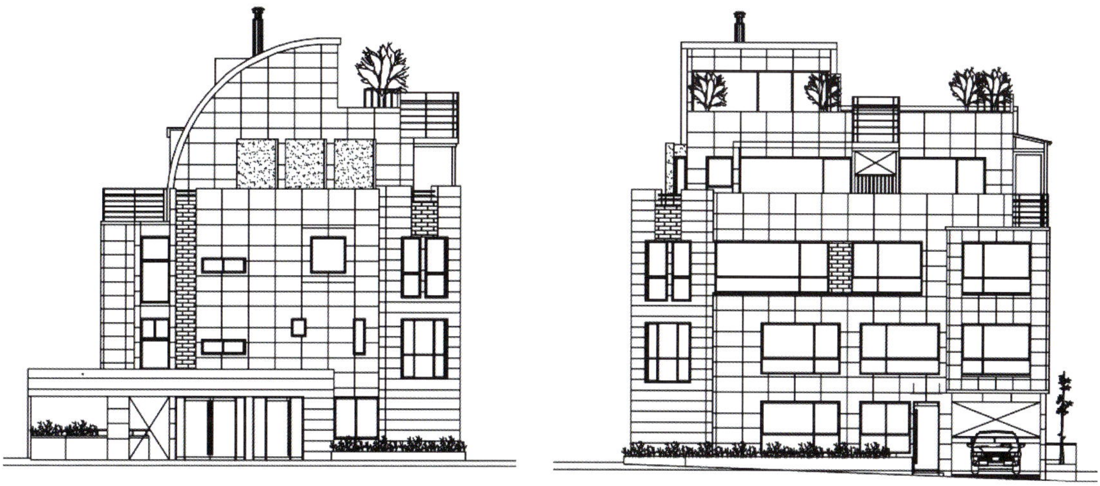

정면도　　　　우측면도

6 **입면도**(까사 에스디)

- 측면도 : 건물 정면을 중심으로 양 측면의 입면도로 동측면도와 서측면도 또는 우측면도와 좌측면도로 구분된다.
- 배면도 : 건물의 정면과 반대되는 쪽의 입면도이며, 북쪽이기 때문에 북측면도라고도 한다.

단면도

단면도section는 건물을 수직으로 잘랐다는 가정하에, 자른 면과 수직되는 방향에서 보고 그린 설계도면이다. 설단한 부분을 평면도에 일점 쇄선으로 표시하고, 바라볼 방향을 화살표로 표시하여 어느 부분의 단면도인지를 이해할 수 있게 한다. 단면도는 평면도와 입면도로 이해하기 어렵거나, 구조가 복잡하고 재료 사용방법이 특이한 부분 등을 알 수 있게 한다.

단면도에는 기초의 깊이, 지붕과 천장 구조, 문, 창, 계단의 구조, 재료의 크기와 종류 등이 표시된다. 단면도는 다른 설계도면에 비해서 복잡하므로 좀더 세밀하고 주의 깊게 제도해야 한다.

7 **단면도**(롱샹 교회, 르 코르뷔지에)

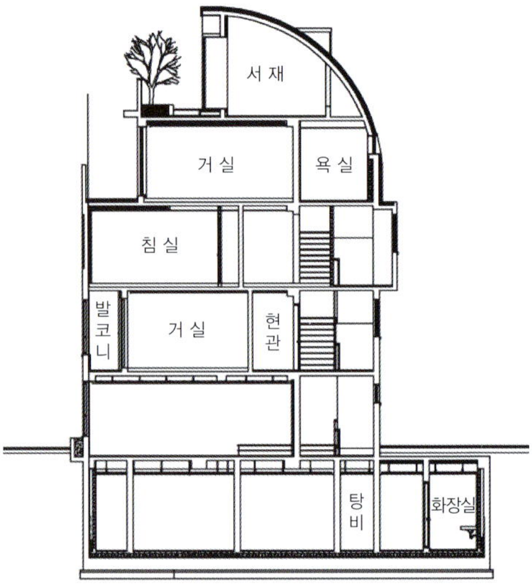

8 **단면도**(까사 에스디)

실내입면도

실내입면도interior elevation는 실내에서 사방의 벽면을 보고 각각 그린 도면으로, 문과 창의 위치, 모양, 천장의 높이, 벽체 구성, 가구 배치, 마감재료 등이 표현된다. 특히 벽체의 구성과 마감재료가 상세하게 표현된다. 즉, 벽에 설치된 스위치나 콘센트 등의 전기 설비, 냉·난방 설비, 급·배수 설비 그리고 몰딩, 걸레받이 등이 상세하게 그려지며, 마감재료가 재질 그대로 표현되어야 한다. 마감재료의 표현이 어려울 때는 인출선을 그린 다음에 재료명을 기입하기도 한다.

상세도

상세하게 전달되어야 할 내용이 있는 건물의 중요한 부분을 그린 도면으로, 스케일은 1 : 2, 1 : 3, 1 : 5 등이 이용된다. 평면 상세도, 입면 상세도, 단면 상세도, 부분 상세도detail drawing 등으로 구분한다.

기타 설계도서

위의 도면 이외에도 건물 기초를 표시한 기초 평면도, 바닥의 재료와 치수를 표시한 바닥틀 평면도, 지붕 구조를 표시한 지붕틀 평면도, 천장의 구조, 재료, 치수를 표시한 천장도, 조명의 위치, 종류, 모양을 표시한 조명 계획도 등이 있다.

도면은 아니나 설계도에 첨부되어야 하는 시방서, 내역명세서, 허가신청용 도서가 있다. 시방서specification는 건축가 또는 실내디자이너의 의도를 전달하기 위하여 사용재료, 시공방법을 설명하는 서류로서 설계도를 보충하기 위한 것이다. 내역명세서는 각종 시설, 재료, 노동인력 수급 등의 산출근거와 견적 내용을 밝히는 서류이다. 허가신청용 도서는 시공에 앞서서 건축허가를 받기 위해서 관할관청에 제출해야 하는 규정된 도면과 서류를 말한다.

투상도

투상도axonometric drawing는 고객과의 의사전달의 수단으로 많이 이용된다. 평면도, 입면도, 단면도는 공간을 평면적으로 표현하는 도면이나 투상도는 공간을 입체적으로 표현하므로 실내공간을 이해하기 쉽다. 투상도는 보통 평면도를 수평선상에 한쪽은 30°, 다른 쪽은 60° 가 되도록 배치한 후 트레이싱페이퍼를 겹쳐 놓고 제도한다. 투상도의 모든 벽면, 가구의 높이는 수직선으로 표현되며 나머지 선은 평면도의 선과 평행되므로 수직평행 투상도라고 한다.

투상도는 원근감이 없기 때문에 자연스럽게 보이지 않는 단점이 있으나 제도하기 쉽고 누구나 이해할 수 있어서 많이 이용된다.

투시도

투시도perspective drawing는 건물 외관이나 실내공간을 원근법을 이용하여 입체적으로 표현한 그림으로, 공간을 예측하기 쉬워 실내디자인 아이디어를 전달하는 수단으로 이용된다. 투시도는 보는 사람의 위치에 따라 전개되는 모양이 다르며, 그린 내용에 따라서 실내투시도interior perspective, 외관투시도exterior perspective로 구분한다.

실내투시도는 다시 일반 실내투시도, 실내조감투시도perspective with bird' s eye view로 나눈다.

일반 실내투시도는 바닥에 서서 실내공간을 바라본 것이며, 실내조감투시도는 천장을 제거한 실내공간을 위에서 내려다본 것이다.

실내투시도는 소점vanishing point의 수에 따라 1소점one vanishing point 실내투시도,

2소점two vanishing points 실내투시도로 분류한다. 실내조감투시도 역시 소점에 따라 1소점 실내조감투시도, 2소점 실내조감투시도로 구분한다.

1소점 실내투시도는 보는 사람이 서 있는 뒤쪽 벽면을 제외한 세 벽면과 바닥, 천장이 그려지며, 2소점 실내투시도는 두 벽면과 바닥, 천장이 그려진다. 실내조감투시도는 천장을 제외한 네 벽면과 바닥이 그려진다.

투시도에 가구 또는 공간의 멀고 가까움을 선의 변화로 표현한 것을 선투시도linear perspective라고 하고, 색채의 농담으로 원근의 변화를 나타낸 것을 색투시도aerial perspective라고 한다.

렌더링

렌더링rendering은 실내분위기와 함께 실내의 구조, 마감재료, 가구, 색채 계획 등을 실제 공간처럼 표현한 그림으로, 투시도를 완성한 후에 그린다. 렌더링에 실내구성 요소들을 일일이 세밀하게 묘사하면 전달하려는 의도가 흐려질 염려가 있으므로 중요한 부분을 강조하고 그렇지 않은 부분을 생략하기도 한다.

렌더링에는 마커speed marker, 색연필, 파스텔pastel, 콘테conte, 수채화 물감 등이 이용된다.

9 **모형**(롱샹 교회, 르 코르뷔지에)

모 형

모형model은 디자인 의도를 전달하는 가장 효과적인 방법이다. 초기단계에서 모형을 제작하거나study model, 기본 계획이 확정된 후 마지막단계에서 제작한다.

모형 제작에 이용되는 재료는 하드보드, 골판지, 켄트지 등의 종이류, 압축스티로폼, 투명아크릴판 등의 합성수지류, 발사재 등의 모형 제작용 목재, 금속류 등 다양하다.

10 **주택 모형**(까사 에스디)

모형의 재료는 제작이 용이하고 작품의 효과를 거둘 수 있는 것으로 선택한다. 실내 모형의 스케일은 공간의 규모에 따라 다르나 1 : 10, 1 : 20, 1 : 50이 많이 이용된다.

마지막단계에서 만드는 최종 모형은 치수가 정확하고, 제작결과가 정교해야 하며, 재질이나 색채도 실제의 완성작품 수준으로 제작해야 한다.

컴퓨터 설계

컴퓨터 설계CAD는 평면도, 입면도, 단면도, 투상도, 투시도 등 각종 도면의 제작에 이용된다. 컴퓨터 설계는 CADcomputer aided design 또는 CADDcomputer aided design and drafting로 불리는데, 앞으로 그 활용 범위는 더욱 확대될 것이다. 1960년대 이용되기 시작한 컴퓨터 설계는 초기에는 활성화되지 못하다가 1980년대 들어서서 개인용 컴퓨터PC : Personal Computer가 대중화되면서 우주선, 항공기, 자동차의 설계에 주로 이용되었다.

우리나라는 1985년 이후 건축설계회사에서 도면을 일관성 있게 제작하기 위해서 CAD를 사용했고 오늘날은 도시설계, 건축설계, 실내디자인 분야에서 일반적으로 이용되고 있다.

CAD는 도면을 빠른 속도로 출력할 수 있고, 도면의 수정이 용이하여 시간과 노력을 줄일 수 있다는 큰 장점을 지니고 있다. 앞으로 새로운 소프트웨어 프로그램의 개발과 함께 CAD는 더욱 많이 확산될 전망이다.

프레젠테이션

실내디자이너는 자신의 디자인 아이디어를 구체적으로 전달하기 위해서 가구 계획, 마감재료 계획, 실내색채 계획 등을 제시하는 것이 바람직하다. 고객에게 자신의 계획안을 표현하는 기술을 프레젠테이션 테크닉presentation technique이라 한다. 계획안을 시각적으로 구체화시키는 방법으로 패널을 제작하거나, 파워포인트power point를 이용한 프레젠테이션을 준비하여 디자이너의 개성이 표현되도록 한다. 실내디자인 전시회를 관람하는 기회를 통해서 다양한 프레젠테이션 테크닉을 배우도록 한다.

제작한 패널이 완벽하더라도 실내디자이너의 언어적 표현이 서투르면 전문성이 부족해 보여 신뢰감을 얻기 어렵다. 따라서 실내디자이너는 전문인으로서의 교양과 태도를 갖추고 자신의 디자인을 언어로 전달하는 능력verbal presentation technique을 길러야 한다.

제도의 기초

설계도면은 내용 전달이 잘 되어야 하는데, 이를 위해서 첫째, 도면이 깨끗하고 정돈되어야 하며, 반듯하게 배치되어야 한다. 둘째, 제도가 정확해야 하며 문자나 치수 등에 오류가 있어서는 안 된다. 셋째, 한 도면에서는 선, 문자, 기호의 모양이나 크기 등이 동일해야 한다.

제도용 기구와 사용법

제도판과 제도대

제도용지를 부착하도록 평평하게 만든 판은 제도판, 높낮이와 경사를 자유로이 조정할 수 있는 것을 제도대라고 한다. 제도판은 판 자체가 휨이 없이 반듯해야 하며, 옆면은 T자를 사용하기에 편리하도록 수직면을 이루어야 한다. 제도판에는 온도와 습도에 영향받지 않도록 합성수지 시트를 접착시킨다. 제도판의 크기는 600mm×900mm, 750mm×1,050mm, 900mm×1,200mm, 900mm×1,800mm 등 다양하며, 두께는 18~30mm이다. 제도대의 높이는 사용자의 키에 따라 다르나 650~750mm가 일반적이다.

제도용 의자

높이와 등받이 각도가 조절되는 의자로서 장시간 작업해도 피로를 덜 느끼도록 제작되었으며, 의자의 바닥 높이는 450~550mm이다.

축척자

- 평 스케일 : 스케일scale에 따라 눈금이 표시된 평자이다.
- 삼각 스케일 : 단면이 3각형인 스케일로 1/100~1/600까지 6가지 스케일의 눈금이 각각 표시되어 있어 사용하기 편리하다. 삼각 스케일은 길이가 100mm, 200mm, 300mm 등 다양하다.

제도용 자

- T자 : 수평선을 긋는 데 이용하며, 삼각자와 함께 사용하여 사선을 긋는 데 이용한다. 길이는 600mm, 750mm, 900mm, 1,050mm 등 다양한데, 제도판의 길이보다 약간 짧은 것이 사용하기에 좋다. T자의 날은 단단하고 직선이며 투명한 것이 좋으며, 날이 약간 뜨는 것이 제도용지가 더러워지는 것을 방지해 준다. 요즈음은 자의 양 끝이 제도판에 부착되어 있어 위아래로 움직이는 평행자가 많이 이용된다.
- 삼각자 : 30° /60° 와 45° /45° 로 된 2개의 삼각자가 한 세트로 되어 있다. 곧고 뒤틀리지 않는 투명한 아크릴 제품이 사용하기 편리하다. 삼각자의 크기는 100mm, 180mm, 250mm, 360mm 등 다양하게 나와 있으므로 필요에 따라 선택한다.
- 긴 자 : T자의 머리 부분을 떼어 낸 모양의 자로, 긴 선을 긋거나 투시도를 그릴 때 많이 이용된다.
- 운형자 : 부정형 곡선을 그리는 데 사용하는 투명한 아크릴 자이다.
- 자유구배자 : 각도기가 부착되어 있어 0~90° 각도의 선을 긋는 데 이용한다.
- 곡선자 : 운형자로 표현할 수 없는 곡선을 그릴 때 이용되는 아크릴 제품의 자이다. 원하는 곡선을 마음대로 구부려 만들어 제도할 수 있는 자유곡선자도 있다.

템플릿

템플릿template은 아크릴판에 원형, 4각형, 타원, 테이블, 의자, 위생도기의 형태를 스케일에 따라 구멍 뚫어 놓은 도구로 신속하고 정확한 제도를 하는 데 편리하다.

제도기

원을 그리는 컴퍼스compas, 선의 분할, 치수를 옮길 때 이용되는 디바이더divider, 잉킹inking이나 스케치하는 데 이용되는 제도용 만년필, 문자나 숫자를 새겨 놓은 레터링 템플릿lettering template 등을 모아놓은 것이다.

제도용 연필

- 샤프 펜슬sharp pencil : 심 자체의 굵기가 일정하게 조절되어 사용하기 편리하나, 끝부분이 T자나 삼각자에 걸려서 선을 정확하게 긋기가 곤란하다.
- 펜슬 홀더pencil holder : 연필심의 굵기와 비슷한 심을 끼워 사용하는 기구로, 연필심을 갈아서 이용한다. 연필심 갈개pencil sharpener를 이용하면 편리하다.
- 연필심 : 경도(단단한 정도)가 다양하여 펜슬 홀더에 끼워서 많이 이용된다. 많이 이용되는 경도는 H, 2H, HB이며 2B가 넘는 것은 스케치할 때 주로 쓰인다.

제도용지

제도용지는 트레이싱페이퍼tracing paper를 이용하는데, 전지 크기는 A_0라고 표시하며 841mm×1,189mm이다.

도면은 긴 방향을 좌우로 놓는 것이 정 위치이다. 제도용지의 규격은 전지 크기를 등분함에 따라 다음과 같이 크기가 정해진다.

제도용지 규격

- A_1 : 594mm×841mm
- A_2 : 420mm×594mm
- A_3 : 297mm×420mm
- A_4 : 210mm×297mm
- A_5 : 148mm×210mm
- A_6 : 105mm×148mm

연습지로 이용되는 누런색의 얇은 트레이싱페이퍼는 두루마리로 되어 있어 필요에 따라 사용하기 편리하다. 또 값은 비싸지만 습기에 강하여 최종작품의 도면에 이용되는 트레팔지가 있다.

기타 용구

제도용지의 더러움을 방지하는 지우개, 지우개 가루를 털어내는 솔비, 제도용지를 제도판에 부착시키는 데 필요한 마스킹 테이프, 틀린 부분을 지우기 편리한 지우개판, 연필심을 갈아주는 연필심갈개pencil sharpener가 제도하는 데 필요하다.

선 · 문자 · 기호

선

설계도면에서 선은 용도에 따라 굵기를 조절하여야 하며, 같은 선에서는 일정한 굵기가 유지되어야 한다.

건물의 기본 구조가 되는 기둥, 벽 등의 윤곽선은 0.5mm 정도의 굵기로 제도하며, 실내가구나 창호는 0.3mm 정도의 중간 실선으로 한다. 치수선, 치수보조선, 재료나 무늬를 표현할 때는 0.1mm의 가는 실선을 이용한다.

선의 종류와 용도를 설명하면 다음과 같다.

- 실선 : 기둥, 벽, 가구의 윤곽선, 치수선, 치수보조선 등 실제로 눈에 보이는 부분을 표현하는 데 주로 이용되는 연속되는 선이다.
- 파선 : 보이지 않는 부분이나 움직이는 가구를 표현하는 데 이용되는 선으로, 짧은 선이 일정 간격으로 반복되는 선이다.
- 쇄선 : 기둥이나 벽의 중심선 또는 기준선, 경계선을 표현하는 데 이용되는 선이다.

문 자

설계도면에서 문자lettering는 아주 중요한 역할을 한다. 문자는 알아보기 쉽고 정확하며 아름다워야 하고, 쓰기 쉬워야 한다. 시판되는 레터링 세트나 레터링 템플릿을 대고 쓸 수도 있으나, 설계제도에 있어서 문자 쓰기는 항상 필요하므로 연습을 하여 의사전달을 효과적으로 해야 한다.

문자는 또박또박 정자로 쓰며, 왼쪽부터 가로쓰기를 원칙으로 한다. 글자의 간격은 일정해야 하며 수직으로 쓰는 것이 원칙이나 15° 경사로 써도 무방하다. 숫자는 아라비아 표기법을 이용한다.

문과 창의 표시 기호

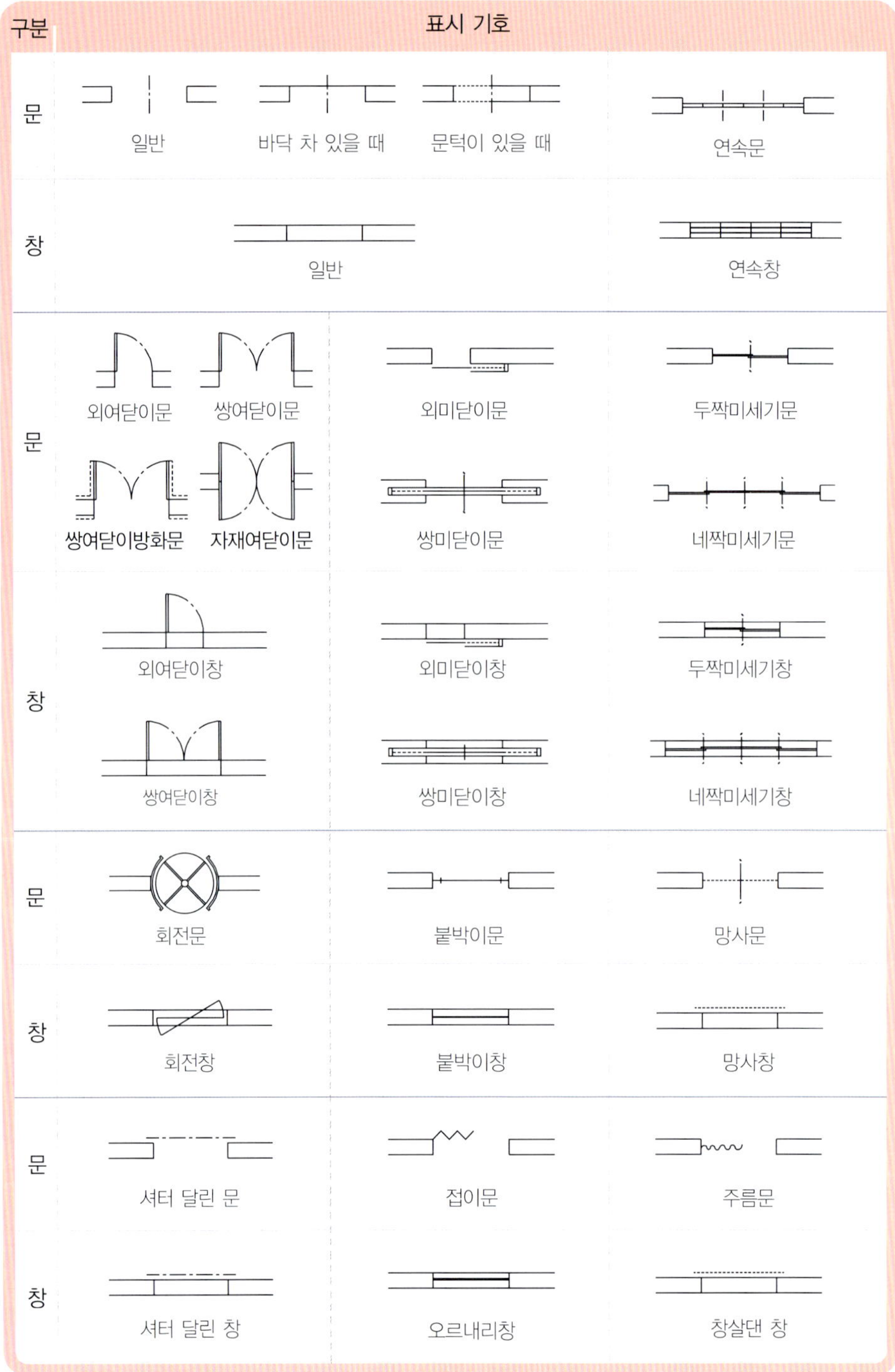

구분
표시 기호
문
일반
바닥 차 있을 때
문턱이 있을 때
연속문
창
일반
연속창
문
외여닫이문
쌍여닫이문
외미닫이문
두짝미세기문
쌍여닫이방화문
자재여닫이문
쌍미닫이문
네짝미세기문
창
외여닫이창
외미닫이창
두짝미세기창
쌍여닫이창
쌍미닫이창
네짝미세기창
문
회전문
붙박이문
망사문
창
회전창
붙박이창
망사창
문
셔터 달린 문
접이문
주름문
창
셔터 달린 창
오르내리창
창살댄 창

문과 창의 표시 기호

실내디자인의 설계도면은 건축 설계도면의 기호 표시와 같다. 기호 표시에는 문의 표시 기호, 창의 표시 기호, 재료 구조 표시 기호, 가구 표시 기호가 있으며, 스케일에 따라 표현되는 정도는 다르나 기본적인 표시방법에는 큰 차이가 없다. 문과 창의 표시 기호는 왼쪽 페이지에 제시된 표의 그림과 같다.

2 공간별 실내디자인

실내디자인은 대상에 따라 주거공간디자인, 상업공간디자인, 업무공간디자인, 교육공간디자인, 문화공간디자인으로 나눈다. 디자인하려는 공간에 따라서 공간사용자, 사용 목적, 디자인 콘셉트가 각기 다르므로 공간별 실내디자인에 대한 연구가 필요하다.

주거공간의 실내디자인

주거공간은 생활 내용에 따라 사회적 공간, 개인적 공간, 가사작업공간으로 조닝 zoning 계획을 한다. 사회적 공간은 거실, 식당, 현관이며, 개인적 공간은 침실, 서재, 작업실, 욕실이고, 가사작업공간은 부엌, 가사작업실, 세탁실이다. 조닝 계획 시에 생리생활공간을 추가하기도 하는데, 요즈음은 욕실이 침실에 부속되는 추세이므로 욕실을 개인적 공간에 포함시킨다.

주거공간의 계획

주거공간을 계획하려면 다음과 같은 내용들을 고려해야 한다.

첫째, 주택에 거주할 가족에 대한 사항을 고려한다. 가족의 형태와 수, 가족의 연령과 라이프스타일, 경제적 능력을 고려한다. 또 현재의 가족 상황이 미래에는 변화되리라는 것을 예상하고 주거공간을 계획해야 한다. 주거공간에 대한 가족의 요구는 시간이 지남에 따라서 끊임없이 변하며, 가족형태, 가족 수, 가족생활주기, 경제적 능력, 연령 등 가족의 상황도 달라진다. 이러한 변화에 맞추어 공간의 크기와 수를 조절할 수 있도록 융통성 있게 주거공간을 계획한다. 가변형 벽을 이용하여 두 공간을 하나로 통합하거나 반대로 공간을 둘로 나누는 것은 좋은 예이다.

둘째, 가족에게 적합한 주택유형이 무엇인지를 고려한다. 단독주택과 집합주택, 단독주택인 경우 단층과 2~3층, 집합주택이라면 저층형, 중층형, 고층형 중에서 하나를 정해야 한다. 또 주거전용주택, 업무복합주택, 상업복합주택 중에서 어떤 유형의 주택이 가족에게 이상적인지를 고려해 볼 필요가 있다.

셋째, 주택의 평면과 입면을 고려해야 한다. 주택의 평면은 주거공간의 계획에서 가장 기본이 된다. 구체적인 평면 계획을 하기 전에, 개방형 공간 계획과 폐쇄형 공간 계획 중 가족에게 어느 평면이 적합할 지를 정한다. 주택의 입면에는 단층식, 다층식, 스플릿 레벨split level식, 스킵 플로어식skip floor이 있다. 이러한 입면 형식은 각기 장·단점을 지니고 있으므로 대지의 모양, 가족 형태나 생활 양식, 취향 등을 고려하여 결정하도록 한다.

넷째, 동선을 단축시키는 방법을 고려해야 한다. 주거공간의 계획은 동선의 계획이라고 할 정도로 동선의 단축은 중요한 사항이다. 동선이란 사람들이 걸어 다닌 흔적으로서, 일정 공간에서 일정 시간 동안 활동을 하는 경우 동선거리가 짧을수록 효율적인 공간계획이라고 평가된다. 서로 왕래가 많은 공간들을 가깝게 배치하면 동선이 짧아진다. 침실과 욕실 또는 부엌과 식당을 가깝게 배치하는 것이 좋은 예이다.

다섯째, 가구를 기능적이고 아름답게 배치할 수 있는지를 고려해야 한다. 창이 크고 많으면 실내가 밝고 넓어 보이지만 가구를 배치하기는 불편하다. 창과 문의 위치와 크기, 붙박이장의 위치와 크기, 스위치와 콘센트 등의 위치에 따라 가구 배치가 달라지므로 주거공간을 계획할 때는 가구 배치를 함께 고려해야 한다.

또 주거공간의 계획은 다음과 같은 순서로 진행하는 것이 합리적이다.

첫째, 필요로 하는 공간과 각 공간의 면적을 미리 산출해 본다. 주거공간의 면적은 거주자의 경제적 능력, 취미, 가족 구성에 따라 다르나 주거공간으로서의 기능을 최소한 유지하기 위해서는 1인당 18㎡(약 5.5평)의 면적이 필요하다.

둘째, 공간의 조닝방법과 구성에 대하여 고려한다. 조닝을 생활 내용에 따라서 사회적 공간, 개인적 공간, 가사작업공간으로 구분할 것인지, 공간의 목적에 따라 가족생활공간과 재택근무공간으로 구분할 것인지, 사용시간대에 따라 주간사용공간과 야간사용공간으로 구분할 것인지를 정한다. 또 어떤 공간에 비중을 두어 면적을 분배할 것인지를 생각한다. 주거공간을 집필이나 연구 장소로 이용하는 가족과 손님초대를 많이 하는 가족의 주거공간은 조닝방법과 구성이 서로 달라야 한다.

셋째, 각 공간의 위치를 정한다. 시끄러운 곳과 조용한 곳, 옥외공간과의 연결 등을 고려하여 각 공간의 위치를 정해야 한다. 침실이나 서재는 도로와 떨어진 조용한 위치에 계획하여 프라이버시를 유지할 수 있게 하고, 부엌은 출입구나 차고와 가까운 곳에 계획하여 물품반입 및 쓰레기 처리의 번거로움을 줄이도록 한다.

사회적 공간의 디자인

거 실

거실은 가족이 모여 이야기를 나누거나 편하게 쉬는 장소인 동시에, TV 보기, 음악감상하기, 손님 접대하기, 가사작업하기, 책 읽기, 게임하기 등 다목적으로 이용되는 공간이다. 온 가족이 사용하고, 이용시간도 가장 많은 공간인 거실은 안정된 분위기에서 가족 간의 관계를 돈독하게 유지할 수 있도록 디자인한다.

◆ 거실의 위치

가족의 사회적 공간인 거실은 주택의 중심에 있어야 동선이 단축되어 가족들이 쉽게 모이며, 가족공용공간으로서의 역할을 하기 좋다. 주택의 중심에 계획하되, 공간 간의 통로로 이용되어 거실의 독자적인 분위기를 잃지 않도록 한다. 거실의 프라이버시를 유지하기 어려울 때는 가구, 화분 등을 이용하여 공간을 시각적으로 차단하도록 한다. 거실은 전망, 채광, 통풍 등의 조건이 좋은 위치에 계획한다.

11 대칭효과를 이용한 공식적이고 중후한 분위기의 거실

12 미니멀한 가구를 비치한 현대적 분위기의 거실

13 **거실의 평면 계획**(단위 : mm)

규모가 작은 주택에서는 거실이 식사공간과 연결되어 있는 경우(LD/K형)가 많은데, 이는 공간을 넓어 보이게 한다. 또 거실과 식당이 모두 가족의 사회적 공간이어서 사용시간이 중복되지 않아 공간활용 면에서 유리하다. 그러나 두 공간 사이에 양쪽에서 이용하는 가구를 배치하거나 식탁 밑에 러그를 깔아주어 공간을 차별화시키는 것이 바람직하다.

거실은 정원이 보이는 남향에 위치하는 것이 좋다. 정원에 야외용 테이블과 의자를 놓아 옥외공간을 적극적으로 활용하면 거실의 분위기가 연결되어 넓어 보인다. 아파트의 경우 발코니를 실내 정원으로 만들거나, 발코니의 벽이나 바닥에 거실과 같은 재료로 마감하면 시선이 연장되어 넓어 보인다.

서재가 없는 주택의 경우 거실과 서재를 겸용하기도 한다. 한쪽 벽면에 붙박이 책장을 만들고 책상과 의자를 적절하게 배치하면 훌륭한 서재가 될 수 있다.

거실은 가족의 필요에 따라서 현관, 식당이나 부엌, 어린이방, 옥외공간과 연결이 잘 되는 위치에 배치한다. 공간에 여유가 있는 경우에는 현관 가까이에 손님접대용 응접실을 두고, 부엌이나 식당 가까이에 가족들이 편안하게 쉴 수 있는 가족실을 따로 계획하기도 한다.

◆ 거실의 가구배치

거실의 가구배치는 가족 유형, 가족의 라이프스타일, 가족의 수와 기호, 분위기, 직업

14 소파를 연결하여 ㄱ자로 배치한 거실
15 형태와 색상이 부드러운 가구를 배치한 거실
16 소파와 의자를 분산 배치한 거실

14
15
16

등에 따라 달라진다. 거실에서 이루어질 주된 활동이 무엇인지를 고려하여 그러한 활동을 효과적으로 수행하기 위한 가구를 용도에 맞게 배치한다. 거실을 좌식으로 계획하면 한국적 분위기가 조성되고 공간도 넓어 보인다. 또 거실 가구를 제작하거나, 다양한 소재로 시판되는 반제품DIY : Do It Yourself을 이용하여 개성 있는 거실을 디자인하기도 한다.

가족이 모여 이야기하거나 TV를 보고 음악을 듣기 위해서는 소파와 의자, 테이블, TV수상기, 오디오세트 등이 필요하다. 거실의 가구를 어떻게 배치하는 것이 편안하며, TV 시청이나 음악 감상에 좋은지 알아보자.

- 소파와 의자 : 원형이나 타원형으로 소파와 의자를 배치하면 대화하기 편하고 부드러운 분위기가 조성된다. 소파나 의자는 거실 입구에서 동선을 짧게 하며, 다른 의자를 통과하지 않고 앉을 수 있게 배치한다. 마주보는 의자 사이의 간격은 1,500mm 정도를 유지하는 것이 대화하기에 좋다. 의자와 테이블의 사이는 250mm 정도 떼어 다리를 편하게 움직일 수 있게 한다. 의자디자인에 따라 다르나 1인용 안락의자의 크기는 가로, 세로가 900mm 정도이다. 좁은 거실에서는 소파를 벽에 부착시켜 배치하거나 벤치식 가구를 선택하여 공간을 활용한다.
- TV 수상기와 스피커 : TV 화면은 의자에 앉았을 때의 눈높이보다 높지 않게 배치하고, 화면의 높이와 각도를 상하좌우로 조절하는 회전받침대swivel base를 이용한다. 의자는 화면의 중심에서 60° 내에 배치하며, 거리는 TV 화면 대각선 길이의 6배 이상 떨어지게 하고, 조명기구의 광원이 TV 화면이나 시청하는 사람에게 직접 비추지 않도록 한다.

  스피커speaker의 위치는 음악을 감상하는 데 많은 영향을 미친다. 스테레오로 음악을 감상하려면 스피커 2개를 2,000~3,000mm 떼어 놓고, 의자까지의 거리는 두 스피커 간격의 1.5배가 넘지 않도록 한다. 스피커는 귀 높이와 맞추는 게 좋다.

  소리의 질은 벽, 바닥, 천장의 마감재료에 의해서 영향을 받는다. 스피커 뒷면에는 음을 반사하는 재료를 사용하고 맞은 편에는 흡음재료를 이용하도록 한다. 마주보는 벽이 평행이면 음향효과에 좋지 않으나, 거실이 대부분 사각형이므로 스피커를 벽면과 약간 사선이 되도록 배치한다.

◆ 거실의 실내디자인

거실의 실내디자인은 디자인 콘셉트를 먼저 정한 후 세부사항을 계획하고 구체화시킨다. 거실의 바닥, 벽, 천장의 구조, 마감재료의 색채와 질감, 창과 문의 형태 등은 거실의 디자인을 결정하는 데 많은 영향을 끼친다. 거실의 전체적인 분위기를 결정하고 그에 어울리는 가구, 실내소품을 선택, 배치하도록 한다. 색채 계획에 따라 거실이 넓게 또는 좁게 보이며, 따뜻하게 또는 시원하게 보인다. 또 재료가 갖는 질감에 따라 거실이 현대적인 분위기로 또는 전통적인 분위기로 연출되기도 한다. 색채, 질감, 형태 등의 디자인 요소는 공간 내에서 조화되어 그 효과를 발휘하기 때문에 하나하나를 개별적으로 고려하지 말고 통합적인 상태에서 생각해야 한다.

식 당

음식을 함께 들면서 가족공동체 의식이 강화되고 친밀감이 증가되는 식당은 가족에게 중요한 공간이다. 식당은 손님접대 장소 또는 가사작업 장소로 활용 범위가 확대되고 있다. 또 주부가 부엌에서 작업하면서 자녀를 돌보기 쉬우므로 자녀의 놀이공간이나 공부하는 장소로도 이용되며, 가족이 책이나 신문을 보는 장소로 이용되는 다목적공간이다. 식당을 식사시간에만 이용하는 것은 공간활용상 효율적이지 못하기 때문에 여러 가지 기능을 수행하는 공간으로 바뀌는 것은 바람직한 현상이다.

◆ 식당의 위치

식당은 가사작업공간인 부엌과 사회적 공간인 거실의 중간에 위치하는 것이 바람직하다. 부엌과 가까우면 동선이 단축되어 합리적이며, 거실과 가까우면 사회적 공간이 집중되어 생활의 질서가 잡힌다. 식당의 이상적인 방위는 남향이나, 남향에 배치하기 어려우면 남동향, 동향으로 한다. 식당의 창은 채광, 통풍을 고려하고 전망을 즐길 수 있도록 크게 낸다. 식당의 바닥은 안전을 위하여 부엌 바닥의 높이와 같아야 한다.

◆ 식당의 가구

식당에는 식탁, 의자, 식기 수납장이 필요하다. 식탁의 형태는 정사각형, 직사각형, 타원형, 원형 등 다양하다. 또 형태와 크기를 변화시킬 수 있는 조립식 식탁 또는 접이식 식탁이 있다. 원형 식탁은 실내 분위기를 부드럽게 해주며, 모든 사람이 식탁 중심에서 같은 거리에 앉을 수 있어 대화하기 좋으나 사각형 식탁에 비해서 공간을

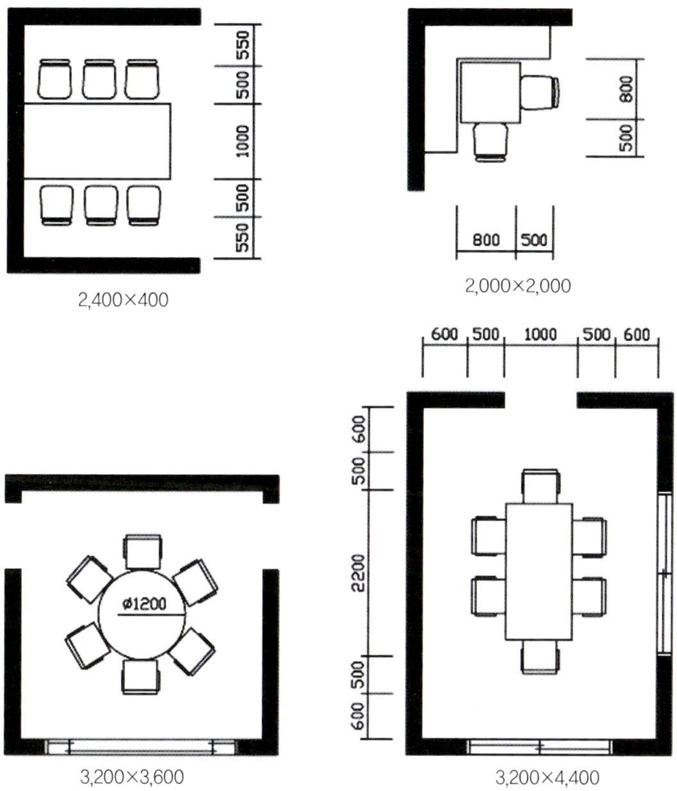

17 식당의 평면 계획(단위 : mm)

18 소파와 의자를 혼합 배치한 모던한 분위기의 식당

19 소파와 타원형 식탁을 배치한 중후한 분위기의 식당

많이 차지한다. 식탁 의자는 벽에서 600mm를 떼어놓고 의자를 배치하여 통로를 확보하도록 한다. 공간이 협소한 경우에는 식탁의 한 면을 벽면에 붙여 배치한다.

식탁의 크기는 가족 수에 따라 달라진다. 식탁에서 1인당 필요한 공간인 400mm×600mm에 여유면적을 더해 주면 식탁의 크기가 정해진다. 이를 기준으로 4인용 식탁의 크기를 산출하면 900mm×1,200mm~1,000mm×1,400mm가 된다. 식탁 높이는 사용자의 키에 따라 다르나 일반 성인을 기준으로 700~750mm이다. 식탁 의자는 등받이가 있는 것이 편하나 지나치게 푹신한 쿠션은 불편하다. 의자바닥의 높이는 바닥에서 400~450mm가 적당하다. 식탁 의자는 거실 의자와는 달리, 식탁에 붙여 놓는다. 식탁에서 의자 등받이까지의 간격은 500mm 정도 필요하다.

식당에는 식기, 식탁보, 냅킨을 보관하기 위한 수납장이 필요하다. 부엌과 식당 사이에 붙박이 수납장을 설치하여 양쪽에서 이용할 수 있도록 디자인하면 물품의 정돈과 사용에도 편리하고 동선이 절약된다.

◆ 식당의 실내디자인

식당에는 강한 색상이나 복잡한 무늬를 피하며 식탁에 중점을 두어 실내디자인하도록 한다. 식당의 바닥은 음식을 흘려도 청소하기 쉽고, 의자를 움직여도 소음이 적은 흡음성 있는 재료가 바람직하다. 이러한 목적으로 러그를 깔아주기도 한다.

식탁에 푹신한 천을 깔고 식탁보를 씌우면 수저, 그릇으로 인한 소리를 줄일 수 있다. 식탁보는 식탁 끝에서 150~200mm 늘어지게 한다. 식탁보와 냅킨은 깨끗하고 부드러운 느낌의 단색이나 잔잔한 무늬를 선택한다. 식탁 위의 조명등은 식당의 분위기를 좌우하는데, 일반적으로 팬던트등을 설치하며, 빛이 식탁으로 떨어지는 다운라이트down light를 많이 이용한다. 식탁등의 광원을 붉은색 계통으로 하면 음식이 맛있어 보인다. 다운라이트는 식탁을 주로 비추므로 넓은 식당에는 전체조명을 따로 설치한다. 팬던트등은 식탁 위 1,000mm까지 늘어뜨리며 높이 조절장치가 있으면 편리하다. 식탁보, 식기, 수저 등의 디자인과 색상도 식당의 분위기에 영향을 미치므로 정갈하고 개성 있는 것을 선택하도록 한다.

LD/K형, L/DK형, LDK형

주택 계획 시에 프라이버시가 필요한 침실과 욕실을 제외하고 나머지 공간을 개방시키는 경우가 많다. 이는 공간 활용에 유리하고 벽체로 인한 공간손실과 공사비를 줄이는 효과가 크기 때문이다. 이러한 주거공간의 개방화 추세는 거실과 식당LD/K형, 부엌과 식당L/DK형에 주로 이용되었는데, 점차 거실, 부엌, 식당을 하나의 공간으로 구성한 평면 계획LDK형이 일반화되고 있다. LD/K형, L/DK형, LDK형 계획의 장 · 단점을 알아본다.

◆ LD/K형

LD/K형은 거실living room과 식당dining room을 한 공간에 두고 부엌kitchen을 따로 독립시킨 평면으로 사회적 공간과 가사작업공간을 분리시켜 기능적으로 주거공간을 단순화시킨 것이다. LD/K형은 안정된 분위기의 넓은 공간에서 식사할 수 있고 공간 활용도가 크다는 장점이 있다. 그러나 부엌에서 식당까지 음식을 날라야 하므로 동선이 길다. 손님을 식사에 초대하는 일이 잦거나 가족 수가 많은 데 독립된 식당을 두기 어려운 경우 LD/K형이 바람직하다. LD/K형의 경우는 부엌과 식당 사이에 해치hatch를 계획하여 음식이나 식기들을 나르기 쉽게 한다. 또한 거실과 식사공간 사이에 낮은 가구를 배치하여 각 공간의 독립성을 유지할 수도 있다.

◆ L/DK형

L/DK형은 거실을 독립시키고 식당과 부엌을 한 공간에 둔 평면이다. 거실이 분리

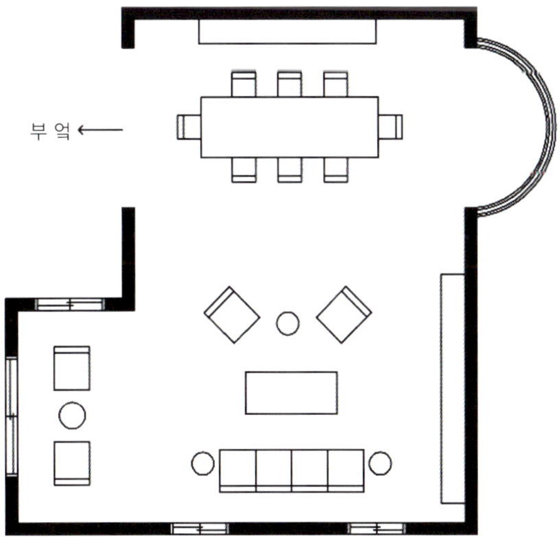

5,800×8,300

20 LD/K형의 평면 계획(단위 : mm)

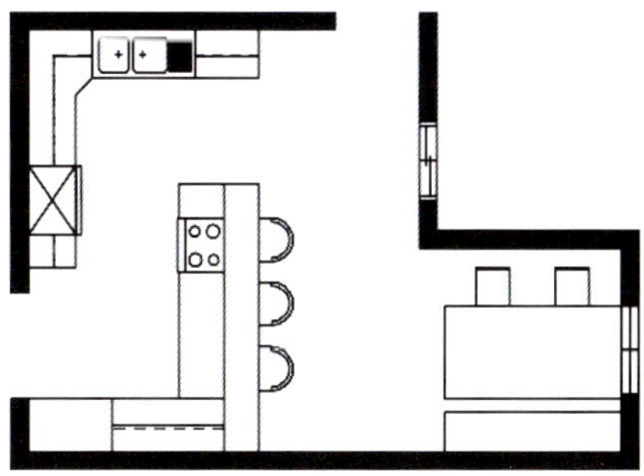

4,800×7,000

21 L/DK형의 평면 계획

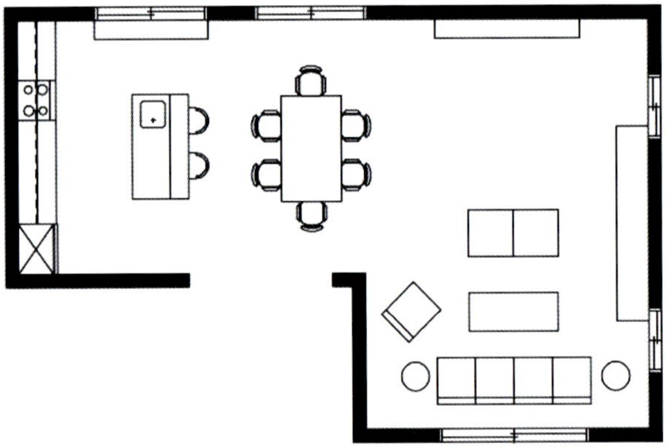

22 LDK형의 평면 계획

되어 있어 거실다운 기능을 수행하기 좋으며, 부엌과 식당이 같은 공간에 있어 동선이 짧다. L자형 공간인 경우 한쪽으로 식탁을 배치하는 것이 좋다. 작업대 한 쪽에 간이식탁breakfast table을 두면 부엌과 식당 사이에 구획이 지어져서 안정감이 생긴다.

L/DK형은 조리과정에서 생기는 냄새와 습기제거를 위해 환기장치가 필수적이다. 식탁 아래에 러그를 깔아 식사공간이 구분되게 하며 식탁에는 펜던트등을 달고 장식장 등을 이용하여 식당분위기를 연출한다.

◆ LDK형

LDK형living dining kitchen은 거실, 식당, 부엌의 기능을 한 공간에서 수행할 수 있도록 계획한 평면이다. LDK형은 동선이 짧고, 공간을 효율적으로 활용할 수 있어서 소규모 주택이나 아파트에서 많이 이용되며, 핵가족에게 적합하다. LDK형은 부엌에서 일하면서 가족과 이야기하거나 자녀를 돌볼 수 있으며, 부엌에 쉽게 접근할 수 있어서 가사작업의 분담을 유도하는 장점이 있다. 그러나 식사 때나 휴식할 때 편안하고 독립된 분위기를 즐길 수 없다는 단점이 있다.

LDK형은 조리로 인한 냄새와 습기의 배출을 위한 환기장치가 필수적이다. 부엌의 작업대와 수납장의 디자인은 식당이나 거실의 분위기를 고려하여 선택한다. 같은 LDK형이라도 직사각형보다는 L자형이나 T자형이 각 공간의 독립성을 유지할 수 있다.

소규모 주택에 이용되므로 식당, 부엌, 거실의 디자인을 통일하여 넓어 보이게 하되, 부엌 작업대에 면한 벽면은 습기와 열에 강하고 관리가 용이한 재료를 선택한다. 바닥도 재료를 통일하되 식탁 밑에 러그를 깔아 시각적·심리적으로 공간을 구획하도록 한다.

현 관

현관은 주거공간의 출입구로서, 다른 공간에 비해 규모는 작으나 가족의 개성, 기호 등이 표출되는 사회적 공간으로 집에 대한 인상을 결정 짓는다. 현관은 손님을 맞는 공간인 동시에 원하지 않는 사람의 통제가 가능해야 하며, 문단속은 간편하고 안전하게 이루어져야 한다.

◆ 현관의 위치와 크기

현관의 위치는 대지 형태, 인접도로와의 관계, 가족의 생활습관, 주거안전, 동선 등을 고려하여 정한다. 현관이 도로에서 멀면 가족의 프라이버시는 유지되지만 손님이 많이 출입하는 경우에는 오히려 번거롭다. 현관이 계단과 같은 연결통로와 가까우면 동선이 짧아지고 현관에서는 실내공간이 직접 보이지 않도록 한다.

현관의 크기는 주택 크기, 가족이나 방문객의 수, 신발장, 수납장, 대기용 의자 등을 고려하여 정한다. 현관의 최소면적은 1,000mm×1,500mm이므로, 이를 기초로 필요공간을 추가한다. 현관 가까이에 겉옷, 우산, 운동기구, 방문객의 외투 등을 보관할 붙박이 수납장이 있으면 편리하다. 수납장의 깊이는 600mm이며 너비는 최소한 750mm이다.

◆ 현관의 실내디자인

현관은 넓어 보이게 디자인한다. 한쪽 벽에 큰 창이나 거울을 설치하며, 밝은 색채를 이용하고 가구도 단순하고 통일성 있는 것을 택하면 넓어 보인다. 조명은 현관 내부

23 현관과 계단이 인접해 동선이 절약되는 주택

24 현관의 수납공간

와 외부에 모두 설치하여 안전사고를 방지하고 방범효과를 높인다.

현관은 그 집의 첫인상을 받는 공간이므로 가족의 개성을 나타내는 실내소품으로 분위기를 연출한다. 공간에 여유가 있으면 가방을 놓을 수 있는 탁자와 구두를 신고 벗을 수 있는 의자를 마련한다. 현관의 바닥재료는 내수성과 내마모성이 우수한 것이 좋다. 대리석이나 타일은 청소하기는 쉬우나 미끄러운 것은 안전사고의 위험이 있으므로 피한다.

현관의 외부공간인 포치porch에는 처마가 있어야 하며, 현관이 연장된 공간이므로 현관과 비슷한 분위기로 한다.

개인적 공간의 디자인

침 실

침실은 인생의 1/3을 보내는 공간으로 취침이 주 목적이나 휴식공간, 서재, 가사작업 공간 등 다목적으로 이용될 수 있다. 침실은 개인의 생활이 자유롭게 보장되고 프라이버시가 유지되어야 한다.

◆ 침실의 위치

침실은 조용한 위치에 정원을 향하도록 배치하는 것이 바람직하다. 침실의 소음은 40데시벨(dB) 이하로 한다. 주위가 시끄러운 지역은 방음재를 이용하여 외부소음이 차단되도록 하며, 흡음성이 우수한 카펫, 침구, 커튼, 쿠션, 옷장, 책꽂이를 방과 방 사이나 외벽 쪽에 설치하면 효과적이다.

침실의 방위는 남향이나 남동향이 좋으나, 취침공간으로만 이용되는 경우에는 어느 방향이든 관계없다. 2층 주택에서는 1층에 사회적 공간, 가사작업공간을 두고, 2층에 침실을 배치하는 것이 이상적이다. 침실은 욕실과 가까워야 동선이 절약되나 욕실이 직접 보이지 않도록 침실과 욕실 사이에 드레스룸을 둔다.

◆ 침실의 가구

침실에는 침대, 스탠드등stand lamp, 테이블, 서랍장, 붙박이장, 화장대, 휴식용 안락의자가 필요하다. 이러한 가구들을 배치하려면 침실의 크기는 최소한 3,600mm×3,600mm가 넘어야 한다.

붙박이장built-ins은 공간 활용도가 크다. 옷장의 깊이는 600mm가 적당하며 너비는

1인당 1,500mm 이상이 필요하다. 따라서 부부침실의 붙박이장은 600mm×3,000mm 이상이어야 한다. 들어가서 옷을 입거나 벗는 붙박이옷장walk-in closet은 최소한 1,800mm×1,500mm가 필요하다. 붙박이장의 문은 여닫이식, 접이식으로 하여 내용물이 잘 보이게 하고 문을 열면 자동으로 불이 켜지는 조명장치를 설치한다. 또한 옷을 입고 벗기 위한 지름 1,000mm되는 공간을 붙박이장 가까이에 확보하도록 한다.

침대는 머리 쪽을 제외한 3면에 550mm 이상의 공간을 확보하여 동선에 지장이 없게 한다. 침대 옆의 테이블에는 스탠드등, 시계, 라디오를 둔다. 침실의 스위치는 출입구 옆과 침대 가까이에 마련하여 켜고 끄기 쉽게 한다.

침대 너비는 1인용은 900~1,100mm이며, 2인용은 1,300~1,900mm이다. 침대의 길이는 신장을 기준으로 1,900~2,200mm이다. 침대는 1인용 크기인 900mm×1,900mm부터 2인용 크기인 1,900mm×2,200mm까지 다양하므로 필요에 따라 선택한다.

1인용 침대는 싱글 베드single bed, 1인용 침대 2개를 배치한 것은 트윈 베드twin bed라 한다. 부부침대는 크기에 따라서 더블 베드double bed, 퀸사이즈 베드queen size bed, 킹사이즈 베드king size bed로 구분한다.

벽에 세워 놓았다가 필요시 사용하는 침대, 기계장치로 천장에 부착시켰다 내려서 사용하는 침대, 소파로 이용하다 침대로 변형시키는 소파겸용 침대sofa-bed는 좁은 공간을 활용하는 데 효과적이다.

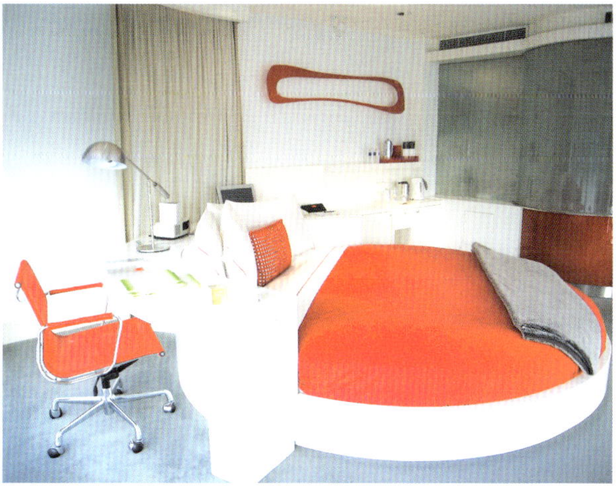

25 헤드보드 겸용 간이책상과 원형침대가 있는 침실

26 트윈 베드가 있는 대비색상의 침실

27 킹사이즈 베드가 있는 무채색의 침실

28 침대와 욕조를 유리벽으로 분리한 침실

또한 테이블, 서랍장, 책상 등을 연결시킨 모듈러 가구modular furniture는 공간절약이나 통일감 있는 침실분위기 연출에 좋다.

◆ 침실의 실내디자인

침실은 개인적인 공간이므로 다른 공간에 비해서 자유롭고 개성 있게 꾸민다. 바닥, 벽, 천장, 창과 문의 구조, 마감재료, 색채는 침실분위기에 많은 영향을 미친다. 침실

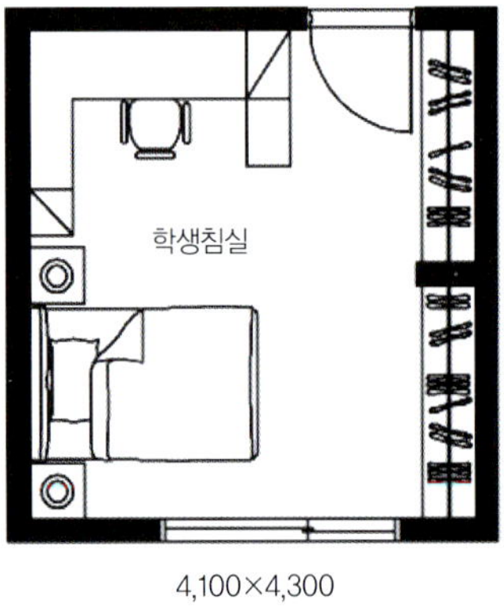

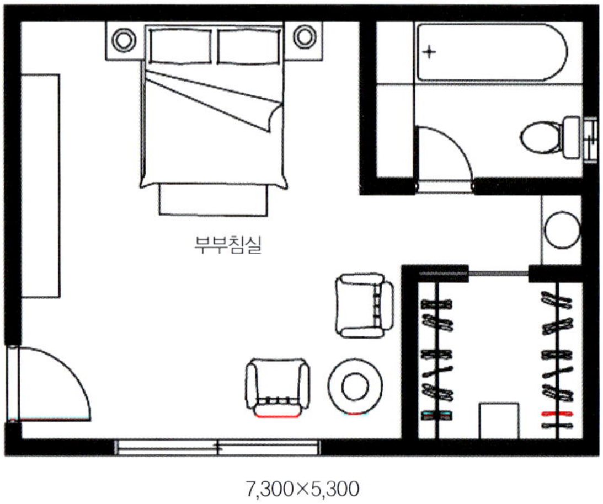

29 학생침실과 부부침실의 평면 계획(단위 : mm)

은 휴식을 위한 취침공간이므로 강렬하거나 자극적인 분위기는 피하도록 한다. 작은 소품, 쿠션, 러그도 침실의 분위기를 연출하는 데 많이 이용된다.

창이나 창 장식은 침실디자인의 중요한 요소이다. 환기를 위해서 창문이 마주보고 있거나 높은 위치에 있는 것이 효과적이다. 침실에는 적어도 한 벽면에 창문이 있어야 한다. 창문이 한 벽면에 집중되어 있으면 실제보다 넓어 보이며 공간 활용에 유리하다. 창의 크기는 최소한 바닥면적의 1/10 이상이어야 하며, 1/5이면 이상적이다. 화재에 대비하여 창 하나는 사람이 나갈 수 있는 크기가 확보되어야 한다. 전망이 좋은 경우 침대에서 외부 경치를 즐기도록 창 높이를 낮게 한다. 침실의 프라이버시는 커튼이나 블라인드blind로 조절한다. 바닥, 벽, 천장의 마감재료, 침대 커버, 커튼의 질감, 색채, 무늬에 의해서 침실분위기가 좌우되므로 조화되도록 디자인한다. 침실을 취침만의 목적으로 이용하는 경우, 간접조명이 이상적이나 독서 또는 가사작업을 위해서 스탠드등stand lamp이나 브래킷등bracket lamp이 필요하다. 조명기구의 광원은 눈에 들어오지 않도록 설치해야 한다. 침대의 아래 또는 바닥에서 150~200mm 떨어진 벽에 조도가 낮은 조명등foot light을 설치하면 밤에 출입할 때 안전하다.

30 욕실, 드레스룸, 휴식공간이 갖추어진 부부침실의 평면 계획
(단위 : mm)

서 재

서재는 연구에 전념하기 위한 개인적 공간이므로 프라이버시가 유지되어야 한다. 공간사용자의 취향이나 개성에 따라 또는 연구나 작업 내용에 따라 실내를 디자인한다. 서재를 별도로 마련하기 어려운 경우 침실, 거실, 식당을 일부 이용하거나 다락방, 지하실을 서재공간으로 만들 수 있다.

◆ 서재의 위치

서재의 위치는 사회적 공간이나 가사작업공간과 떨어진 조용한 곳이 이상적이다. 특히, 사람의 출입이 빈번한 현관과 멀수록 좋다. 실제적인 동선뿐 아니라 시각적 동선, 청각적 동선도 먼 것이 바람직하다. 서재는 작업하다가 피로를 풀 수 있는 전망이 좋은 곳이면 더욱 바람직하다.

◆ 서재의 가구

서재에는 책상, 의자, 책장, 선반, 휴식용 의자, 테이블, 컴퓨터 테이블 등이 필요하다. 소설가, 건축가, 실내디자이너, 학생 등 공간사용자의 직업과 활동에 따라 필요로 하는 가구의 종류, 크기, 유형 등이 달라진다. 그러나 누가 사용하든 간에 공간을 사용하다 보면 서적, 도구, 재료 등이 점점 많아지므로 여유 있는 수납공간을 확보해야 한다.

◆ 서재의 실내디자인

서재는 외부소음이 차단되도록 창은 이중창으로 하고 실내의 마감재료나 커튼은 흡음효과가 큰 것을 선택한다. 붙박이 수납공간이나 책장을 만들면 소음차단에 효과적이다. 서재가 조용하게 느껴지는 이유는 흡음효과가 좋은 책이 많기 때문이다. 카펫, 푹신한 안락의자, 쿠션 등도 소리를 흡수한다. 서재의 소음수준은 30데시벨(dB) 이하가 이상적이다.

서재는 차분한 분위기를 조성하는 동일색상의 조화나 유사색상 조화를 시도하며, 따뜻한 색상보다는 시원한 색상을 이용한다. 벽과 천장에는 무늬가 없거나 작은 무늬의 벽지로 마감하여 안정된 분위기를 조성한다. 책상에는 왼쪽 앞부분(오른손잡이인 경우)에 스탠드등을 설치하여 그림자가 생기지 않게 한다.

욕 실

욕실은 위생도기 설치방법에 따라 유형을 구분한다. 욕조, 세면대, 양변기를 모두 함께 설치하는 유형, 욕조와 세면대를 한 공간에 두고 양변기를 분리하는 유형, 세면대와 양변기를 한 공간에 두고 욕조를 분리하는 유형 등이 있다. 이 외에도 양변기와 세면대만을 설치한 간이화장실인 파우더룸powder room이 있다. 요즈음은 가족의 필요에 따라서 한 주택에 욕실을 2~3개 만들기도 한다.

◆ 욕실의 위치

욕실은 침실에 부속시키거나 가까운 위치에 계획한다. 욕실이 가까우면 동선이 짧아 편리하나 침실에서 욕실이 직접 보이지 않도록 침실과 욕실 사이에 드레스룸을 두도록 한다. 욕실을 부엌, 세탁실과 인접시키면 배관시설비를 절감할 수 있다. 2층 주택의 아래 · 위층에 욕실을 같은 위치에 배치하면 배관시설비가 절약되고 유지관리도 용이하다. 이와 같이 배관, 배수시설이 필요한 공간을 한 군데로 집중시켜 배치하는 것을 설비적 코어 시스템core system이라고 한다.

부엌과 욕실을 인접시키더라도 문의 방향을 달리하여 시각적으로 가깝다는 느낌이 들지 않게 하는 게 바람직하다. 파우더룸powder room은 현관 가까이에 계획하는 게 편리하다.

◆ 욕실의 위생도기와 설비

욕실의 기본 설비는 욕조, 세면대, 양변기 등의 위생도기, 수납장, 거울, 수건걸이, 휴지걸이, 선반, 급 · 배수시설, 환기시설, 조명시설, 전기시설이다.

욕실의 크기는 위생도기의 크기와 설치방법에 따라 달라진다. 위생도기는 사용하기 편리하도록 적절한 간격이 유지되어야 한다. 욕실에서 가장 큰 면적을 차지하는 욕조는 직사각형, 정사각형, 다각형, 원형 등 그 형태가 다양하며, 크기는 1,500mm×750mm, 1,500mm×1,000mm, 1,800mm×1,200mm, 1,200mm×1,200mm, 1,500mm×1,500mm 등이다. 세면대의 디자인과 크기도 다양하여 400mm×400mm, 450mm×400mm, 700mm×400mm, 600mm×500mm, 800mm×500mm 등이 있다. 공간이 부족한 경우에는 욕조 대신에 샤워실로 대체한다. 욕조 옆에는 안전손잡이를

31 검정을 포인트 색상으로 이용한 욕실

32 창이 많아 밝고 위생적인 욕실

벽에 부착하고, 바닥에는 미끄러지지 않게 고무 패드를 깔아 안전사고가 일어나지 않게 한다.

세면대는 상단이 바닥에서 750~800mm, 하단이 바닥에서 650mm 이상이 되도록 설치하며, 급수장치는 900~1,000mm 높이에 설치한다. 공간에 여유가 있으면 부부가 동시에 사용할 수 있도록 2조식 세면대를 설치한다. 세면대의 배수관에는 트랩 trap 장치를 하여 악취를 방지하고 벌레가 들어오지 못하게 한다.

양변기의 크기는 500mm×680mm, 500mm×750mm 등 디자인에 따라 다양하다. 양변기는 바닥에서 400~450mm 높이에 설치하고 양변기 중심에서 벽까지 450mm 이상이 되도록 한다.

콘센트는 습기방지용 덮개가 있는 것을 선택하고 바닥에서 400~850mm 높이에 설치하며, 스위치는 바닥에서 1,000~1,200mm 높이에 설치한다.

욕실에는 반드시 환기시설을 해야 한다. 문을 열면 자동으로 환기장치가 작동되도록 하면 편리하다. 욕실에는 수건, 약품, 휴지, 치약, 비누 등의 물품을 보관하는 수납장이 필요하다. 수납장을 매입형 붙박이장으로 디자인하면 공간 활용에 유리하다. 욕실 수납장의 깊이는 300mm로 한다. 매입형 붙박이 수납장이 없으면 벽의 상부나 세면대 아래에 수납공간을 만든다. 휴지걸이, 수건걸이, 비누접시, 칫솔꽂이, 컵꽂이도 색상이나 형태가 욕실디자인과 조화되는 것으로 선택한다. 휴지걸이는 변기에 앉

33 세면대 하부에 여유공간이 있는 욕실

34 세면대와 욕조를 낮은 벽으로 분리한 욕실

35 **욕실의 평면 계획**(단위 : mm)

아서 손이 닿기 편한 위치에 부착시키며, 수건걸이는 세면대 가까이에 부착시킨다.

◆ 욕실의 실내디자인

욕실에 욕조, 세면대, 양변기를 설치하기 위한 최소 크기는 1,500mm×2,200mm이다. 욕실이 너무 넓으면 난방비가 많이 들고 아늑한 분위기를 조성하지 못한다.

욕실의 마감은 방수성이 우수하고 곰팡이가 생기지 않는 재료를 사용한다. 또한 바닥과 벽, 벽과 욕조의 이음 부분에 방수처리를 잘 하여 누수가 되지 않게 한다. 욕실의 벽과 바닥에는 타일, 대리석 등이 많이 이용되는데, 바닥의 타일과 대리석은 미끄럽지 않은 것으로 선택한다. 천장은 합성수지패널이 이용된다. 일체식 구조로 만든 강화 플라스틱FRP 욕실이 시판되고 있는데, 공사기간이 짧고 비용이 적게 든다는 장점이 있으나 주택보다는 콘도미니엄, 호텔 등에서 이용되고 있다.

욕실디자인에서 마감재료 이외에 거울과 조명은 중요한 요소이다. 욕실의 한쪽 벽 전체를 거울로 하면 공간이 넓어 보인다. 넓은 욕실에는 전체조명과 국부조명 모두 필요하나 일반적으로는 국부조명을 거울 위에 설치한다. 욕실은 명암차가 심하지 않고 모든 면을 균일하게 보이도록 해야 하므로 광원이 여러 개인 조명 기구가 이상적이다. 조명 기구의 광원은 거울에 반사되거나 광원으로 인해 눈이 부시지 않도록 한

36 부부를 위한 2조식 세면대가 있는 욕실
37 세면대 하부를 수납공간으로 활용한 욕실
38 물안마를 받을 수 있게 디자인한 욕조
39 세면대를 욕조에 인접시켜 배치한 욕실

	36
37	38
39	

다. 욕실에는 벽이나 거울에 부착시키는 브래킷등이나 천장 매입등이 적절하며, 습기에 강한 것을 선택한다.

욕조를 안쪽에 배치하고, 다음으로 변기와 세면대를 배치한다. 욕실문은 안쪽으로 열리게 하여 외부 동선에 방해가 되지 않게 하였으나, 요즈음은 욕실 내의 안전사고에 대비하여 바깥 쪽으로 열리게 하는 경향이 있다.

욕실은 채광과 환기를 위해 창이 필수적이다. 창은 프라이버시의 침해가 없도록 계획하고 열손실이 없도록 기밀성을 높인다. 욕실에 천창을 설치하면 채광량이 많아 위생적이고 밝다. 프라이버시가 유지된다면 큰 창을 설치해도 된다.

욕실은 다른 공간에 비해서 사용시간이 짧고 공간도 넓지 않으므로 색채 조화를 개성 있게 시도하는 것도 좋다. 명도가 낮은 색상으로 마감한 경우, 조명으로 극적인 조화를 꾀하도록 한다. 욕실의 마감재료는 위생도기, 수건걸이, 휴지걸이, 컵 등의 소품들과 조화되도록 계획한다. 색채 계획에서 동일색상 또는 유사색상의 조화를 시도하면 공간이 넓어 보이며 대비색상의 조화를 시도하면 개성 있는 분위기가 연출된다.

가사작업공간의 디자인

부 엌

가사작업공간인 부엌은 주택에서 단위면적당 건축비가 가장 많이 드는 공간이다. 오늘날 부엌은 가족 누구나 자유롭게 드나들면서 건강을 유지하기 위한 음식을 만드는 장소이다.

◆ 부엌의 위치와 크기

부엌은 대문, 차고, 현관과 가까워야 식품 반입과 쓰레기 반출을 위한 동선이 절약된다. 또 가사작업실, 다용도실, 서비스 야드service yard 등은 가사작업공간과 인접해야 생활의 질서가 잡힌다.

부엌은 급·배수시설을 필요로 하는 욕실, 가사작업실, 세탁실과 가깝게 배치하여 시설 관련 비용을 줄이도록 한다. 부엌은 음식 나르기를 고려하여 식당과 인접시키며, 거실과 멀지 않은 게 바람직하다. 이층주택에서는 아래층에 부엌을 두는 것이 편리하다. 모든 공간의 이상적인 방위는 남향, 남동향이기 때문에 부엌을 남향에 두기는 어려워 보통은 동향 또는 북동향에 배치한다.

부엌의 크기는 주택 크기, 가족 수, 음식 기호, 식생활습관, 경제 수준에 따라 좌우되나 일반적으로 주택면적의 10%로 한다. 주택이 클 때는 10% 이하도 무방하다. 부엌이 음식 만드는 장소로만 이용될 경우에는 8㎡가 적당하며, 12㎡를 넘으면 동선이 길어져 피로해지기 쉽다.

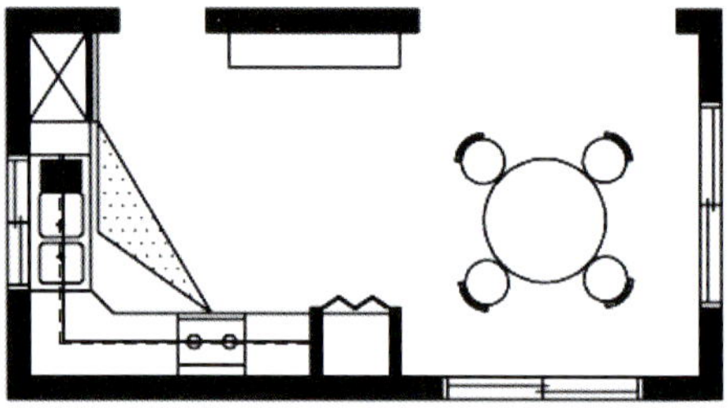

6,000×3,000

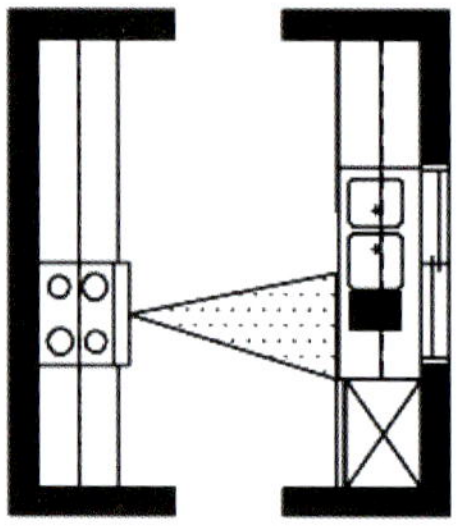

2,800×3,200

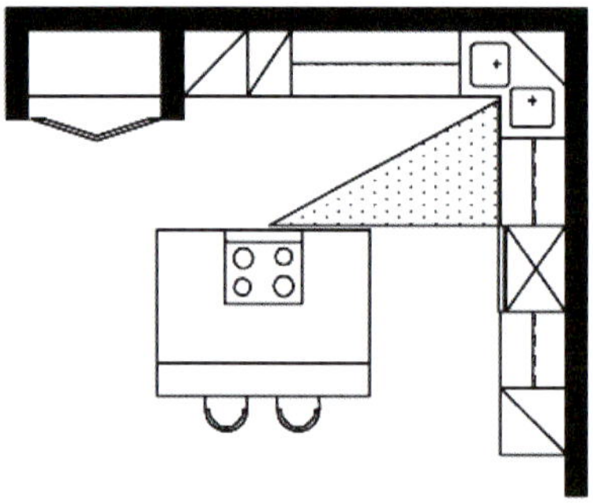

5,000×4,200

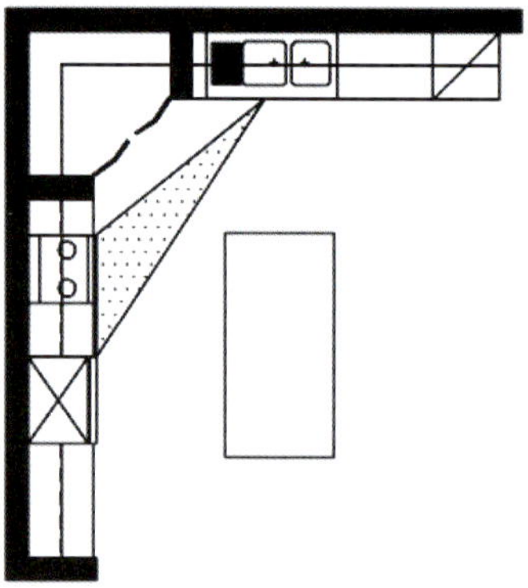

4,500×4,700

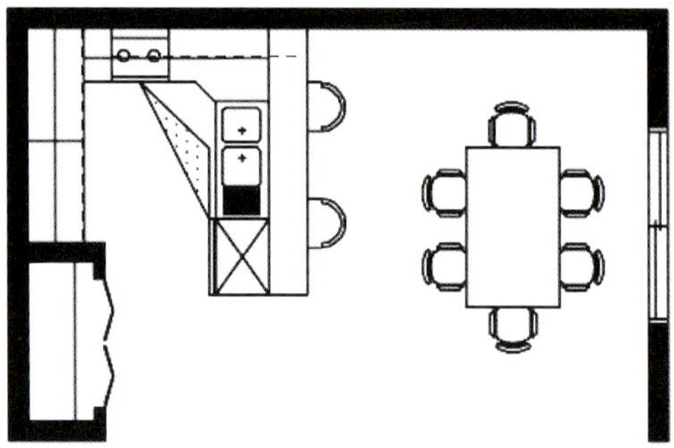

6,500×4,200

40 부엌의 다양한 평면 계획과 작업삼각형(단위 : mm)

◆ 부엌의 공간 계획

부엌은 문과 창의 디자인, 문의 종류, 급·배수시설 등을 고려하여 계획한다. 부엌의 작업대는 급·배수관을 고려하여 개수대의 위치를 먼저 정하고 다음으로 가열대를 정한 후 나머지 작업대들을 작업순서에 맞게 배치한다. 동선이 가장 빈번한 개수대와 가열대 사이에는 문을 계획하지 않도록 한다. 개수대에 창문을 만들어 통풍과 채광이 잘 되게 하며, 작업대의 아래, 위에는 수납장을 계획한다.

부엌의 창 크기는 바닥면적의 최소한 10% 이상이어야 하며 15%가 이상적이다. 작업대와 상부수납장 사이에 창을 계획하면 수납공간도 확보하고 환기도 효과적이다. 천창은 상부수납장을 부착시킬 벽면을 감소시키지 않으며 벽창보다 채광효과도 우수하다. 부엌 천장에는 전반조명을, 상부수납장 밑에는 국부조명을 설치한다. 특히 개수대와 가열대는 조명에 신경을 쓰도록 한다.

◆ 부엌작업대와 배열방법

부엌의 작업대는 작업순서에 맞게 배치하고 사용자의 인체치수에 맞아야 에너지 소모가 적어 작업효율성이 높다. 작업대는 오른손잡이인 경우, 시계와 반대방향으로 배치하는 게 능률적이다. 즉, 오른쪽에 냉장고를 두고 준비대 → 개수대 → 조리대 → 가열대 → 배선대 → 식탁의 순서로 배치한다. 좁은 부엌에서는 개수대, 조리대, 가열대로 구성하고, 다른 작업대는 겸용으로 사용한다.

냉장고는 식품을 반입하는 출입구 가까이에 배치한다. 냉장고는 식품을 꺼내어 작업대에 올려놓기 쉬운 곳에 두되, 문이 90° 로 열리므로 작업대 사이에 배치하여 작업에 방해가 되지 않도록 한다. 냉장고 가까이에 건조식품의 저장을 위한 수납장이 있으면 편리하다.

부엌의 동선은 냉장고, 개수대, 가열대의 3지점을 연결한 삼각형의 3변의 길이를 합해서 평가한다. 이 3지점을 연결한 삼각형을 작업삼각형work triangle이라고 한다. 작업삼각형은 한 변이 1,800mm 이하이고 3변의 길이가 4,000~6,000mm이면 된다.

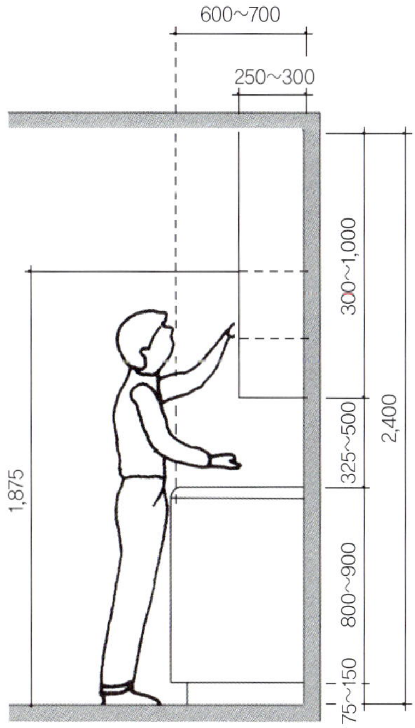

41 부엌작업대와 상부 수납장의 치수(단위 : mm)

42 온화한 색상의 일자형 부엌

부엌은 작업대 배열방법에 따라 ㅡ자형 부엌, ㄴ자형 부엌, ㄷ자형 부엌, 병렬형(二자형) 부엌, 아일랜드island형(섬형) 부엌, 페닌슐라peninsula형(반도형) 부엌으로 구분한다. 동선이 가장 짧고 에너지가 절약되는 부엌은 ㄴ자형이다. 병렬형 부엌은 마주

43 상부수납장을 생략한 병렬형 부엌

44 페닌슐라형과 병렬형의 복합형 부엌

보는 작업대 사이가 1,000~1,200mm인 것이 효율적이다. 1,000mm 미만이면 너무 좁고 1,200mm 이상이면 동선이 길어져 피곤하다. 아일랜드island형 부엌은 가열대를 섬처럼 따로 배치한 부엌으로 LDK형 주거공간에 많이 이용된다. 가열대 위의 배기후드는 부엌을 시각적으로 차단해 주어 좋으며 아일랜드를 크게 만들어 간이식탁breakfast table과 겸용하기도 한다. 아일랜드에 개수대를 배치하기도 한다.

페닌슐라형 부엌은 식탁을 작업대 끝 한쪽 벽에 붙여 놓은 것으로 식탁이 부엌과 거실을 구획 짓는 역할을 한다.

◆ **부엌작업대와 수납장**

- 개수대 : 부엌에서 이용빈도가 가장 큰 작업대로 조리대와 준비대 사이에 둔다. 식기세척기dish washer가 있으면 1조식 개수대도 무난하며 쓰레기통을 가까이에 비치하는 것이 편리하다. 개수대는 통풍이 잘 되어야 하므로 창을 계획하도록 한다. 개수대의 상부 수납장 밑에 국부조명을 설치하도록 한다.
- 가열대 : 가스레인지range, 전기레인지, 전자레인지, 오븐 등이 이용되며 오븐과 레인지가 하나로 된 오븐레인지가 더 편리하다. 가열대 주변은 내열성과 방화성이 우수한 재료로 마감한다. 가열대는 창에서 300mm 이상, 수납장이나 문에서 250mm 이상의 거리를 확보해야 안전하다. 가열대에는 600~900mm 위쪽에 배기후드를 설치한다. 특히, L/DK형이나 LDK형의 부엌은 배기성능이 우수하고 소음이 적은 환기장치가 필요하다. 가열대 상부에는 국부조명을 설치한다.
- 조리대 : 개수대와 가열대 사이에 배치하며, 가전제품을 많이 이용하므로 콘센트를 설치한다. 조리대 가까이에 칼, 도마, 식기, 조리 기구, 양념 등의 수납공간을 마련하고 조명을 하여 안전사고가 일어나지 않게 한다.
- 배선대 : 가열대와 식당 사이에 두며, 수납장에는 식탁보, 냅킨, 수저, 양념, 토스터 등을 보관하면 편리하다.
- 수납장 : 부엌작업대의 상부와 하부에 수납장을 계획하고, 부족하면 가까운 가사작업실, 식당 등을 이용하여 수납공간을 확보한다. 수납장에는 유사한 품목을 같은 위치에 보관하여 찾거나 꺼내기 쉽게 한다. 사용빈도가 높은 것은 꺼내기 쉽게 두며, 무거운 것은 아래쪽에 보관한다. 작업대 바로 밑의 서랍에는 자주 사용하는 칼, 수저, 도마 등을 보관한다.

45 다양하게 활용할 수 있는 부엌 개수대

수납장은 깊이가 400mm 이상인 경우 서랍형으로 디자인하고, 1,800mm 이상 높이의 수납공간에는 사용빈도가 낮은 품목을 보관한다. 수납장의 선반은 높이를 융통성 있게 조절하도록 계획하며, 여닫이문을 달아 먼지와 습기를 차단하도록 한다. 개방형 선반에는 자주 사용하는 것을 놓으면 편리하다.

◆ 부엌의 실내디자인

부엌의 마감재료는 방습성, 방수성, 내열성, 방화성이 있고 유지관리가 용이한 재료를 선택하도록 한다. 작업대에 면한 벽면은 타일, 스테인리스스틸이, 바닥은 목재 플로링, 모노륨, 아스타일이, 천장에는 합성수지 패널, 합판, 벽지가 주로 이용된다. 요즈음은 환기시설의 성능이 우수하여 작업대에 면한 벽면을 제외하고는 마감재료를 자유롭게 선택하는 경향이다. 그러나 부엌은 가사작업공간이므로 바닥은 피로를 덜 느끼도록 탄력성 있고, 내열성, 내수성, 내구성이 우수하며, 더러움을 잘 타지 않는 재료를 선택해야 한다.

부엌작업대의 상판과 수납장에 이용된 재료의 색상과 질감은 실내분위기에 미치는 영향이 크다. 수납장의 재료는 천연목재부터 고광택 합성수지까지 매우 다양해져서 개성 있는 부엌을 연출하기가 쉬워졌다. 작업대 상판의 재료는 스테인리스스틸, 파티클 보드Particle board나 MDF Medium Density Fiber에 멜라민수지를 코팅한 것, 인조 대리석 등이 여러 가지 색상과 무늬로 생산되고 있다.

가사작업실

주택에는 세탁, 건조, 다림질, 옷 만들기와 수선, 가정용품 수리, 목공일 등을 위한 가사작업실이 필요하다. 우리나라 아파트에서는 다용도실을 가사작업실로 활용하는 경우가 많다.

부엌이 입식으로 바뀌면서 여러 측면에서 발전한 데 비하여 우리나라의 가사작업실은 그 수준이 매우 낮다. 가사작업실이 있으면 부엌과 가사작업실에서 집 안 일이 모두 해결되므로 생활의 질서가 잡혀서 거실, 침실 등 다른 공간의 질도 높아지게 된다.

◆ 가사작업실의 위치

가사작업실은 부엌과 인접해야 동선이 단축되고 작업시간을 줄일 수 있다. 부엌 한 쪽에 세탁공간을 만들기도 하는데, 이런 경우에 세탁기, 건조기는 냉장고와 거리를

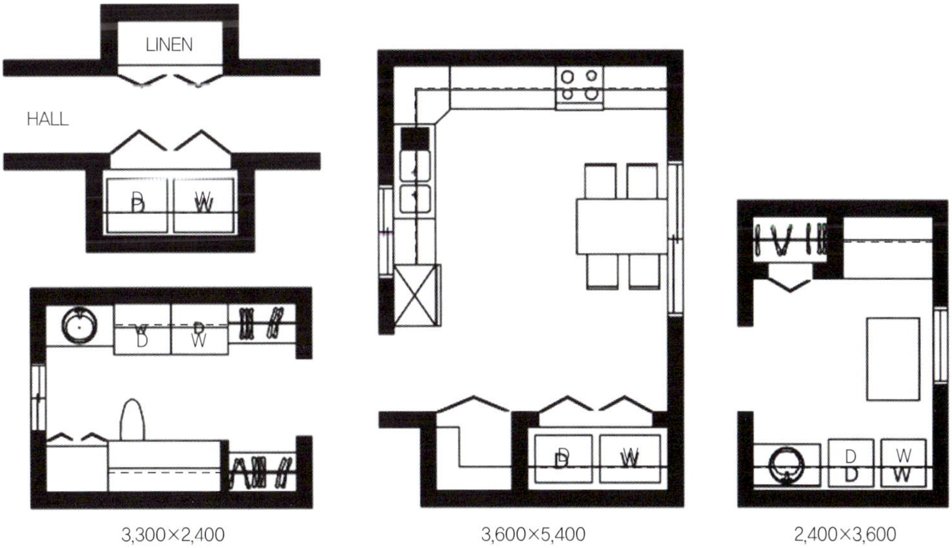

46 가사작업실의 다양한 평면 계획(단위 : mm)

47 접이식 다리미대가 있는 가사작업실

48 손빨래용 세탁조와 수납공간이 잘 계획된 가사작업실

두어 배치한다. 욕실에 세탁공간을 두면 급·배수시설이 인접되어 시설비는 적게 드나, 습기로 인해 세탁기, 건조기의 수명이 단축되고 다림질, 옷수선 등의 가사작업을 하기에 불편하다.

세탁물이 많이 나오는 침실 가까이에 세탁공간을 붙박이장처럼 만들고 내부에 세탁기, 건조기, 상부 수납장을 설치하면 작업동선이 절약된다. 이런 경우에는 세탁공간의 급·배수시설, 환기장치는 침실에 부속된 욕실과 연결시킨다. 또 세탁시간을 조절하거나 소음방지설비를 하여 침실의 조건이 나빠지지 않게 한다.

◆ 가사작업실의 실내디자인

가사작업실에는 세탁기, 건조기, 손빨래용 세탁조, 세탁물 보관함, 건조대, 붙박이수납장, 다리미대, 재봉틀, 청소기나 공구용 수납장이 필요하다. 세탁기, 건조기의 크기는 제품에 따라 다르나 650mm×650mm 정도이고, 높이는 부엌작업대의 높이와 비슷하다. 다리미대는 벽부착식, 접이식, 작업대식이 있다. 붙박이수납장에는 각종 세제, 손세탁용구, 다리미, 분무기, 청소기, 각종 공구를 보관한다.

가사작업실 설비는 작업순서에 맞게 배열되고 크기는 인체치수에 적절해야 한다. 세탁기의 급·배수시설이 완벽하면 바닥의 재료를 타일로 제한할 필요가 없으며 벽,

천장의 마감 역시 관리하기 쉽고 깨끗한 느낌이 드는 재료 중에서 자유롭게 선택한다. 조명은 전반조명과 국부조명을 갖추어 작업에 지장이 없도록 하고, 환기와 채광 효과를 위해 창을 반드시 설치한다. 가사작업실에서 음악 감상이나 TV를 시청하면서 작업할 수 있도록 경쾌한 분위기를 조성하는 색채 계획을 한다.

업무공간의 실내디자인

업무공간의 범주

실내공간을 두 개의 큰 범주로 나누면 주거공간과 비주거공간으로 나눌 수 있다. 업무공간은 비주거공간 가운데 사용자가 많은 시간을 머무르며, 일의 능률과 직접적으로 관계가 있기 때문에 공간의 성격에 적합한 전문적인 디자인이 요구된다. 업무공간은 주된 목적과 업무의 성격, 공간을 사용하는 주체에 따라 분류될 수 있다.

최근에는 컴퓨터를 비롯한 통신 · 정보 장비의 대중화와 진보로 전형적인 장소성에 대한 개념과 공간의 독립성이 깨지고 있는 실정이다. 예컨대 무선인터넷 시스템이 설치된 공간이라면 가정, 옥외, 식음료공간을 막론하고 모두가 훌륭한 업무환경이 될 수 있다. 그러나 많은 인원이 함께 근무하는 업무공간에서는 물리적 공간디자인 이전에 대상공간을 사용하는 주체의 조직, 업무를 조정하고 정보 공유를 위한 커

업무공간의 일반적 범주

1. 기업
2. 은행, 투자신탁, 신용조합 등의 금융기관
3. 중앙 정부나 지방자치단체 산하 기관
4. 우체국, 도서관, 공항, 터미널 등 공공시설의 업무공간
5. 교육시설의 업무공간
6. 의료시설의 업무공간
7. 공장, 창고, 작업장 등 산업시설
8. 홈(네트워크) 오피스
9. 무선인터넷이 설치된 모든 유비쿼터스 환경

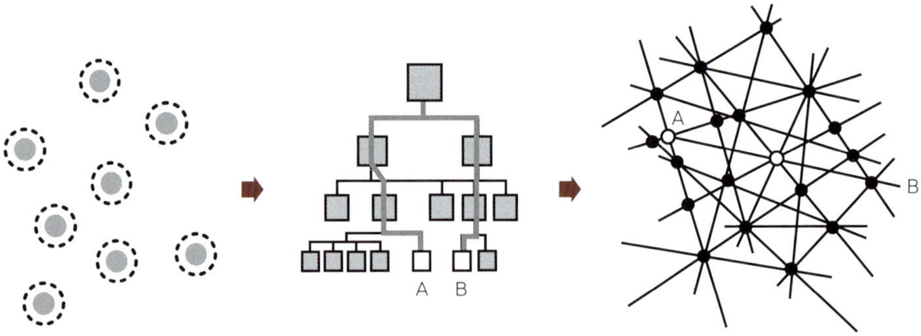

49 업무환경의 변화를 유도한 조직의 변화

뮤니케이션의 흐름, 인지 증진방법 등이 면밀하게 분석되어야 한다. 끊임없이 변화하는 공간의 물리적 특성, 사용자의 행위와 업무를 반영하여 공간의 용도와 최종 영역이 만들어지기 때문이다.

역사적 변천

업무공간은 위의 그림에서 보여지는 바와 같이 조직과 가치관의 변화에 따라 소규모의 인원이 함께 근무하는 개인사무실 성격의 공간으로부터 중앙집권형의 위계질서를 지닌 폐쇄형 공간을 거쳐 개방형 공간으로 발전되었으며, 최근에는 무선 네트워크의 발달로 무장소성의 업무공간이 가능하게 되었다.

분산된 개인을 위한 공간

19세기 초까지 대부분의 업무공간은 15~50여 명 규모의 개인들이 대면접촉방식으로 업무를 수행하는 곳이었다. 산업시대를 거치면서 임원실과 관리직 사무실, 직원의 사무공간을 포함하는 규모로 확대되었다.

중앙집중의 폐쇄형 공간

오랜 기간에 걸쳐 개인과 소규모 집단이 분화하여 규모가 확대됨에 따라 중앙집권형의 위계질서를 지닌 공간이 등장하게 되었다. 이러한 유형은 넓은 공간 속에 직원을 동일한 책상의 경직된 줄에 맞추어 배치하는 것으로 질서감을 주고 관리자들의 권위를 반영한다. 단점은 동선이나 커뮤니케이션이 윗사람으로부터 아랫사람으로 이루어지기 때문에 업무조정이나 정보교환이 어려워져 창조적 작업에는 비효율적이며, 조직

간의 엄격한 분리는 조직 기능 간 커뮤니케이션 장애를 일으킬 수 있다는 점이다. 이와 같은 보수적 공간 계획은 오랜 기간 지속되었으며 아직도 그 예를 많이 볼 수 있다.

개방형 공간

1950년대 중반에 회사 내의 전형적인 위계질서를 깨뜨리는 개념이 나타나기 시작하였다. 과학기술의 발달은 커뮤니케이션을 원거리에서도 보다 쉽게 할 수 있도록 하

폐쇄형 오피스

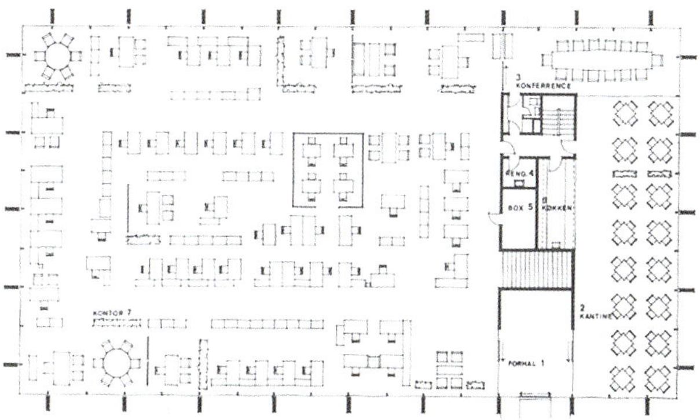

개방형 오피스

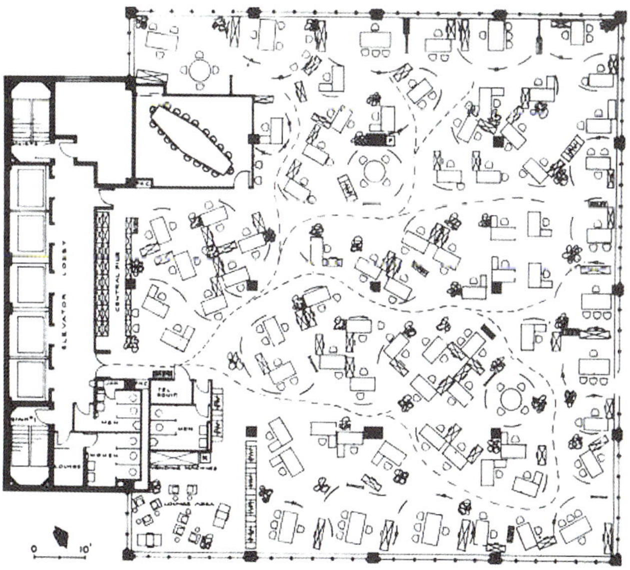

오피스 랜드스케이프

50 폐쇄형, 개방형, 오피스 랜드스케이프 플래닝의 전형적인 평면도

51 가구의 이동과 공간의 변형이 용이하도록 오픈 오피스 시스템을 갖춘 개방형 사무공간

52 유리벽으로 공간이 구획된 개방형 사무공간과 회의실

53 무선 네트워킹이 가능한 상업공간 겸 제3의 업무공간(홍콩, 사이버 포트)

51

52

53

였고 민주주의가 사무환경에도 영향을 미쳐 조직 내부의 요구에 따라 사무공간은 개방되게 되었다. 이 시기에 규격화된 칸막이가 개발되었으며 이는 사무실 배치에 어느 정도 가변성을 가져왔다.

이 개방형 배치는 과거의 폐쇄형 사무실 계획에 중요한 변화를 주었다. 물리적 공간을 개방함으로써 필요에 따라 공간을 유연하게 사용할 수 있게 되었고, 사무용 가구를 이전하는 것이 개인 사무실의 벽을 해체해서 재시공하는 것보다 훨씬 쉽고 경제적이었으며 가구배치의 가변성이 인사이동에 따른 관리를 수월하게 하였다. 또한 구성원들이 대면할 수 있는 공간과 기회가 많아져 혁신적 아이디어의 발전 가능성이 높아지며, 공간이 구획되었다 하더라도 유리벽이나 창을 통해 쌍방향이 시각적으로 접촉하고 인지할 수 있는 기회가 많이 제공됨으로써 업무의 효율을 꾀하게 되었다.

개방형 공간 계획의 발전적 대표 유형은 1959년경 독일의 퀵보너Quickborner 팀에 의해 개발된 오피스 랜드스케이프 플래닝Office Landscape Planning이다. 이 공간 계획은 혼란스러워 보이기도 하지만, 조직의 업무 기능과 의사소통의 흐름과 직결된 배치를 함으로써 업무의 효율성을 높였다는 평가를 받았고 현재도 이러한 예를 볼 수 있다.

분산된 네트워크 공간

인터넷, 이메일e-mail과 같은 첨단과학의 산물은 조직 형태의 분화를 촉발하여 분산된 네트워크 환경, 즉 탈공간, 탈영역의 사무환경이 자연스럽게 형성되었으며, 개인 간의 직접적인 커뮤니케이션과 실시간 정보 취득을 가능하도록 하였다. 업무수행을 위한 의사전달의 흐름은 개별적인 공간이나 사무실에 국한되지 않고 벽이 없는 개방된 공간에서 원활하게 이루어질 수 있으며, 광장이든, 거리이든, 시장이든 무선 인터넷이 가능한 공간이라면 그 어디라도 작업공간이 될 수 있다. 우리는 온라인을 통하여 언제 어디서나 사용자들이 접속하는 공간을 유비쿼터스 공간, 혹은 제3의 공간이라고 부른다.

이 유형의 이점은 고정된 시간과 공간을 탈피함으로써 이동시간을 절약할 수 있다는 점과 근무환경 마련을 위한 경제적 투자를 줄일 수 있다는 점이다.

계획 지침

업무공간은 일반적으로 조직의 구성원이 업무를 실행하는 장소이거나 생활을 위해

일하는 공간을 말한다. 이 공간은 실내 영역으로 국한되기도 하지만, 서로 다른 다양한 직종의 기관이나 업체가 모여서 건물을 이루는 복합적인 공간일 수도 있다.

주거공간을 디자인할 때 디자이너와 클라이언트는 사용자의 취향과 기능에 적합한 개인적인 공간을 창출하기 위해 가까이에서 작업을 진행하지만, 업무공간의 경우는 반드시 사용자가 클라이언트가 되는 것은 아니다. 또한 공간의 규모는 더 크고 복잡하여 경우에 따라서는 고층의 큰 면적일 수도 있다. 따라서 디자이너는 사용자가 필요로 하는 내용을 체계적으로 면밀하게 분석한 후 이들의 업무와 기업의 이미지를 높여 줄 수 있는 공간을 디자인하여야 한다.

한편, 오늘날의 업무공간은 기술의 발달과 회사운영 및 조직의 빠른 변화로 말미암아 공간설계에 획기적인 변화가 있었다. 컴퓨터의 빠른 업무처리와 생산성은 산업의 양상을 바꾸었고, 기능직이나 생산직보다는 사무직과 관리직, 정보처리와 관련된 업무와 직종이 늘어나게 되었다. 이러한 급속한 작업형태의 변화는 기업이 직원과 그들이 사용하는 컴퓨터 및 주변기기에 맞도록 환경을 제공하도록 하였으며, 실내디자이너는 이에 부응하는 디자인을 제시하여야 하는 상황이 되었다.

공간 계획의 단계 및 방향

실내디자이너가 업무공간을 디자인하기 위해서는 우선적으로 클라이언트가 요구하거나 주어진 프로그램을 분석하여 공간끼리의 인접성과 동선을 나타내는 시각화된 도표를 만들고, 직원과 정보의 흐름을 토대로 축척에 맞는 기초도면을 작성하며 이를 전제로 콘셉트를 도출하는 과정을 거친다.

◆ 건물의 특성 조사

실내디자이너는 업무공간을 계획할 때 규모를 막론하고 클라이언트가 요구하는 방향의 서비스를 제공해야 한다. 새 건물의 초기 디자인 단계라면 건축가, 엔지니어 등의 다른 전문가들과 함께 팀을 이루어 기능적인 실내공간을 가진 건물이 되도록 계획한다. 우선 현존하거나 제안된 건물의 실내를 분석하고, 고유의 특성과 면적 등을 계산한다. 그 후 엘리베이터, 비상계단, 화장실, 전기, 전화, 컴퓨터를 위한 배선, 기계설비실 등이 포함된 건물의 코어core 위치를 파악한다. 건물의 공간 구성, 창호 배치, 바닥에서 천장까지의 높이 등은 공간이 갖는 강점과 약점을 가리기 위해 우선적으로 검토되어야 할 사항이다. 디자이너가 검토해야 할 또 다른 사항은 공간 확장 및 변경에 대한 가능성이다. 대부분의 건물들은 30~150cm의 모듈module 구조로 지어지므로 사무실의 크기와 가구의 규격은 이에 대응하도록 계획하는 것이 좋다.

◆ 인접성과 동선 분석

건물의 특성에 관한 기초 조사와 검토가 끝나면, 디자이너는 조직끼리의 연관성과 그들이 필요로 하는 기능적 · 실체적 요소를 분석하여 프로그램program을 만들어 이를 평면 배치에 적용시키는 일에 착수한다. 보통은 클라이언트의 요구사항, 인접성과 기능적인 관계들을 도식화된 그림이나 도표를 만들고 실제공간 안에 옮겨 그리게 된다. 이 단계에서 디자이너가 사용하는 세 가지는 매트릭스matrix, 버블 다이어그램bubble diagram, 조닝 다이어그램zoning diagram이다. 이러한 그림이나 도표에는 동선의 흐름과 연결 관계, 공간과 공간 간의 인접성이 표현된다. 공간의 인접성과 동선의 흐름은 사용자, 자료, 정보 등의 흐름과 일맥상통한다고 해도 과언이 아니다.

◆ 매트릭스

매트릭스는 설계의 초기단계에서 각 부서 간의 중요성과 우선순위를 파악하기 위한 효과적 도구로, 중요 정도와 공간의 인접성 등을 표시하는 데 주로 쓰인다. 2개의 다른 공간이 상호 교류가 있고 서로 인접할 필요가 있으면 공간이 만나는 칸에 중요 정

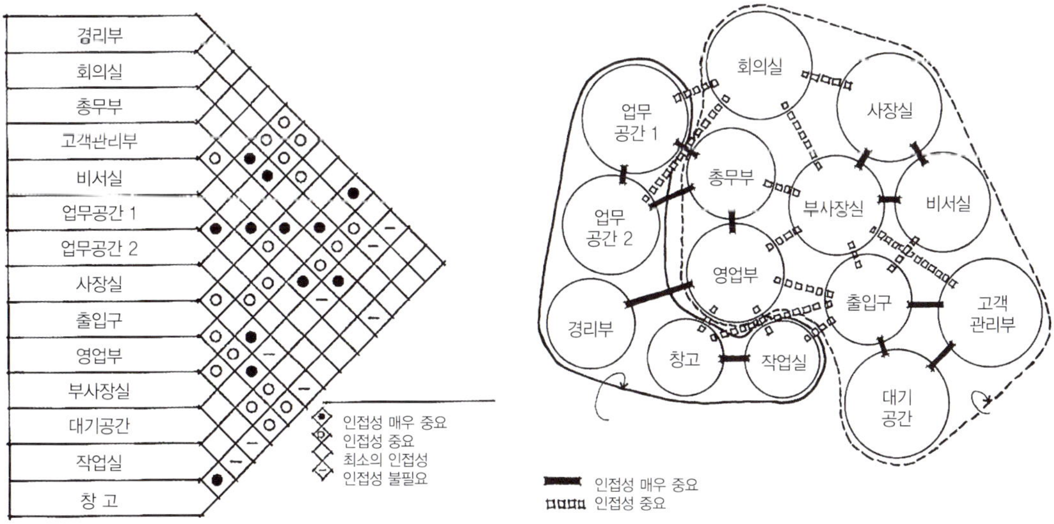

54 공간 간의 인접성과 상호 교류관계 분석에 이용되는 매트릭스와 버블 다이어그램

도를 표시한다. 디자이너는 수집한 자료를 매트릭스에 옮겨 이를 근거로 평면도를 작성한다.

◆ 버블 다이어그램

버블 다이어그램은 매트릭스에 기록된 내용을 좀더 시각화한 것이다. 이 그림은 각 부서별, 혹은 기능별 공간을 나타내는 원bubble으로 이루어지며, 이 원을 연결시키는 선은 각 공간 간의 작업 연관성을 나타내고, 선의 굵기는 각 공간에서 일어나는 활동의 형태나 정도를 나타낸다. 이 원의 크기가 공간의 크기를 정확히 나타내는 것은 아니나, 원의 비례를 통해 공간의 크기를 짐작할 수 있도록 하는 것이 좋다. 유의할 점은 이 다이어그램이 비록 이차원적인 원의 형태로 종이 위에 그려지지만, 실제로는 삼차원의 공간에 적용되어야 하므로 공간 간의 관계를 삼차원으로 바꾸는 단계와 훈련이 필요하다.

◆ 조닝 다이어그램

평면도를 그리기 전에 디자이너는 버블 다이어그램을 토대로 하여, 주된 공간이나 기업의 부서가 배치될 구역zone을 표시한 다이어그램을 그린다. 이때에는 건물의 평면을 축척으로 표현하고 그 안에 배치되는 공간을 공간의 성격에 따라 스케일에 맞추어 그린다. 즉, 조용한 공간과 시끄러운 공간, 공용공간과 사적 공간 등을 분리시키거나 짝을 지어 구역을 한정시킨다. 이러한 작업은 도면을 만들기 위한 과정으로, 건물의 평면에 맞춰 다양한 배치방법을 통해 최선의 선택을 하기 위한 것이다. 이때 직원과 정보 통신 장비의 흐름과 관계된 주 동선과 보조 동선, 그 외의 다른 교류를 위한 제3의 동선 등도 결정한다. 구역은 각 층별로 나눠지며, 다층 건물의 경우 삼차원의 층별 다이어그램이 필요하

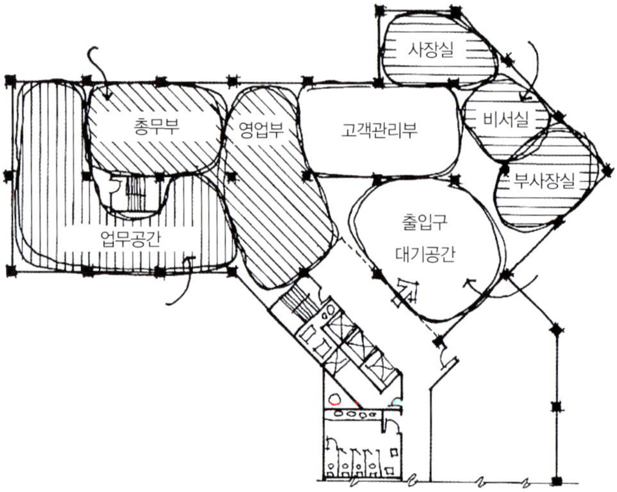

55 조닝 다이어그램

다. 이러한 층별 다이어그램은 경우에 따라 축척이 맞는 건물의 단면도상에 표현될 수도 있다.

◆ 커뮤니케이션의 분석

커뮤니케이션의 분석단계에서, 실내디자이너는 사무실의 활동사항과 공유정보의 흐름과 보관, 가구나 사무기기 배치 및 프로그램program에서 요구하는 다른 요소들을 나타내는 도표를 만든다. 이 작업의 목적은 의사전달 형태의 근거를 찾아 평면계획의 기초를 마련함으로써, 작업과 정보의 흐름을 원활하게 하기 위한 것이다. 사무기기의 발전은 사무실 내에서의 의사전달방법과 필요한 수납 형태의 변화를 가져왔다. 컴퓨터, 스캐너scanner, 프린터printer 등의 자동화된 전산 사무기기 등이 대중화・표준화됨에 따라 실내디자이너는 이러한 장비들을 사무환경에 접목시켜야만 한다. 캐드CAD는 많은 디자인 사무실로 하여금, 빠른 시간 안에 공간을 2차원, 3차원으로 계획하고 제3자에게 보여 줄 수 있도록 하였다. 일반적으로 요즈음의 설계사무실에는 기본 설계는 물론 실시설계, 심지어는 견적작업까지도 할 수 있는 컴퓨터 프로그램을 갖추고 있다.

◆ 기본 콘셉트 도출

디자이너는 공간에 새로운 이미지나 미적 아름다움을 부여하기 위해 기능적 측면 이외의 개념적 요소들도 다루어야 한다. 기능적으로 아주 완벽한 공간이라 할지라도 업무의 성격과 어울리지 않거나 시각적으로 흥미롭지 못하고 감흥을 주지 못한다면 성공적 디자인이라 볼 수 없다. 디자이너는 효율적인 공간 계획과 함께 독특한 콘셉트concept를 찾거나, 여러 아이디어들을 통합적으로 구현할 방법을 찾아야 한다. 예를 들어, 자유롭고 아름다운 분위기 속에서 창의적 아이디어가 더 잘 도출된다면 업무공간을 카페나 갤러리와 같은 분위기로 연출하기 위한 콘셉트를 잡을 수 있다. 또한 외부의 자연이 실내로 유입되는 환경이 업무에 도움이 되고 최고의 아름다움을 제공한다면 전 직원을 위해 전망과 자연채광을 최대한으로 살리는 것을 기본 콘셉트로 발전시킬 수 있다.

업무공간의 구성

업무공간은 업무의 성격과 규모에 따라 동일하게 구성될 수는 없지만, 어느 정도 공

56 안내데스크와 회의실이 마련된 리셉션 공간

57 집무용 가구와 회의 영역이 마련된 전형적인 임원실

통적인 공간으로 이루어진다. 각 공간은 전체적인 공간 계획이 폐쇄형인지, 개방형인지에 따라 폐쇄된 방일 수도 있고 영역area일 수도 있다. 일례를 들면, 회의공간은 프라이버시가 보장되는 방일 수도 있지만, 개방된 공간 안에 모듈러 시스템 가구로 구분된 영역이 되기도 한다.

◆ 출입구와 리셉션

사무공간으로 통하는 출입구와 리셉션 공간은 방문객이 회사에 대한 첫인상을 받게 되는 장소이므로 디자인적으로 중요하다. 회사의 이미지는 보통 이 출입구에서 만들어지며, 일반적으로 직원과 방문객의 다양한 용도에 맞춰 디자인된다. 또한 출입구는 보안과 소방법, 장애인을 위한 법규에도 맞아야 한다. 이 공간은 회사의 성격에 따라 격식을 갖출 수도 있고 격식 없이 캐주얼한 분위기일 수도 있다. 외부와 실내를 연결하는 전이공간으로서, 우선적으로 사무실의 보안을 보장하고, 외부의 방해를 최소화시키는 디자인이 요구된다. 아울러 방문객을 맞이하고, 장소를 안내하며, 경우에 따라 의자와 탁자를 갖춘다면 대기장소나 작은 회의실의 역할을 할 수 있다.

◆ 임원과 관리자를 위한 영역

임원과 관리자를 위한 영역은 정책이 정해지는 장소이다. 이러한 공간은 임원이 필

58 업무의 효율성을 고려하여 개별적 구조의 반개방으로 계획된 사무공간

59 건축가의 디자인 콘셉트와 상징적 공간의 성격을 갖는 회의실 (독일 베를린, DZ 뱅크, 프랭크 게리)

60 예술가와 관련된 자료를 비치하고 있는 백남준 아트센터의 자료실(사진 : 토털디자인그룹)

58

59

60

요로 하는 내용을 반영함은 물론, 조직 내에서 임원의 직위와 권위에 부합되는 공간과 규모를 가져야 한다. 이 영역은 직접적으로 관련이 있는 직원과의 인접성을 고려하여 각각 배치될 수도 있고, 임원 간 의사전달의 효율성을 배려하여 한 장소에 밀집시키기도 한다. 임원실 영역에는 보통 회의실이 있고, 비서실이나 비서를 위한 공간이 가까이 있으며, 개인 화장실이 갖추어지기도 한다. 그리고 일반적으로 방문객이나 직원에게 임원의 권위와 이미지를 부각시키기 위해 이곳의 실내디자인은 중요하게 다루어진다.

◆ 일반 사무공간

직원들의 업무공간이나 작업공간은 업무의 효율성을 높이기 위한 디자인이 무엇보다 우선되어야 한다. 즉, 업무의 인접성을 고려한 그룹핑grouping, 쾌적한 작업환경 속에서 그들의 직무를 효과적으로 할 수 있는 분위기, 적정면적 등이 디자인에 반영되어야 하며 조직 변동에 따른 가변성도 예측하여야 한다. 그러나 어느 정도 각자의 개성과 자율성이 보장된 공간 계획은 업무의 능률을 높인다.

◆ 회의실

직원이나 방문객과의 회의를 하기 위한 공간은 회사조직에서 꼭 필요하다. 일정 규모 이상의 회사에서는 많은 사람들의 접근성을 고려하여 사무실 중앙 부분에 큰 회의실을 배치하거나, 작은 그룹들이 모이기에 적합한 여러 개의 작은 회의 장소들을 마련한다. 회의공간은 회사의 수준이나 특성을 반영하여 배치되고 디자인되며, 이에 따라 격식을 갖춘 공간이 될 수도 있고 약식의 다용도 공간이 될 수도 있다.

그러나 기본적으로 회의 기능을 고려하여 두 명 이상을 수용하는 탁자와 의자, 시청각장비와 수납공간이 있어야 하며, 강연대 등이 추가될 수 있고, 간단한 식음료를 준비할 수 있는 간이부엌 등이 설치될 수 있다. 대부분의 회의실은 인접한 공간과의 차음을 위해 방음처리가 요구된다. 그러나 만약 회의 내용이 완벽한 방음을 필요로 하지 않거나 상징적 공간의 성격을 갖는다면, 개방형이나 반개방형의 회의실도 가능하다.

◆ 자료실

자료실은 주로 업무와 관련된 자료를 비치하지만 도서실의 기능을 할 수도 있다. 건축설계 사무실의 경우, 제품 카탈로그와 마감재 샘플 등을 보관하며, 일반 사무실에서는 서류 파일, 종이 및 그 외의 사무용품을 이곳에 두고, 도서실의 기능이 있는 자료실에는 책, 필름, 비디오테이프나 CD 등을 보관할 수 있다. 직원용 휴게실이 따로 없는 작은 규모의 사무실에서는 직원들의 휴식장소나 만남의 공간이 되기도 한다.

업무공간의 색채

일의 능률은 사무환경에 대한 만족도와 밀접한 관계가 있으며, 훌륭한 색채 계획을 통하여 사용자의 작업능률을 높이고 생산성을 향상시킬 수 있다. 흰색이나 회색계열의 환경에 아무런 강조색이 없다면 지나치게 무자극적일 것이다. 자연색 계열은 사무실 내의 환경을 안락하게 할 수 있으며, 노란색은 작업 집중도를 향상시키고 명랑함을 조성한다고 알려져 있다. 초록과 파랑은 명도와 채도에 따라서 다르기는 하나 침착한 분위기를 제공하고, 흰색이 너무 많이 사용되면 눈부심을 유발시킨다. 진한 초록은 지위와 중후한 느낌을 주기 위한 행정적인 영역이나 리셉션 영역에 종종 강조색으로 쓰이고, 보라색은 화려한 분위기를 연출하는 데 효과적이다.

어떤 업무 환경에서는 검정, 회색, 흰색을 사용하기도 하는데, 명도가 조절되어야 한다. 왜냐하면 흰색은 80%, 검정은 5%의 빛을 반사하는데, 이때의 반사대조율은 16 : 1로서 이렇게 강한 명도대비는 물리적으로 우리의 눈에 불편함을 주기 때문이다. 회색은 자연스런 중간색이므로 책상면과 작업대의 표면색으로 적당하고, 검정과 흰색의 대비를 완화시켜 주므로 편안함을 준다.

보다 집중력이 요구되는 사무실은 차가운 색이 무난하며, 스트레스가 심한 환경은 차분하고 부드러운 계열의 색으로 처리하는 것이 바람직하다. 눈을 많이 사용하는 곳에서는 반사도가 낮은 표면을 사용하는 것이 효과적이다.

상업공간의 실내디자인

상업공간의 범주

상업공간은 크게 도·소매 상점과 식음료공간으로 나눌 수 있다. 실내환경 중에서 시대적 흐름과 트렌드 변화에 예민하게 반응하는 공간은 상업적 편의시설인 백화점, 쇼핑몰shopping mall, 쇼윈도가 있는 의류매장 등이다. 물건을 사고파는 고객 서비스

위주의 상점은 적극적인 광고와 소비를 유도하는 특별한 실내디자인을 통해 매출 증대를 꾀하고 있다. 이러한 공간의 실내디자인은 지역, 업종, 취급 상품, 가격과 대상 고객의 유형 등에 따라 차이가 많아, 보수적이고 차분한 고급 상점에서부터 디자인보다는 매상에 치중하여 다량의 상품을 취급하는 상점, 고객을 효율적으로 움직이게 하여 이를 물품구매에 연결시키는 대형 쇼핑몰에 이르기까지 그 종류는 다양하다. 특수 상점으로는 미용실, 네일 숍nail shop과 같이 상품보다 서비스를 파는 상점, 컴퓨터 매장, 쇼룸showroom, 안경점과 고급 식료품점 등이 있다.

한편, 오늘날의 요식업은 고객의 취향이 다양해지고 다루는 내용이 광범위해짐에 따라, 식음료공간디자인은 실내환경 분야에서 매우 흥미롭고 혁신적인 분야 중의 하나가 되었다. 우리는 단순히 먹기 위해서만 외식을 하는 것이 아니므로 음식의 가격이나 질, 시설 등은 단순히 인간의 기본적인 욕구만을 충족시켜서는 안 된다. 이 유형을 위한 디자인은 고객들의 실질적인 필요를 충족시킬 수 있음은 물론 사교와 유흥의 장소로서도 기능을 해야 한다. 많은 고객들은 이곳에서 휴식을 얻고, 서로 교제를 나누기를 바라기 때문이다. 이러한 공간은 업종, 취급하는 음식의 종류, 가격과 대상고객의 수준에 따라 종류가 다양하며, 실내디자인 역시 차이가 많다. 간이식당, 패스트푸드점, 카페테리아처럼 경제적이고 실용적이며 고객의 흐름이 빠른 공간에서부터, 고급 레스토랑처럼 차별화된 최고의 디자인을 지향하는 공간이 있으며, 특수한 목적의 바Bar, 커피전문점, 아이스크림 전문점 등 특징과 종류가 다양하다.

상업공간의 일반적 범주

- 대형 쇼핑센터
- 백화점
- 체인 의류매장
- 소형 부티크, 패션숍 등의 의류매장
- 가방, 구두, 안경, 액세서리 매장
- 재래시장
- 미용실, 네일숍 등의 미용 관련 매장
- 상품 홍보를 위한 쇼룸, 화랑
- 편의점
- 슈퍼마켓
- 간이식당, 패스트푸드점, 카페테리아
- 패밀리 레스토랑, 호텔 레스토랑
- 바, 무도회장 등의 유흥시설
- 커피, 음료, 아이스크림 전문점

61 백화점의 효시인 파리 봉 마르쉐 전경

역사적 변천

상업공간 가운데 인류의 문명과 함께 시작된 것은 물물교환을 위한 좌판 형태의 상점이었고 경제적 · 사회적 변화에 따라 다양한 형태의 발전을 거치면서 다양한 규모와 목적의 상업시설, 전자상거래와 홈쇼핑이 자리 잡게 되었다.

20세기 이전

상업공산은 인류 최초의 상거래인 물물교환과 함께 시작되었다. 노천시장에서 물건을 늘어놓고 소리를 지르며 사고파는 행위가 이루어짐에 따라 자연히 이를 위한 특정 거래장소가 필요했고, 비, 바람, 추위 등의 기상 조건으로부터 물건과 사람을 보호하기 위해 바닥, 벽, 천장을 가진 상점으로 발전되었다.

상업공간이 경쟁력 확보를 위해 전문적인 시설로 발돋움한 것은 산업혁명 이후이다. 대량 생산으로 상품이 다양해지고 거래가 활발하게 이루어짐에 따라 공간의 규모가 커지고 영역이 분할되며 상품진열을 위한 계획이 필요하게 되었다. 그러나 이러한 공간에 상행위를 위한 기본 기능 이외에 디자인이 가미되기 시작한 것은 독일의 바우하우스부터이다. 또한 소비자와 판매자가 편리하고 효율적인 환경에서 상거래가 이루어진 것은 1852년 파리의 봉 마르쉐Bon Marche 백화점 개점 이후이며, 이 흐름은 경제적 · 사회적 변화에 발맞추어 20세기 이전까지 미국에서 지속되었다.

20세기 이후

1900년대에 들어서면서 미국의 상점들은 판매를 촉진시키기 위해 상품의 진열에 불과하던 상점디자인을 전문가에게 맡기게 되고, 쇼윈도Show Window 디스플레이를 통해 상점의 분위기를 연출하기 시작하였다.

1920년대에는 파리 장식미술 박람회의 아르데코Art Deco 스타일이 상점의 디스플레이에 영향을 미쳐 상품이 파묻힐 정도로 장식이 과다하게 부과되기도 하였으나, 1929년 미국의 경제공황으로 많은 상업시설이 문을 닫게 됨에 따라 상점디자인은 일시적으로 답보상태에 머물게 되었다. 우리나라에서는 일본 미츠코시 백화점 경성지점이 1930년 현재의 신세계 백화점 자리에 개점하였는데, 이것이 우리나라 최초의 백화점이다.

그 후 전 세계적으로 경기가 회복되고 제2차 세계대전이 끝나면서 1950년대부터 1970년대까지는 대형 쇼핑센터와 편의점 등 셀프 서비스 방식의 상업 판매시설이 주종을 이루었고, 1980년대까지는 할인매장과 소규모 상점이 증가하면서 다양한 업태가 경쟁을 벌이게 되었다.

1980년대 이후 상업시설은 가계의 소득이 증가하고 생활이 풍요로워짐에 따라 단지 구매와 상품 홍보의 기본적인 기능뿐 아니라, 쾌적한 환경에서 즐거움을 찾는 문화의 장소로서도 기능을 겸하게 되었다. 우리나라의 경우 1980년대 기성복의 대중화로 패션업이 호황을 누리면서, 백화점과 유통업이 성장하는 계기를 마련하였다. 또한 바쁜 생활 속에서 효율적으로 쇼핑을 하고 무한 경쟁 속에서 상품의 부가가치를 올리기 위해 전문적이고 차별화된 상점 운영 방안과 디자인이 개발되었다.

1996년부터는 우리나라의 유통시장이 완전히 개방됨에 따라 발전과 변화의 시기를 맞게 되었는데, 경영 노하우와 자본력을 가진 외국의 다국적 할인매장의 국내 진출은 백화점과 재래시장 주도의 국내 유통시장에 새로운 바람과 함께 타격을 주고 있는 실정이다.

최근에는 TV 홈쇼핑과 인터넷을 이용한 온라인 쇼핑이 상거래의 중심으로 떠올라 상업시설의 무장소성에 대한 개념이 생겨나기 시작했다. 이와 함께 다양하며 지속적

62 15층의 대형 쇼핑몰, 60층의 업무시설, 665실의 호텔이 콤플렉스를 이루고 있는 상업 · 업무시설(홍콩, 랑함 플레이스)

63 유사 업종의 매장이지만 타깃으로 삼고 있는 고객과 상품 브랜드 이미지에 따라 전혀 다른 분위기를 주고 있는 루이비통 매장, 스티븐 매들 매장의 파사드

64 다양한 패션 매장과 식음료공간, 엔터테인먼트 시설로 구성되어 있는 대형쇼핑몰(일본 후쿠오카, 캐널시티)

으로 변화하는 소비자의 요구를 충족시키기 위해 다양한 규모와 특징을 가진 상업시설들이 그 역할을 하고 있다.

상점 계획과 공간 구성

상점디자인은 목적과 규모에 따라 최우선적으로 고려해야 할 사항이 약간씩 다르다. 그러나 이 공간은 소비자를 대상으로 직접적으로 상품을 팔거나 기업의 이미지를 높여 결과적으로 판매에 이르도록 하는 것이 목적이므로 최상의 조명과 색채, 오브제를 활용하여 상품을 효과적으로 전시하고 연출하며 공간을 효율적으로 계획하도록 한다.

공간의 특성 분석

상업적 판매시설은 대형 쇼핑몰이나 할인매장처럼 대규모에서부터 소규모 점포에 이르기까지 규모의 차이가 많으며, 특정 부유층을 위한 고급 패션 부티크boutique에서부터 재래시장의 의류매장에 이르기까지 판매환경의 특성이 대단히 달라 계획의 주안점이 같을 수는 없다.

쇼핑센터나 백화점, 대형 할인매장은 다양한 전문상점들로 구성되어 있으므로 고객들로 하여금 이곳에서 일부 또는 거의 모든 구매를 유도하기 위해 입구에서 최종 목적지까지 통일감 속에서 변화를 주어 흥미롭게 동선이 이어지도록 한다. 이러한 매장을 디자인할 때에는 구매자의 충동구매, 일상적인 구매, 중요한 구매나 사교를 위한 구매 등 필요사항을 충족시킬 수 있도록 한다. 이들은 쇼핑이 주 목적이지만 놀이 · 문화공간으로서의 역할을 하기도 해 선호도와 이용도가 높으며, 넓은 중정을 가지고 있거나 일렬형 배치가 대부분이고 공간을 이동하면서 상품에 매료되어서 구매를 할 수 있도록 동선 계획, 사인 계획, 색채 및 마감재 계획, 조명 계획 등을 해야 한다.

체인 매장은 업체의 철학, 경영 전략 등을 분석하고 취급 상품의 질과 형태를 반영하여 타 매장과 차별화된 분위기와 느낌을 고객에게 전할 수 있어야 한다. 따라서 예상되는 특정 고객층에 맞춰 어떤 장소에도 반영될 수 있는 독특하며 실용적인 디자인을 전개하도록 한다.

편의점, 슈퍼마켓 등은 일상생활과 관련된 상품을 모아놓고 셀프서비스 형태로 상품을 고르고 계산해야 하므로 독창적인 디자인보다는 쾌적하고 청결한 분위기 속에서 고객이 쉽게 상품을 찾을 수 있도록 상품의 분류, 배치, 정돈에 비중을 두어야 한다.

쇼룸showroom은 직접 판매뿐 아니라 간접 판매가 이루어지는 곳으로, 생산자와 유통업체, 실 구매자들을 위해 전문매장으로 디자인된다. 예를 들면 실내마감재와 제품을 생산하는 기업은 실내디자이너, 건축가, 실 소비자의 요구를 파악하여 자사 제품의 특성이 잘 보이도록 전시하여 판매로 이어질 수 있도록 한다.

분위기 도출

상점을 디자인할 때에는 상품의 아이덴티티를 충분히 이해한 후 고객에게 전달하고자 하는 이미지를 확실하게 설정하여야 한다. 고객의 관심을 끌 수 있도록 시각적으로 디자인된 상점은 판매를 촉진할 수 있으며, 이를 위해서는 색채, 조명, 재질 등이 적극적으로 사용되고 다양한 영상매체와 전시방법이 구현되는 것이 좋다. 현대의 비주얼 머천다이징visual merchandising은 상점의 전체적 분위기 형성에 큰 영향을 미치고, 상점의 분위기는 판매와 직결되므로 성공적인 경영을 위한 중요한 전략이 된다.

고객을 실내로 유입하여 목적지까지 이동하는 동안 상품을 구매하도록 하기 위해서는 건물의 외부에서부터 주출입구, 상품의 진열공간, 카운터에 이르기까지 전체적으로 통일된 분위기를 유지하면서 변화와 적절한 조화가 요구된다. 그리고 단순한 상품의 진열은 고객의 감수성과 구매력에 영향을 줄 수 없으므로 디자이너는 상품의

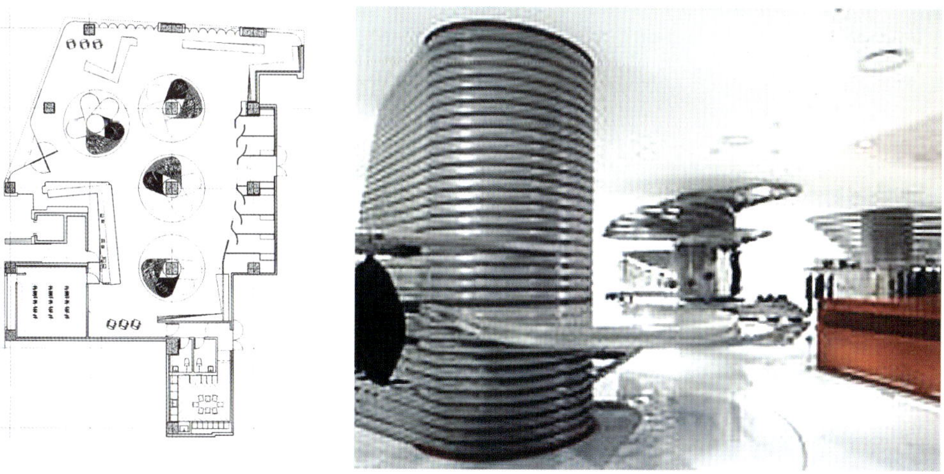

65 디스플레이 영역, 계산대, 사무실, 드레싱 룸 등으로 구성된 의류매장 평면도와 실내 전경(일본 도쿄, 와이스 스토어, 론 아라드)

배경이 되는 실내 요소와 장식적 요소, POP 등을 잘 활용하여 창조적 아이디어를 실제적인 디자인으로 발전시켜야 한다.

최상의 상점디자인은 상점의 위치, 크기, 경쟁 시장의 경향과 차별화를 위한 전략, 의뢰인의 요구사항에 대한 철저한 분석에서 나오며, 그 결과를 종합하여 예산에 맞는 적절한 자재를 선택하여 상점의 이미지와 분위기를 만듦으로써 이루어진다.

상점의 이미지와 분위기는 상품의 종류와 가격대, 대상 타깃target의 나이와 수준, 고객의 경제적 여건에 따라 결정되어야 한다. 즉, 상품의 질을 부각시킬 것인지 가격을 부각시킬 것인지, 클래식한 분위기로 할 것이지 현대적 분위기로 할 것인지, 캐주얼한 분위기를 연출할 것인지 고급스러운 분위기를 연출할 것인지, 우아한 분위기로 연출할 것인지 장난스러울 정도로 즐거운 분위기를 연출할 것인지, 개방적인 공간계획이 유리할 것인지, 공간을 분리하여 서비스의 질을 높임으로써 고객이 특별한 대접을 받고 있다고 느끼도록 계획하는 것이 유리할 것인지를 결정해야 한다.

공간 계획

상점을 성공적으로 경영하기 위해서는 우선 위치선정이 중요하며, 상점을 이루는 각 영역이 고객과 관리자의 이동과 물품 반입에 합리적이어야 하고, 각 영역의 면적비율이 적절해야 함은 물론, 디스플레이 공간의 주목성이 뛰어나야 한다. 전체적으로 상점은 고객들의 관심을 유도하고, 상품을 전시하며, 구매결정과 계산, 판매 후의 고객지원을 하는 데 도움이 되도록 공간을 구성한다.

대부분의 상점은 입구, 통로, 상품 디스플레이 공간, 계산대, 창고와 물품확인 공간, 화장실과 사무실 등으로 이루어진다. 그러나 의류매장의 경우 드레싱 룸dressing room이 필수적이며, 다양한 상품을 취급하는 매장의 경우 고객관리 서비스 공간과 그 외의 서비스 공간들이 더해진다. 주출입구는 고객은 물론 우연히 지나가는 행인에게도 흥미를 불러일으켜 상점으로 유인하여 상품을 구경하고, 구매를 유도할 수 있도록 해야 한다. 동선을 이끄는 통로는 매장의 특성에 따라 고객을 천천히 움직이게 함으로써 초점을 상품에 두게 하거나, 일시적이고 충동적인 구매를 하도록 계획한다. 디스플레이 공간은 상품과 사인물이 배경과 조화를 이루고 시각적으로 잘 보이도록 하여 판매에 기여하고, 보안과 고객관리 측면에서도 유리하도록 계획한다. 계산대는 동선의 흐름에 따라 자연스럽게 이를 수 있는 위치에 두고 고객이 짧은 시간에 계산을 마칠 수 있도록 하며, 그 외의 서비스 공간들은 고객과 판매자의 일의 능률, 상품의 반입과 반출 경로를 고려하여 계획한다.

색채 계획

색채는 상업공간에서 마케팅과 세일즈 측면에서 중요하다. 매장에 지나치게 많은 색채를 사용하면 상품이 주위 환경 색 때문에 피해를 받게 된다. 따라서 진열하는 제품을 돋보이게 하는 색채 계획이 필요하다. 계획 없이 색채를 사용하면 매장의 고유 분위기를 만들기 어렵고, 고객에게는 시각적으로 혼란을 주어 상품을 고르는 데 불편함을 준다. 따라서 배경색을 단순하게 통일시키고 상품의 색채는 서로 조화롭게 분류하여 정리함으로써 고객의 입장에서는 고르기 쉽고 판매자의 입장에서는 관리하기 쉬운 매장이 되도록 한다. 또한 매장의 규모가 클수록 색채를 효과적으로 사용할 필요가 있다. 즉, 색채를 기호화함으로써 넓은 영역을 세분화시킬 수 있고, 각 영역의 이미지를 부각시켜 구매를 촉진한다. 일반적으로 고채도의 난색은 진보적이고 강하게 주목을 끄는 분위기를 유도하고, 저채도의 중성색은 은은한 분위기를 만든다. 매장에서의 색채는 어떤 디자인 요소보다 강하게 작용하므로 진열하는 상품에 기초하여 일관된 전체 분위기 속에서 상품을 돋보이게 하기 위한 색채 운용방법의 개발이 필요하다.

66 상품을 주목시킬 수 있도록 배경 색채를 무채색과 저채도로 제한한 홍콩의 여성의류 매장

식음료 매장 계획과 공간 구성

식음료공간은 주 타깃target과 주변 여건 등에 맞춰 구체적으로 접근해야 하므로 고려해야 할 사항이 많다. 요식업은 실내디자인이 아무리 훌륭하다 하더라도, 디자인 이전의 프로그래밍과 타깃 분석이 잘못되었거나 미흡할 경우 실패할 수 있고 영업이나 운영, 고객에 대한 서비스 등이 성패의 원인이 될 수 있다.

67 디자이너 고유의 유기적 곡선, 색채, 재료로 독특한 분위기를 연출하고 있는 레스토랑 겸 바(홍콩 페릭스, 필립스탁)

68 식음료 판매와 사교가 목적인 바 겸 라운지(일본 후쿠오카, 일팔라죠 호텔, 알도로시)

69 짧은 시간에 식사를 할 수 있는 간이식당(일본 요코하마)

공간의 특성 분석

디자인의 첫 단계는 고객 유형 분류에 따른 공간의 특성 분석이다. 첫째 고객 유형은 '먹고 바로 가는 형' 으로 주로 음식의 질이나 가격보다는 짧은 시간에 음식을 쉽게 먹을 수 있는 장소를 원하는 형이며, 이들은 주로 패스트푸드점을 즐겨 이용한다. 둘째는 '미식가형' 으로 훌륭한 음식을 찾는 이들로, 식사의 질이 가격, 식사 시간, 서비스의 속도보다 중요하다. 셋째는 '비교 분석형' 으로, 이런 이들은 음식의 질과 가격, 서비스의 균형을 기대하는 형이다. 이들은 일상적인 복장으로 아이들과 함께 자주 식사하는 경향이 있으며 패밀리 레스토랑을 선호한다.

넷째는 사업이나 사교를 위한 식사를 위주로 하는 형이다. 이들은 고급스러우며 독특한 분위기의 레스토랑을 추구한다. 따라서 식음료 매장의 실내는 위의 네 가지 유형의 요구사항에 맞게 공간을 정의하고 계획과정을 거쳐야 한다. 이 외에도 제공되는 음식의 종류와 스타일, 식단, 위치, 경쟁업소, 실내공사비와 초기 비용, 일일 운영비 등도 철저히 분석한 후 디자인에 접근하도록 한다.

분위기 도출

모든 식음료공간이 독특한 콘셉트를 가지고 분위기를 도출해야 하는 것은 아니다. 디자인을 주도하는 특별한 콘셉트가 없다하더라도 일반적인 디자인 원리에 기초하여 훌륭한 마감재로 시공하고 청결하며 기능성이 뛰어나다면 이러한 실내공간은 훌륭한 분위기를 만들어 낼 수 있다.

그러나 최근에는 특정 콘셉트의 디자인으로 고객을 유치하는 데 성공한 식음료공간을 많이 볼 수 있다. 콘셉트는 주로 고객의 유형, 음식의 종류, 위치 등에 의해 만들어진다. 이들은 즐거운 경험을 제공하기도 하고 일반적인 디자인 원리와 요소를 파격적으로 깸으로써 보편적이기보다는 강한 콘셉트를 공간의 요소요소에 삽입시킴으로써 고객의 흥미와 상상력을 자극하기도 한다. 따라서 콘셉트가 있는 음식점은 우리의 시각에 빨리 반응할 뿐 아니라 오래도록 기억되는 장소가 된다. 그러나 이러한 디자인은 선호의 차이가 있을 수 있고 트렌드 변화에 쉽게 영향을 받는 편이다.

공간 계획

식음료공간은 크게 전면과 후면으로 분리된다. 고객들을 위한 공간은 주로 전면에 마련되는 반면, 음식 준비, 서비스, 사무실 등은 후면에 배치된다. 그러나 패스트푸드점, 간이식당, 제과점, 커피나 아이스크림 전문점 등은 일부 공간이 중복되거나 고객에게 노출되기도 한다.

일반적으로 식음료공간은 입구와 대기공간, 식사공간이나 음료공간, 식음료 준비공간, 서비스와 재료 반입공간 등으로 구성되며, 그외 직원을 위한 서비스 공간과 관리 사무실 등이 부과되기도 한다.

입구와 대기공간은 식사공간의 분위기를 미리 짐작할 수 있도록 디자인하는 것이 좋으며, 대기시간 동안 서로 교제를 나누는 라운지의 기능을 갖도록 편안하고 아름다운 환경으로 디자인하기도 한다.

식사공간은 외부의 전망이나 내부에서 가장 아름다운 부분을 바라보고 시각적으로 초점이 되는 곳을 향하도록 좌석을 배치한다. 그리고 공간을 구획함으로써 좀더 친밀한 분위기를 만들거나, 단체가 방해를 받지 않도록 하기 위해서는 칸막이를 설치한다. 고객을 위한 통로와 좌석은, 서비스 동선과 충돌되거나 혼돈되지 않도록 계획한다. 좌석배치는 프라이버시privacy를 필요로 하는 그룹, 함께하는 인원이 가변적인 그룹, 많은 수의 인원이 함께 교류해야 하는 그룹 등 모이는 인원과 모임의 목적에 따라 몇 가지로 나뉜다. 일반적으로 식사공간은 패스트푸드 식당인 경우 1인당 평균

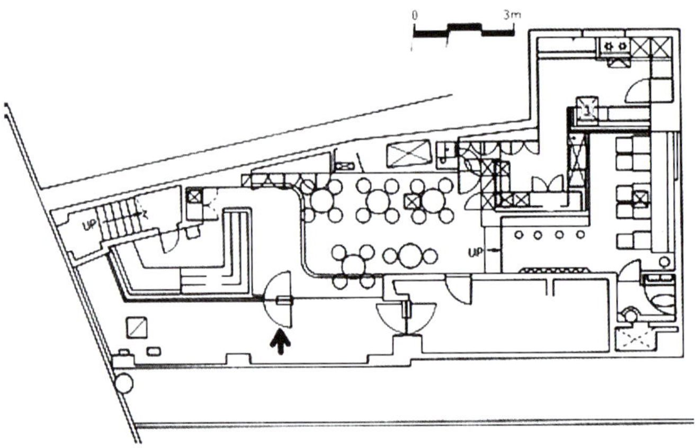

70 식음료 준비공간, 바, 카운터, 쇼케이스, 고객석 등으로 구성된 음료 · 케이크 전문점 평면도와 실내 전경(일본 도쿄)

약 1㎡, 정식의 식당인 경우 1인당 약 1.5㎡를 기준으로 계획된다.

식음료공간의 실내에는 전이공간이 몇 군데 있다. 대기공간과 식사공간 사이에는 적절히 공간을 분리하여 고객이 식사공간으로 이동할 때, 기대감을 갖도록 하고, 부엌과 식당 사이의 전이공간은 작업자와 웨이터가 효율적으로 일을 하도록 한다. 의도적으로 이 부분을 외부에 노출시키는 경우를 제외하고는 식당 쪽으로 시야, 냄새, 소음 등이 전달되지 않도록 차단한다.

식음료 준비공간은 음식의 종류만큼이나 다양하게 계획된다. 과거에는 고객의 시선으로부터 이 공간을 차단하기 위해 주로 문을 달거나 작은 통로를 두었으나, 요즈음은 음식을 준비하고 조리하는 모습을 고객들이 볼 수 있게 개방하는 경향이 있으며, 더 나아가 이곳을 중심으로 좌석을 배치하여 고객들이 즐길 수 있게 하기도 한다. 이 공간은 매우 중요한 작업공간으로, 보통은 식사공간의 약 1/3을 차지한다. 대부분 식음료 시설에서 이 공간은 식품 반입공간과 창고, 더운 음식 만드는 공간과 찬 음식 만드는 공간, 음료수 준비공간, 서빙serving 공간과 식기세척공간 등으로 구성된다.

색채 계획

식음료공간에서 색채는 음식의 신선도, 완숙도와 함께 맛을 느끼는 데 크게 영향을 미친다. 일반적으로 사람들은 자연광 아래에 놓인 음식에서 식욕을 느끼고, 인공조명의 부자연스러움은 식욕을 떨어뜨리고 혐오감까지 준다고 한다.

식욕과 색상에 대한 연구에 의하면, 빨강, 다홍, 주황색 등이 가장 식욕을 돋우며, 하늘색이나 청록색 등은 다홍색의 잔상효과로 색상을 선명하게 하므로 음식물 진열의 배경색으로 적당하다. 초록색의 나물이나 샐러드류는 핑크색 배경에서 더욱 신선하게 보인다. 또한 식음료공간에서 고려해야 할 사항은 고객의 피부색이다. 지나치게 따뜻한 색과 조명은 피부를 어둡게 보이게 하고 식욕을 떨어뜨린다. 그러나 패스트푸드 식당에서는 밝고 자극적인 색채가 식사의 속도와 고객의 이동을 촉진시키므로 이러한 색채가 많이 사용되는 편이다.

3 유니버설디자인, 친환경디자인이 적용된 실내공간

생활수준이 향상됨에 따라 지속가능한 삶을 위한 디자인에 대한 관심이 높아지고 있다. 누구나 쉽게 사용할 수 있게 디자인하고, 현재의 공간사용자뿐 아니라 미래의 공간사용자도 고려하여 디자인해야 한다는 유니버설디자인은 많은 실내공간에 적용되고 있다. 또 자연환경과 조화됨으로써 자연에너지의 순환체계를 극대화하고, 공간사용자의 삶의 질과 작업의 효율성을 높이고자 하는 친환경디자인도 많은 관심 속에서 실천되고 있다.

유니버설디자인

유니버설디자인의 개념과 목표

유니버설디자인이란, 장애disability나 연령에 상관없이 우리가 접하는 제품, 가구, 실내공간, 정보시스템 등을 누구나 쉽게 사용할 수 있도록 디자인하는 것이다. 모든 사용자를 고려하여 보편적으로 디자인해야 한다는 유니버설디자인universal design 개념은 실내공간에 많이 적용되고 있다.

유니버설디자인을 확산시키게 된 배경은 장애를 누구든지 경험할 수 있는 일상적인 것이라고 이해하는 인식의 변화, 그리고 노인인구의 급증으로 고령사회가 된 인구통계학적 변화를 들 수 있다. 유니버설디자인이 적용된 공간에서는 누구든지 자신의 신체적 조건에 구애받지 않고 자신이 원하는 생활을 편하고 안전하게 유지할 수 있다. 자기가 살던 곳에서 노년기에도 계속 살 수 있도록 하는 'aging in place'가 실현되려면 주거공간이 유니버설디자인으로 계획되어야 한다.

유니버설디자인 개념을 실내공간에 구체화시키기 위해서는 메이스Ronald Mace가 주장한 지원성, 적응성, 접근성, 안전성이라는 유니버설디자인의 4가지 목표가 달성되어야 한다.

71 휠체어를 타고 버튼을 누르면 계단 높이까지 오를 수 있는 리프트(덴마크 코펜하겐, 딘 에이지)

72 사용자의 키에 따라 선택할 수 있는 음료수대(미국 캔자스 시티, 넬슨 애트킨스 미술관)

- 지원성은 사용하기 쉽고, 유지관리하기 쉽게 디자인하는 것을 말한다. TV나 조명등을 켜고 끄거나 주차장 문을 열고 닫을 때 리모컨을 이용하면 편리하다. 리모컨은 처음에는 신체 장애를 지닌 사람을 위해 만들어졌으나 편리한 점이 많아 요즈음은 누구나 사용하고 있다.
- 적응성은 사람들의 다양한 요구를 수용하고, 시간경과에 따른 변화를 고려하여 디자인하는 것을 말한다. 부엌작업대나 선반의 높이를 융통성 있게 조절할 수 있게 디자인하면 의자에 앉아서 사용할 수도 있고 키가 작아도 사용할 수 있어 편리하다.
- 접근성은 타인의 도움을 받지 않은 상태에서 원하는 곳을 갈 수 있도록 디자인하는 것이다. 계단 대신에 램프가 계획되고, 출입구에 문턱이 없으면 휠체어 이용자나 바퀴 달린 큰 가방을 든 사람도 쉽게 접근할 수 있다.
- 안전성은 장애가 있더라도 안전하게 이용할 수 있도록 사고를 미연에 방지하여 디자인하는 것을 말한다. 세면대와 욕조의 수전에 온도제한장치를 달고, 욕실과 욕조의 바닥은 물이 묻어도 미끄럽지 않은 재료로 마감하면 안전사고를 막을 수 있다.

유니버설디자인의 발생 배경

유니버설디자인은 1960년대 제기된 무장애디자인barrier-free design으로부터 시작되었다. 1961년 미국에서 장애인이 건물, 시설 등에 접근할 수 있도록 '미국 디자인 표준 The American National Standard Institute'을 정하였는데, 이것이 장애인의 권리를 디자인과 연관시켜 인식하는 계기가 되었다. 무장애디자인은 휠체어 사용자가 건물을 출입하는 데 방해가 되는 장해물을 없애도록 규정한 것으로 처음에는 신규 공공임대 아파트의 부엌작업대, 욕조, 변기, 출입구에 적용되었다. 무장애디자인의 문제는 공공이용시설에 한정되어 적용되었다는 것과 이동장애인에게 초점을 맞추다보니 장애인을 건물의 일정 부분에 격리시키는 결과를 낳았다는 것이다.

1970년 장애인권리운동이 활발해지면서 장애인이 특별보호대상이 아니라 모든 기회를 평등하게 누리는 동등한 시민이어야 한다는 요청에 따라 디자인이 주요한 주제로 떠올랐다. 이에 따라 장애인이 시민으로서 동등하게 공공건물이나 장소를 이용하고, 교육받고, 취업하고, 사회활동에 참여할 권리를 반영한 '접근 가능한 디자인 accessible design'이라는 공식용어가 사용되기 시작했다. 접근 가능한 디자인은 최소규

73 타인의 도움 없이 보행하는 데 도움이 되는 복도의 안전손잡이(스웨덴 말뫼, 노인요양시설)

74 휠체어를 타고 통행할 수 있는 램프(파주, 헤이리 아트밸리, 금산 갤러리)

75 화상방지용 세면대가 배치된 욕실(미국 시카고, 호텔 알레그라)

76 안전손잡이가 설치된 양변기와 세면대(서울, 리움)

77 휠체어 사용자를 위한 15도 경사진 거울이 있는 세면대(미국 뉴욕, 케네디 공항)

78 문턱이 없어서 접근이 용이한 욕실(일본 도쿄, 욕실 가구 전시장)

정에 묶여 디자인의 가능성을 축소시키고, 사회적 통합을 이끌어내지 못하였다는 점이 지적되기도 하지만, 제품과 공간의 디자인을 잘 하면 더 많은 사람이 편리하게 이용할 수 있다는 인식을 갖게 하였다. 이러한 인식은 보다 포괄적이고 보편적인 유니버설디자인 개념이 필요하다는 것으로 발전되었다.

1980년대 들어서서 유니버설디자인 개념이 전문가의 관심을 끌면서 장애와 노후를 디자인의 요소로 인식하게 되었다. 유니버설디자인은 디자인의 초점을 장애보다 사람에게 두고 사용자의 개념을 확대함으로써 장애인의 독립성을 유지함과 동시에 모든 사용자를 위한 디자인으로, 특별하게 보이지 않고 모든 사용자에게 편리함을 주는 디자인이다.

1990년대 이후 세계적으로 유니버설디자인에 대한 관심과 이해가 높아지고 있다. 인구통계학적 변화는 모든 사용자를 고려하는 인간 중심의 유니버설디자인을 발전시키는 촉진제 역할을 하였다. 선천적 장애 또는 사고, 질병에 의한 후천적 장애가 아니어도 인간은 단지 일시적으로 정상일 뿐이며 누구든지 노화되면 기능이 감퇴되고 장애가 생긴다는 사실을 인식하게 된 것이다. 사용자 자신이 능력 있고 자주적인 인간이라는 느낌을 갖게 하는 유니버설디자인의 제품, 공간, 정보통신 시스템은 누구나 편하고 안전하게 사용할 수 있을 뿐 아니라, 시장성도 높아 수익성이 증가하는 추세이다.

유니버설디자인의 원칙

유니버설디자인을 효과적으로 보급하기 위해 1997년에 선정된 7가지 원칙(미국 노스캐롤라이나 주립대학교 유니버설디자인센터)은 사람들의 능력과 연령에 관계없이 누구나 편하고 안전하게 제품, 공간, 정보통신 시스템을 이용할 수 있고, 사용자의 기능을 강화하도록 디자인하기 위한 원칙이다. 유니버설디자인의 7가지 원칙과 그 내용은 다음과 같다.

◆ 누구나 평등하게 사용할 수 있도록 디자인한다

각기 다양한 능력을 가진 사람들이 누구나 유용하게 사용할 수 있도록 디자인해야 한다. 손잡이가 두툼하거나 손가락 닿는 부분에 홈이 파진 용구나 컵은 손의 힘이 약하거나 손가락에 장애가 있는 사람을 포함하여 누구나 사용하기 편하다.

◆ 융통성 있게 사용할 수 있도록 디자인한다

개인의 능력, 기호, 습관 등을 폭넓게 수용하여 디자인해야 한다. 오른손잡이나 왼손

79 이동장애인을 위한 컴퓨터 테이블과 의자(미국 앤아버, 미시간 주립대 도서관)

80 신장에 맞게 선택할 수 있는 휴지걸이와 휴지통(미국 캔사스 시티, 넬슨 애트킨스 미술관)

81 이동장애인을 위한 샤워용 의자 (일본 도쿄, 욕실 전시장)

82 필요에 따라 접었다 폈다 하는 접이식 샤워용 의자

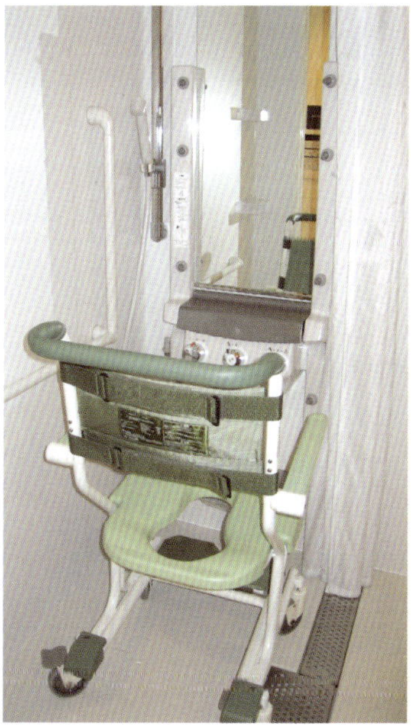

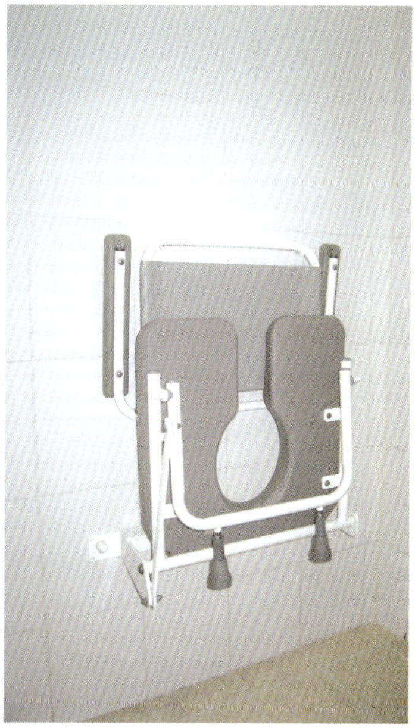

83 앉으면 낮아져서 휠체어 사용자에게 편리한 의자(덴마크 코펜하겐, 노인요양시설)

84 휠체어 사용자가 편안하게 사용할 수 있는 화장실(일본 도쿄, 욕실 전시장)

잡이 모두가 사용하기 좋은 가위, 높이를 조절할 수 있는 선반이나 옷걸이, 걸터앉을 자리가 있는 욕조는 사용자에 따라서 융통성 있게 사용할 수 있다.

◆ **사용법을 이해하기 쉽게 디자인한다**

사용자의 경험, 지식, 언어능력, 집중력에 관계없이 사용법을 이해하기 쉽도록 단순하게 디자인해야 한다. 이용방법에 대한 설명이 없어도 직관적으로 알 수 있게 한다. 센서장치가 된 조명등, 수도전, 양변기는 누구나 쉽게 사용할 수 있다.

◆ **정보가 쉽게 전달될 수 있도록 디자인한다**

사용자의 감각이나 조건에 관계없이 필요한 정보를 효과적으로 전달할 수 있도록 디자인해야 한다. 일정 높이까지 물이 차면 소리가 나게 디자인한 컵은 시각장애인이 혼자서 물을 따라 마실 수 있게 하며, 화장실디자인을 잘 하면 설명없이도 사용방법을 쉽게 알 수 있다.

◆ **실수를 고려하여 디자인한다**

사용자의 뜻하지 않은 행동으로 안전사고가 발생하지 않도록 디자인해야 한다. 세면대 아래 급배수관을 단열재로 피복하거나 덮개를 씌우면 휠체어를 타고 사용해도 화상을 입을 염려가 없다.

85 안전손잡이가 설치된 노인용 수영장(스웨덴 쉐핑에르, 비스 앵아 그룹홈)

86 접이형 안전 손잡이, ㄱ자형 안전손잡이, 비상연락장치가 설치된 화장실(일본 도쿄, 욕실 전시장)

87 시각장애인을 위한 엘리베이터 전면의 요철바닥과 작동 버튼(서울, 리움)

85

86 87

88 에너지 소모가 적은 서랍형 부엌 수납장(서울, 까사 에스디)

89 바닥재료, 미끄럼방지턱, 안전손잡이, 마감색상 대비로 안전사고를 방지한 계단(덴마크 코펜하겐, 딘 에이지)

90 에너지 소모가 적은 레버형 수도전

88

89 90

◆ 에너지가 적게 들도록 디자인한다

사용하는 데 드는 에너지가 최소화되도록 기능적으로 디자인해야 한다. 문손잡이나 수도전을 레버형으로 하면 손의 힘이 없어도 쉽게 열 수 있으며, 자동문은 양손에 짐을 들고도 쉽게 통과할 수 있다.

◆ 사용하는 데 필요한 크기를 고려하여 디자인한다

신장, 몸의 자세, 이동장애와 관계없이 물건이나 공간을 사용하기 쉽게 필요한 크기를 확보하여 디자인해야 한다. 소규모 엘리베이터라도 휠체어 사용자가 탔다가 한 바퀴 돌려서 내릴 수 있도록 공간을 확보해야 한다.

친환경디자인

개 념

친환경디자인이란 육체적·정신적으로 건강하고 쾌적한 일상생활과 환경을 제공하기 위해 자연적·인위적 방법을 동원하여 인간에게 자연생태학적 환경보전 의식과 그 응용방법을 디자인에 부과시키는 것을 말한다. 이 개념은 환경문제를 해결하기 위한 세계적이며 동시대적인 대안으로 대두되었으며, 환경요인을 고려하여 지속적으로 개발하고자 하는 미래지향적 특성을 지니고 있다.

원자재	재활용품, 재생이 가능한 자재, 인증목재 등의 원자재 사용
↓ 생 산	재활용물질 함유 제품, 유해물질 최소 함유 자재 생산
↓ 분 배	운반 시 연료가 주는 피해와 배기가스를 최소화하기 위해 지역에서 추출되거나 생산된 자재 사용
↓ 설치 및 사용	신축 시 건축폐기물 및 자원의 재사용, 유해물질 저방출 접착제 및 도료 사용, CO_2 모니터링
↓ 재활용	건축폐기물 관리, 제품 폐기 시 재활용방법

91 친환경 건축·실내디자인의 개념

환경과 인간이 공존하고 공생해야 한다는 의미적 측면에서 '친환경디자인', '환경친화적 디자인' 이라고도 흔히 부르나, 1992년 리우 환경정상회의 이후에는 '지속가능한 개발' 이라는 학술적 용어 사용과 함께, 환경이나 건물이 원자재부터 수명이 끝나 해체되고 재활용될 때까지 전 과정이 순환되어야 한다는 의미를 내포하는 지속가능한 디자인sustainable design이라는 용어도 널리 쓰이고 있다. 이 외에 생태학적 디자인이라고도 부르며, 실천적 작은 의미를 지닌 재활용디자인이라고도 부른다. 친환경 실내디자인이란 환경보전과 에너지 절약 등을 목표로, 건축의 실내환경을 자연친화적으로 설계하는 것이며, 실내에 사용되는 원자재의 추출, 생산과정, 운반하여 건설현장에서 설치되고 사용 후 폐기되어 다시 재활용되는 전 과정을 건강한 환경과 사용자의 건강 등을 고려하여 디자인하는 것을 말한다.

발생 배경

20세기 이후의 급격한 과학기술의 발전과 산업경제의 발달은 '성장과 발전' 이라는 양적 풍요를 가져왔으나, 온실효과, 지구 온난화, 오존층 파괴, 산림 벌채, 쓰레기 오염, 자원의 낭비, 수질 오염 등으로 말미암아 인간 삶의 터전인 자연 환경을 훼손시키고 자원을 고갈시키는 또 다른 문제를 야기시켰다. 이러한 심각한 환경문제는 인간의 삶과 자연을 재인식하는 가치관을 낳게 되었고, 사회 각 분야에서 환경보전의 필요성과 중요성을 인식하는 계기가 되었다.

친환경디자인은 1970년대 초 독일의 생태학적 건축에서 비롯된 것으로, 인간의 건축행위가 환경을 파괴하고 있음을 인식한 건축가들이 생태학적 개념을 반영한 새로운 건축적 대안을 제시하며 이를 생태건축으로 명명하여 발표함으로써 사회의 주목을 받게 되었다. 이 건축은 자연환경과 조화되며 천연자원을 활용하고 자연에너지의 순환체계를 극대화시켜 이용함으로써 사용자의 건강한 삶과 작업의 효율성을 높이도록 설계되었다.

1980년대에 들어서면서 '친환경디자인', '그린 디자인' 등으로 불리며 본격화되기 시작하였고 경제적 논리보다 사회적 · 윤리적 가치를 강조하며 자연에 순응하는 디자인적 경향을 보이며 그 가치를 더하고 있다.

국내 친환경 관련 인증마크와 평가방법

국내에서는 환경의 중요성에 대한 인식 확산과 시대적 요구에 따라 지속가능한 건물과 실내디자인을 위해 1998년 한국건설기술연구원에서 건축물의 환경성능평가기법을 제안한 이래, 인증제를 도입하고 전문연구소를 설치하는 등 객관적 평가제도와 기술적 정보제공에 대한 노력이 본격화되고 있다. 국내에서 실내건축자재의 환경친화적 품질 입증에 일반적으로 사용되는 인증제도를 알아보면 다음과 같다.

환경마크EL

자원재활용, 에너지절약, 오염물질 저감 등 친환경 성능이 있는 제품에 부여하는 인증마크이며, 1992년부터 제도가 시행되었고 환경부와 친환경상품진흥원에서 담당하고 있다. 벽지, 바닥재, 바름재, 벽 및 천장 보드류, 장식용 합성수지 시트, 접착제 등이 환경마크 인증대상 품목이다.

친환경건축자재 인증마크HB 마크

한국공기청정협회에서 실내공기오염물질의 방출량이 적은 제품에 대해 부여하는 인증마크이다. 내장재로 사용되는 판, 벽지, 카펫, 바닥재 등의 제품, 현장에서 시공 시 사용되는 접착제, 페인트 등이 적용 대상이다.

우수재활용제품 인증마크GR 마크

지식경제부 기술표준원에서 자원의 절약과 재활용 촉진에 관한 법률에 의거하여 폐지, 폐플라스틱, 폐고무, 폐요업, 폐섬유, 폐목재, 폐유, 폐금속, 폐유리, 생쓰레기 등을 사용한 우수한 성능의 재활용 제품에 대해 부여하는 인증마크이다. 폐자재를 이용한 도자기질 타일, 섬유판재, 파티클보드partide board, 흡음재, 문틀재, 바닥재, 유리대리석과 타일, 도료 등이 이 마크를 획득하였다.

특징 및 사례

자연 에너지 이용

대류성 냉각현상을 이용해 자연 냉·난방을 하는 건축, 프리즘 구조로 디자인되어 태양열을 직극 활용하는 건축, 이 외에 지열, 조력, 수소 에너지 등을 이용한 디자인이다.

92 건물 지붕의 식생과 생태 정원이 자연과 하나되어 조화를 이루는 잔디지붕 주거단지(하노버 라허비젠)

자연환경과의 유기적 조화

자연과 하나가 되도록 건물을 디자인하고 배치하며 주변의 재료를 선택하여 사용한 주택, 자연을 실내로 유입시키도록 설계된 건물, 생태정원 등의 디자인이다.

재료의 경제적 · 안전한 사용

바나나 잎이나 사탕수수 등의 죽은 식물을 전환하여 대체 연료로 사용하는 자동차, 재활용 포장재로 만든 가구나 재활용이 가능한 자재를 이용한 건축자재, 주변의 폐수와 우수를 정화하여 공급하는 실내 용수, 절수용 변기, 독성이 낮고 화학적 처리가 덜된 건축 내장재 등을 사용한 디자인이다.

환경오염의 최소화

속포장까지 먹을 수 있는 초콜릿, 리필이 가능한 용기, 공해를 덜 유발하는 메탄가스를 사용하는 자동차, 생 쓰레기, 건물 철거 때 발생하는 폐자재, 폐수처리 시스템, 폐기물이 완전 분해되는 건축자재를 도입한 건축 등이다.

93 친환경자재, 에너지 절약 등으로 월터 타일러 상 외 6개의 환경상을 수상한 건축(미국 미네아폴리스, WMEP 초등학교)

94 실내조경, 친환경 자재, 자연채광 도입 등으로 미국건축협회의 내셔널 헬스케어 디자인 어워드를 수상한 건축(경기도 분당, 차병원)

95 76종, 3만 5,000개의 식물로 뒤덮인 파사드, 친환경 건축소재, 에너지 절약 구조로 디자인된 아크로스(일본 후쿠오카, 에밀리오 암바즈)

96 건물 주변의 수자원과 우수를 실내용수로 사용하고 환경친화적 설계로 우수성을 인정받고 있는 건축(독일 베를린, 다임러 벤츠 빌딩)

97 기존 건물 폐기 시 발생한 자재를 재활용하고 기타 재활용품을 사용하여 경제적인 건물로 평가되는 친환경 건축(캐나다, 리치몬드시 시청사)

96

97

참고문헌 R·e·f·e·r·e·n·c·e

국내문헌

김경숙 편역(Russel F. 저)(1993). 현대 의자 디자인 역사. 기문당.

김대년 · 최정신(2000). 실내디자인의 이해. 교문사.

김성호(1990). 인테리어디자인 입문. 경춘사.

김혜원 · 윤혜경 · 천진희 역(Rosemary Kilmer & W. Otie Kilmer 저)(1999). 인테리어 디자인 : 기초이론/인테리어 디자인 : 실무이론. 교문사.

남순우 역(William R. Green 저)(1993). 성공경영을 위한 점포디자인. 도서출판 국제.

동산문화사(1976). 한국 건축사 대계Ⅴ-신라의 기와, 동산문화사.

박강철 역(Gardiner S. 저)(1991). 건축사개론. 기문당.

박영순 · 이현주(1999) 색채와 디자인. 교문사.

박홍 · 오영근(1996). 실내디자인 제도. 기문당.

배만실(1988). 한국 목가구의 전통양식. 이화여자대학교 출판부.

신영훈(1986). 한국의 살림집. 열화당.

심낙훈(2002). 팔리는 매상을 위한 디스플레이 미케팅. 도서출판 국제.

안옥희(1993). 실내디자인. 미진사.

유영배(1989). 유통환경 디스플레이. 도서출판 디자인하우스.

윤장섭 역(도라 p. 크라우치 저)(1992). 건축사. 동일출판사.

이갑조 · 연제진(1984). 건축사. 산업도서 출판공사.

이연숙(1999). 주택과 실내디자인. 연세대학교 출판부.

이연숙(2000). 실내디자인 양식사. 연세대학교 출판부.

이연숙 편역(1991). 서양의 실내공간과 가구의 역사. 경춘사.

이인호 편역(1992). 인테리어 디자인론 Ⅰ, Ⅱ. 도서출판 국제.

장보웅(1986). 한국의 민가 연구. 보진재.

조정민 · 조정숙 편역(1993). 가구의 역사. 기문당.

주남철(1983). 한국 문화 예술 대계 10-한국 주택 건축. 일지사.

중앙일보사(1991). 리빙 인테리어 2000. 중앙일보사.

천병옥(1980). 한국 전통 의장 자료. 보진재.
최재필 역(Thomas J. Allen, Gunter W. Henn 저)(2008). 성공하는 기업 조직과 사무공간. Fursys Books.
한국 실내디자인학회 편(1997). 실내디자인 각론. 기문당.
한영호 역(Jeremy Myerson, Philip Ross 저)(2001). 창의적 사무공간. 형설출판사.

국외문헌

遠山孝之(1988). Chairs. 미술출판사(일본).
Albert Steen(1975). Stolen I Norge. C. Huitfeldt Forlag.
Alejandro Bahamon(2004). Office for Small Spaces. Page One.
Better Homes and Gardens(1990). New Decorating Book. Better Homes and Gardens.
Carnegie Museum of Natural History(1990). The Carnegie Series on Egypt. Carnegie Museum of Natural History.
Charlotte & Peter Fiell(1997). 1000 Chairs. Taschen.
Cyril M. Harris(1975). Dictionary of Architecture and Construction. McGraw-Hill Book Company.
Edgar Kaufmann Jr.(1986). Falling Water-A Frank Lloyd Wright Country House. Abbeville Press.
Evar Weber(1988). American Art Deco. Crescent Books.
F. Lewis Hinckley(1988). Metropolitan Furniture of the Georgian Years. A Washington Mews book.
Henrietta Spencer-Churchill(1993). Classic English Interiors. Anaya.
Homes Todays and Tomorrow(1997). Ruth F. Sherwood. Glencoe McGraw-Hill.
J. Rosemary Riggs(1985). Materials & Components of Interior Design. Reston Publishing Company.
Jacques Hitier(1990). Guide du Meuble Ancien. Editions Hervas.
Jean Gorman(1995). Detailing Light. Whitney, Library of Design.
John Gloag(1964). The Englishman' s Chair. George Allen & Unwin Ltd..
John Pile(1984). Open Office Space. Facts on File, Inc..
John William Gabriel 역, Karl Mang 저(1978). History of Modern Furniture. Harry N. Abrams.
Judith and Martin Miller(1990). Photographed by James Marrel. Country Style. Mitchell Beazley Publishers.
Judith and Martin Miller(1991). Fotografien von James Merrell. Wohnen im Landhaus. DuMont Buchverlag Köln.

Julius Panero & Martin Zelnik(1979). Human Dimension & Interior Space. Whitney Library of Design.

Karla J. Nielson & David A. Taylor(1994). Interiors An Introduction. Brown & Benchmark.

Kathryn B. Hiesinger & George H. Marcus(1993). Landmarks of Twentieth-Century Design. Abbeville Press.

Klassen(1980). History of Western Architecture. San Carlos Publications.

L. Edward Purcell(1988). The Shakers. Crescent Books.

Langewiesche-B cherei(1988). Die Sebalduskirche in Nurnberg. Verlag Karl Robert Langewiesche.

Marry Gilliatt(1984). The Complete Book of Home Design. Little Brown & Company.

Marry Gilliatt(1988). Das Neue Mosaik Einrichtungsbuch. Mosaik Verlag.

Maryrose McGowan, Kelsey Kruse(2004). Interior Graphic Standards. The AmericanInstitute of Architects. John Willy & Sons, Inc..

Merit Verlag(1986). Art Deco. Merit Verlag.

Merit Verlag(1986). Jugend Stil. Merit Verlag.

Miriam Stimpson(1987). Modern Furniture Classics. Whitney Library of Design.

Molly & Walter Bareiss Collection(1983). Greek Vases. The J. Paul Getty Museum.

Nathaniel Harris(1989). Chippendale. Chartwell Book.

Patricia Bayer(1988). Art Deco Source Book. Phaidon Press.

Percy MacQuoid, R. I.(1988). A History of English Furniture. Studio Editions.

Phyllis Bennett Oates(1981). Illustrated by Mary Seymour. The Story of Western Furniture. Icon Editions, Happer and Row.

Randell L. Makinson(1979). Greene & Greene. Gibbs M. Smith.

Ray Faulkner, LuAnn Nissen, Sarah Faulkner(1986). Inside Today's Home. 5th Edition, Holt Rinehart & Winston.

Robert T. Packard(1981). Architectural Graphic Standards. 7th Edition, John Wiley & Sons.

S. Slesin, S. Cliff, D. Rozensztroch(1988). Photographed by G. Dechabaneix. Greek Style, Clarkson N. Potter.

Sarah Morgan(1990). Art Deco. Arlington Press.

Stephen Calloway & Elizabeth Cromley(1991). The Elements of Style. Simon & Schuster Inc..

Terence Conran(1985). New House Book. Villard Books.

Yvonne Brunhammer & Suzanne Tise(1990). The Decorative Arts in France 1990~1942. Rizzoli.

찾아보기 I.n.d.e.x

ㅂ

ㅅ

ㅇ

ㅈ

ㅊ

ㅋ

저자 소개

최정신

서울대학교 사범대학 가정교육학과(학사)
홍익대학교 산업미술대학원 실내디자인 전공(석사)
한양대학교 대학원 실내환경디자인학과 주거학 전공(박사)
덴마크 왕립미술아카데미 건축대학 가구와 실내디자인학과 수료
스웨덴 샬머스 공과대학교 건축대학 주택디자인학과/공간과 프로세스학과 객원연구원, 교환교수
현재 가톨릭대학교 성심교정 생활과학부 주거학/실내디자인 전공 교수

주요 저서

안팎에서 본 주거문화, 신개념 주거학, 넓게 본 주거학, 고등학교 교과서 '실내디자인',
스칸디나비아 노인용 코하우징의 계획과 개발, 실내디자인의 이해, 친환경주거

김대년

서울대학교 사범대학 가정교육학과(학사)
미국 캘리포니아 주립대학교 주택과 실내디자인학과 학부과정 수료
미국 캘리포니아 주립대학교 대학원 주택과 실내디자인 전공(M.A.)
경희대학교 대학원 주거학 전공(박사)
스페인 바르셀로나, 가우디 연구소 객원연구원
오스트리아 비엔나, 훈데르트바서 재단 객원연구원
현재 서원대학교 조형환경학부 건축학과 실내건축학 전공 교수

주요 저서

주거와 환경, 여성의 삶과 공간환경, Hanoak, 실내디자인의 이해, 한옥의 공간문화,
친환경주거, 노인요양시설의 건축 · 실내환경 디자인, 살고 싶은 노인요양시설 24

천진희

서울대학교 미술대학 응용미술학과(학사)
미국 미네소타 주립대학교 대학원 실내디자인 전공(M.A.)
미국 미네소타 주립대학교 실내디자인학과 방문연구교수
현재 상명대학교 디자인대학 실내디자인 전공 교수

주요 저서

인테리어 용어사전, 인테리어디자인, 기초디자인, Hanoak, 가구디자인,
장애인 주거환경 개선 매뉴얼, 노인의 삶의 질 향상을 위한 주거환경 디자인

개정판

실내디자인

2009년 2월 28일 초판 발행
2011년 6월 24일 개정판 발행
2023년 1월 27일 개정 5쇄 발행

지은이 최정신 · 김대년 · 천진희
펴낸이 류원식
펴낸곳 **교문사**

책임편집 정혜재
본문디자인 이명애
표지디자인 이혜진
제작 김선형
영업 정용섭 · 송기윤 · 진경민

주소 (10881)경기도 파주시 문발로 116
전화 031-955-6111(代)
팩스 031-955-0955
등록 1968. 10. 28. 제406-2006-000035호

www.kyomunsa.co.kr
webmaster@kyomunsa.co.kr

ISBN 978-89-363-1166-7 (93590)

값 23,000원